U0238281

丰满流域
极端来水超长期预报技术

路振刚　张丽丽　李文龙　殷峻暹　著

中国水利水电出版社
www.waterpub.com.cn
·北京·

内 容 提 要

本书系统总结了国内外超长期水文预报方法，根据实践经验和项目研究成果的凝练和升华，对流域极端来水超长期规律进行挖掘，构建了基于流域尺度、全球尺度、天文尺度等相关影响因子为基础的丰满流域极端来水超长期预报技术体系。

本书可以作为一线水文预报技术人员进行超长期水文预报的参考用书，也可以作为水文预报相关专业研究者或学习者研习中长期水文预报技术方法的指导用书。

图书在版编目（ＣＩＰ）数据

丰满流域极端来水超长期预报技术 ／ 路振刚等著
. -- 北京 ： 中国水利水电出版社，2019.9
ISBN 978-7-5170-8022-0

Ⅰ．①丰… Ⅱ．①路… Ⅲ．①径流预报－长期预报
Ⅳ．①P338

中国版本图书馆CIP数据核字(2019)第207958号

书　　　名	**丰满流域极端来水超长期预报技术** FENGMAN LIUYU JIDUAN LAISHUI CHAOCHANGQI YUBAO JISHU
作　　　者	路振刚　张丽丽　李文龙　殷峻暹　著
出 版 发 行	中国水利水电出版社 （北京市海淀区玉渊潭南路 1 号 D 座　100038） 网址：www.waterpub.com.cn E-mail：sales@waterpub.com.cn 电话：（010）68367658（营销中心）
经　　　售	北京科水图书销售中心（零售） 电话：（010）88383994、63202643、68545874 全国各地新华书店和相关出版物销售网点
排　　　版	中国水利水电出版社微机排版中心
印　　　刷	北京瑞斯通印务发展有限公司
规　　　格	184mm×260mm　16 开本　14.75 印张　341 千字
版　　　次	2019 年 9 月第 1 版　2019 年 9 月第 1 次印刷
定　　　价	**68.00 元**

序

　　水在自然界的循环过程中受多种因素的影响而形成一定的时空分布、变化规律。根据水文要素或者其影响因素的过去或现时状态对未来水文情况做出定性或定量的科学预报，可以有效降低灾害风险，提高风险抵御能力，因此水文预报对防洪、抗旱、水资源合理利用和国防事业具有重要意义。

　　近几十年来，由于气候变化和人类活动的影响，极端事件如洪水、干旱等灾害事件频发，对社会经济以及居民的人身安全造成极大影响。通过超长期水文预报对极端来水的变化趋势进行预测，有效掌控流域来水规律，是保证流域水安全的重要环节。传统的超长期水文预报方法是数理统计，但水文系统的复杂性及水文要素变化的不确定性决定了单一的数理统计方法无法全面提高中长期水文预报计算、预测和决策的可靠性。基于传统水文预报方法，引进新的分析手段和推动多学科的共同协作，将会成为中长期水文预报发展的趋势。

　　《丰满流域极端来水超长期预报技术》一书系统总结了国内外超长期水文预报方法，综合多年水文预报实践经验，系统分析丰满流域极端来水的超长期预报技术方法，形成了较为完备的流域或区域极端来水超长期预报技术体系。该书作者长期工作在水库调度一线，该书内容是极端来水超长期预报工作经验方法的高度集成，相信对今后相关的研究工作以及未来水文预报的发展具有一定的帮助。

　　水文预报是水文学服务于生产实践的综合应用，流域或区域极端来水超长期预报是水文预报的重要研究方向。超长期水文预报有助于降低水文风险，提早统筹安排措施，是保证综合效益最大化的重要手段。目前超长期水文预报研究仍处在发展阶段，相对于短期水文预报来说，滞后于生产实际的要求。期待更多的有识之士在超长期水文预报方面继续不懈努力，取得更多成果。希望该书的出版能对相关研究和技术工作提供有益的参考，推动超长期水文预报的进一步发展。

中国工程院院士　王浩

2019 年 6 月

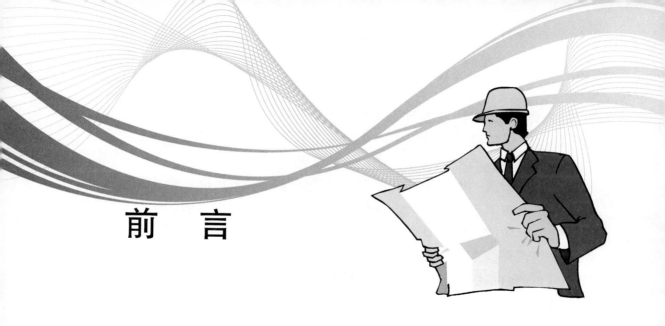

前　言

　　水文预报是指根据水文要素或者其影响因素的过去或现时状态，对其未来状态做出预报，按其预见期可分为短期水文预报、中长期水文预报和超长期水文预报。超长期水文预报具有较长的预见期，能够使人们在解决防洪和抗旱、蓄水和弃水，以及发电、航运等各部门用水矛盾时，及早采取措施进行统筹安排，以获得综合效益的最大化。因此，开展超长期水文预报研究意义重大。

　　丰满水库位于吉林市上游 16km 处的松花江上游，控制流域面积 42500km² ，约占松花江上游流域面积的 55%。丰满水电站始建于伪满时期，1943 年蓄水发电。丰满水库正常蓄水位 263.50m，汛限水位 260.50m，死水位 242.00m，校核洪水位 267.70m。丰满水库是一座以发电为主，兼有防洪、灌溉、工农业及城市供水、航运、养殖及旅游等综合利用功能的大型水库，具有多年调节性能。

　　丰满大坝于 1937 年日本侵占东北时期开工兴建，限于战争原因，存在诸多先天性病患，2007 年底国家电监会将丰满大坝定检为"病坝"，为"彻底解决、不留后患、技术可行、经济合理"，丰满水电站全面治理（重建）工程于 2012 年 10 月 29 日动工。工程施工期，为保证干地施工的条件，减少原坝溢洪道开启概率、避免基坑过水、确保重建工程按期完工，提高施工度汛标准势必降低预控水位，但降低水位运行，将对水库下游供水造成影响；防洪与下游供水的矛盾突出。因此，面向丰满水电站全面治理（重建）工程施工期对水库调度的要求，确保在遭遇百年一遇洪水时原坝闸门不开启、避免基坑过水、确保干地施工；确保在发生特枯水年和连续枯水年时，对水库下游供水不破坏，需要预报施工期丰满水库流域下一年来水情况，尤其是对特丰水年、特枯水年及特大洪水进行超长期预报，开展了"丰满水电站全面治理（重建）工程施工期极端来水预测研究"项目研究。

本书综合多年水文预报实践经验和上述项目研究成果的凝练和升华，对流域极端来水超长期规律进行挖掘，构建了基于流域尺度、全球尺度、天文尺度等相关影响因子的丰满流域极端来水超长期预报技术体系。全书由前言和7章内容构成。第1章由王永峰、李文龙、张丽丽、雷冠军、李秀斌、殷峻暹撰写，介绍了研究背景、国内外研究进展、超长期预报理论和技术方法；第2章由路振刚、王永峰、李文龙撰写，介绍了丰满流域及工程概况；第3章由李文龙、王永峰、李秀斌、张丽丽、彭卓越撰写，介绍了基于流域尺度信息的极端来水超长期预报技术；第4章由李文龙、王永峰、张丽丽、梁云撰写，介绍了基于地球物理指标的流域极端来水超长期预报技术；第5章由李文龙、王永峰、李秀斌、梁云、彭卓越撰写，介绍了基于天文指标的流域极端来水超长期预报技术；第6章由雷冠军、张丽丽、李秀斌、李文龙撰写，介绍了基于深度挖掘技术的流域极端来水超长期预报技术；第7章由雷冠军、郭希海、王进、张丽丽撰写，介绍了流域极端来水超长期预报综合辨识。最后，由殷峻暹、张丽丽、雷冠军、梁云、付敏、洪樱珉对全书进行统稿。

本书在编写过程中，参考了大量的文献资料，这些成果是前人辛勤工作的结晶，在引用时尽量注明出处，如有遗漏，请原谅我们的疏忽。另外，受时间和作者水平所限，本书很多内容还有待完善和深入研究，书中错误和不足之处，恳请读者批评指正。

作者

2019 年 6 月于北京

目 录

第1章
绪　论

本章首先对流域极端来水超长期预报的定义进行介绍，总结了极端来水的危害和极端来水超长期预报的意义，然后对国内外极端来水超长期预报的技术从天文因子、地球物理因子、流域因子和综合因子方面进行系统的总结和分析，并对目前的超长期预报的理论与方法进行研究、最后对本书的预报原则和思路进行了系统介绍。

1.1　目的与意义

1.1.1　基本定义

极端来水：从洪水角度是指达到 20 年一遇及以上的大洪水、特大洪水；从径流角度是指年来水量为多年均值 1.4 倍以上的特丰水年的来水；来水量为多年均值 0.6 倍及以下的特枯水年的来水。

极端来水预报：是指对特丰水年来水的预报、特枯水年来水的预报、大洪水及特大洪水的预报。

极端来水超长期预报：是指预见期为一年以上的极端来水预报。

1.1.2　极端来水的灾害

据资料记载[1]，从公元前 180 年到 1949 年，由于风、涝、疫、寒、旱、饥等 6 种灾害造成的全国范围内死亡人数约为 3000 万人，其中洪灾造成的死亡人数大约占 29.4％。1947—1980 年全球的 10 大自然灾害中洪涝灾害比例高达 40％，居十大灾害之首。我国 1949 年洪灾涉及 16 个省，共有 4555 万人受灾，广东、福建因洪灾造成 12.7 万人死亡，黄河中上游连续降水使得数十万人受灾，上海地区风暴潮摧毁 6.3 万余间房屋，死亡 647 人。1996 年全国洪涝面积 0.25 亿 hm²，成灾 0.12 亿 hm²，受灾人口 2.8 亿人，死亡 4827 人，倒塌房屋 542 万间，直接经济损失 2200 亿元。1998 年全国农田受到洪水灾害影响的面积为 2229.2 万 hm²，成灾面积为 1378.5 万 hm²，成灾率达到 60％以上，洪水灾害造成房屋 685.03 万间倒塌，4150 人死亡，导致的直接经济损失高达 2550.90 亿元，水利方面的损失占 11.25％，损失价值居 1991 年至今有洪灾统计资料以来的首位；长江、松花江、珠江流域多个水文站突破了新中国成立以来洪峰流量的上限值。2003 年 6 月 20 日—7 月 10 日淮河流域的安徽、江苏、河南等省的部分地区降大暴雨，长时间持续强降雨导致淮河安徽段出现 1991 年以来最大洪水，安徽、河南、江苏三省受灾人口高达 4751.8 万人，农作物受灾面积 390.5 万 hm^2，成灾 244.9 万 hm^2，直接导致 79.8 万 hm^2 农田绝收。

　　流域来水过少会造成旱灾。近代以来，旱灾频发给国家也造成巨大的灾难[2]。如近代中国的大旱荒——"丁戊奇荒"，涉及辽宁、陕甘、川北和苏皖等地，总面积超过百余万平方公里，受灾人数估计为 1.6 亿～2 亿人；直接死于饥荒和瘟疫的人数在 1000 万左右。1920—1921 年的华北大旱涉及今河北、山东、河南、山西、陕西等省的广大地区，受灾县份 320 余个，灾区面积约 272 万 km^2，受灾人数在 3000 万人左右，死亡人数约 50 万人。起于 1928 年、持续至 1930 年的遍及华北、西北、西南 10 余省的大旱荒，加之各地蝗、风、雪、雹、水、疫并发的情况，全国受灾总计近 1.2 亿人，死亡 1000 余万人。1942—1943 年的大旱涉及湖南、京津、甘肃等地，部分地区旱荒持续至 1945 年，河南一省饥民达 1000 万人，近 300 万人死亡。进入 20 世纪 90 年代以后，全国平均受旱面积达 4.5 亿亩，每年因旱灾减产粮食 100 亿～200 亿 kg，直接经济损失 100 亿～200 亿元。1998 年，陕西省遭旱灾，夏田作物受灾面积达 124.5 万 hm^2，干旱造成 150 万人、47.4 万头大牲畜发生饮水困难。2000 年我国又发生了新中国成立以来的最严重干旱，春夏连旱使我国 364 座县级以上城市缺水，2198 万人的正常生活受到影响，另外造成 4054.1 万 hm^2 农田受灾，2678.3 万 hm^2 农田成灾，成灾率高达 66.1%，造成损失粮食量高达 5996 万 t。

1.1.3 极端来水超长期预报的意义

　　极端来水超长期水文预报的研究对国民经济的发展具有重大的意义和价值。以水定地、以水定产是以灌溉农业为主地区的主要特征，如新疆北疆天山一带地区，对每年 4—6 月播种前后的灌溉用水量的预估，与农业产量高低的关系十分密切。位于中朝界河的鸭绿江属于暴涨暴落的山溪性河流，由于朝鲜通信线路常常中断，使得其降雨情况难以掌握，给短期洪水预报、下游云峰水库防洪调度指挥及分蓄洪时机、分蓄洪量及停止分洪时间的决策等带来极大困难，极大程度影响到大坝的安全和下游人员的安全转移。位于福建闽江干流的水口水电站，水库一年的首末两场洪水的准确预报，对于水电厂制定发电计划、防汛抗旱、水资源的规划管理和综合利用都有着十分重要的意义，成功地预报一场洪水并能够作出合理的调度，不仅对防洪抗旱具有重要意义，而且其增加的发电量往往可达 5% 以上。为充分利用现有库容和设备，合理发挥水库调节能力，进行科学调度，合理利用水资源，既能保证汛期大坝水库安全，又要多发电多蓄水，需要在年初掌握流域年来水量规模。历史的经验告诉我们，必须做好全年各时期的洪水、枯水、春汛预报。由于北方地区河流的来水多集中于汛期，历时短、水量大，为了防洪安全，水库等水利工程在涨水阶段不能启用，汛期过后来水变小使得水库蓄水量难以达到正常蓄水位，这就使得水利工程的效用得不到正常的发挥。因而对全年来水量的丰枯状态进行较准确的预报是非常必要的，而且对水资源的综合利用具有重要的意义和价值。

开展水库大洪水、特丰水年预报研究，优化调度并合理安排发（电）蓄（水），增发水电、减少弃水，为防洪、发电及梯级水库联合调度等提供决策支持，协调防洪与发电关系，不仅能提高防汛安全，还能大幅提高水电经济运行水平。特丰水年、大洪水的科学预报，尤其是大洪水来水时间的预报，可帮助准确实施拦蓄洪尾、增发电量、创造巨大发电效益。近几十年来，由于气候变化和人类活动的影响，极端事件如洪水、干旱等发生频繁，导致了严重的财产和生命损失。对极端来水的变化趋势进行研究，有效掌控流域的来水规律，对制定水利规划、综合利用水资源、提高水资源利用效率具有重要意义。

1.2 国内外研究进展

极端来水预报精度的提高，归根结底决定于如何从天文、地理、流域等方面阐明来水成因的物理本质，在对前兆进行周密分析的基础上，建立定性、定量的预报模型。流域径流等水文要素的变化遵循特定的物理机制，水文预报因子的选择应该综合考虑预报因子对预报要素物理成因上的合理性。在分析水文现象形成的物理机制和物理成因的基础上建立预报模型。中长期及超长期水文预报应该注重天文、气象、流域尺度的相关因子的变化，充分挖掘并掌握其变化规律，再进一步明晰其对来水大小的控制机理，从根本上提高中长期水文预报的精度和准确性。

如何从众多的信息中将有用的部分提取出来，并按照长期预报的要求进行组织是需要解决的又一个问题[3]。传统的水文中长期预报模式已经不能适应海量数据的需要，同时从信息处理角度，我们更希望计算机帮助我们分析数据、理解数据，帮助我们基于丰富的数据做出决策，做人力所不能及的事情。数据挖掘就是一种从大量、有噪声的数据中提取隐含在其中、事先未知，但又是潜在有用的信息和知识的有效分析技术[4]。

旱涝的形成是多种因素综合作用的结果，因此对其发生的预测单单依靠水利学科的知识是无法做到的，只有通过天文、气象、水文、地学、灾害学以及水利学的跨学科运用，并结合现时和历史的洪水暴雨灾害等相关资料，从不同角度、采用不同方法进行探索，同时不断采用当下先进的科学技术，才能创造发现出精度高、适应性强的长期洪水灾害分析预报方法。预报因子的选择应该能反映预报目标的物理成因，针对预报目的做特定的分析，在充分考虑预报对象物理成因的基础上对来水数据进行挖掘，充分利用数据挖掘的功能以获得合理可靠的预报结果。

影响年来水量的因素很多，如每年降水量的变化，使得流域来水年际变化频繁、年内波动大。旱涝主要受五大因素的影响，特定的地理环境气候、太阳辐射（太阳黑子、日月食、近远日点时间）、海温、大气环流和宏观异常等。基于预报因子的尺度不同，对极端来水超长期预报从天文尺度、全球尺度、流域尺度以及综合研究方面进行总结归纳。天文尺度主要指天体运动如太阳、月亮、地球等的运动。全球尺度主要指洋流循环、地震等地球上大尺度的物质运动等。流域尺度主要指天气状况、下垫面状况、人类活动等流域上的状况。

1.2.1　天文因子在预报中的运用

太阳辐射是水文循环的能量来源，太阳通过热力和引力（包括其他行星的引力）深刻地影响着水文循环过程。李文龙等[5]从日、地、月三球运动关系中寻找影响 2010 年大洪水的因素，研究得出丰满流域 2010 年特大洪水、特丰水年与太阳黑子相对数、月球赤纬角等存在良好的对应关系；系列研究得出丰满流域 2010 年特丰水年、特大洪水与 1954 年特丰水年、特大洪水的形成存在相似的天文条件。彭卓越等[6]将表征日、地、月运行轨迹和相互关系的天文指标综合考虑，甄选出与预报年份相似的年份进行径流预报，研究发现 1976—1991 年与 1995—2010 年两组指标最为相似，由前者预报后者，结果准确率为 75%，并对大渡河流域 2015—2017 年来水进行预报。金朝辉等[7]深入研究月球赤纬角与水库年来水的关系，通过月球赤纬角运行轨迹、相位、角度综合分析预报法，研究月球赤纬角与水库年来水的规律，得出 2013 年丰满水库发生相似 1957 年特大洪水、丰水年的预报结论。刘清仁[8]以太阳活动为中心，用数理统计分析方法分析了太阳黑子和厄尔尼诺事件对松花江流域水文影响特征及其水旱灾害发生的基本规律。李秀斌等[9]从太阳黑子活动与白山水库来水的关系角度，研究得出白山水库丰水年主要发生在太阳黑子活动单周峰期和双周谷期的结论，对丰水年的预报起指导作用。

1.2.2　地球物理因子在预报中的运用

大气环流是世界规模大范围的空气运动，它不仅制约着大范围的天气变化，同时也制约着水文要素的变化。大气环流的异常发展，势必造成天气、气候的异常，从而导致旱涝灾害的发生。发生在夏季的洪涝，跟我国的季风有很大关系，夏季风把海洋水汽输送到陆地，潮湿空气是暴雨洪水的必要条件。李文龙等[10]利用 PDO 冷暖位相下厄尔尼诺和拉尼娜事件发生年份表，结合丰满水库流域来水实际，得出 PDO 冷位相期厄尔尼诺发生年份丰满水库一般为枯水，PDO 暖位相期厄尔尼诺发生年份丰满水库一般为丰水，丰满水库特丰水及大洪水多发生于 PDO 冷位相期拉尼娜事件发生年份，基于 2015 年为 PDO 冷位相期厄尔尼诺（El Nino）高峰年，成功预报 2015 年丰满水库来水为特枯水年。李秀斌[11]提出要有效地提高灾害预报水平，必须对"两风一雨"（即为台风、季风和暴雨）进行系统而深入的研究，极地是大气冷源，北方冷空气扩散南下，与南方暖空气交汇，冷空气提供了动力条件；暖空气提供了水汽条件，从而产生大规模降水。所以，冷空气的频率、强弱，对我国降水具有重要影响。阻塞高压的存在，阻挡了降雨天气系统的移动，使降雨时间延长，降雨量增多，从而造成了洪涝的加重。李超[12]的研究表明赤道东太平洋海温异常与我国黄河流域、长江下游及以南地区的降水有明显正相关关系；孙力等[13]研究分析了北太平洋海温异常对我国东北地区旱涝的影响；黄荣辉[14]的研究发现菲律宾周围对流活动强弱引起的东亚大气环流异常的遥相关，对我国东部地区的降水有较大影响。李永康等[15]对大涝（旱）和特大涝（旱）年前期大气环流的因子特征进行分析，寻找出相关性较好可供长江中下游预报旱涝趋势的环流因子，并对大旱年和大涝年的前期环流特征量进行分析，选择出较好的预报因子，在此基础上建立了长江中下游夏季特大（大）旱涝的概念模型。

1.2.3 流域因子在预报中的运用

流域来水系列的变化规律、流域的下垫面状况、气候状况等都从不同角度反映了流域来水的变化。李文龙等[16-18]在2010年以长江流域23次大洪水为基础，运用可公度理论，在三元、五元预报模型基础上，预报2010年长江会发生大洪水；在2012年对东北地区1856年以来成灾特大洪水，基于可公度预报理论，应用三元、五元、七元可公度预报模型，成功拟合预报1985年8月辽河特大洪水、2010年松花江上游特丰来水，并做出2013年辽河、松花江上游特大洪水发生类似1953年洪灾的超长期预报结论；在2010年基于可公度方法，提出点面结合的预报技术，从时间、地点、量级三要素成功拟合出1996年7月的长江大洪水。黄炽元[19]选用气象因子，基于统计学的方法建立多元回归方程，对新疆天山河流5月的径流进行长期预报，为农业灌溉提供支持。范垂仁[20]通过构建三峡水库、淮河蚌埠站大旱大涝可公度网络结构图，得出大涝年存在平均53年周期、大旱年存在平均33年周期的结论，用以指导大旱大涝的预报。李秀斌[21]在研究我国大洪水规律的过程中发现，一条河流或一个地区的早汛（12月—次年5月）洪水是这一河流或地区夏秋汛（6—11月）大洪水的重要前兆，早汛是夏秋汛大洪水的"晴雨表"；通过研究水旱灾害中长期预报方法，提出从统计预报、经验预报、信息预报向物理预报、数值预报方向发展，并走向综合预报，其中物理预报的理论依据是水循环原理。

人工神经网络、支持向量机等广泛用于大数据挖掘，基于相关性强的预报因子，运用机器学习等方法挖掘流域来水规律，寻找预报因子与来水的非线性对应关系，目前国内外已经对人工神经网络、支持向量机的运用和改进展开了大量的研究。

1.2.3.1 人工神经网络在来水预报的应用

1943年，心理学家 W. S. McCulloch 和数理逻辑学家 W. Pitts 建立了神经网络和数学模型，称为 MP 模型。他们通过 MP 模型提出了神经元的形式化数学描述和网络结构方法，证明了单个神经元能执行逻辑功能，从而开创了人工神经网络研究的时代[22]。人工神经网络是一种应用于大脑神经突触联结的结构进行信息处理的数学模型。在工程与学术界也常简称为神经网络或类神经网络。由于人工神经网络具有分布并行处理、非线性映射、自适应学习和较强的鲁棒容错等特性，使其在中长期径流预报中得到了广泛的应用。S. K. Jain 等[23]将人工神经网络方法应用在水库入库流量预报及水库运行方面，并将人工神经网络模型和自回归滑动平均模型进行了比较，在预报方面这两种方法各有优缺点，人工神经网络方法对峰值流量的预报较好，而自回归滑动平均模型对较小流量的预报较好，表明人工神经网络可以用在水库入库流量预报上。Huang 等[24]将神经网络模型预报结果和 ARIMA 模型的预报结果做了全面的比较分析，结果表明，以预报值与实际值的相关系数及均方误差作为评价标准，神经网络模型表现了比 ARIMA 模型更好的效果。B. Sivakumar 等[25]研究了运用阶段空间重建（PSR）和人工神经网络（ANN）两种非线性黑箱方法来预报河流向前一天和向前七天的日流量预报，结果表明两种方法得到的结果都很好，但是运用 ANN 的一致性性能不如 PSR 方法，并分析了原因。Ozgur[26]运用人工神经网络和自回归模型进行了河流的流量估计，研究了人工神经网络结构的参数，包括隐含层数目和节点数，选择了 3 种结构和自回归模型进行比较，运用方差之和相关系数来评价模型的性能，结果表明，在相同数据输入的情况下，人工神经网络可给出比自回归模型更好的结果。周惠成等[27]建立季节性自回归模型和人工神经网络模型对二滩水电站的月径流、汛期分段和年径流预报进行研究，发现预报结果均达到了一定精度，AR（P）模型的非汛期月径流预报和 BP 模型年径流预报结果均可在实际中应用。金菊良等[28]建立了年径流预报的神经网络模型，并使用新疆伊犁河的雅马渡站 23 年的实测年径流资料与相应的 4 个前期影响因子实测数据对该 ANN 模型进行预报检验达到理想效果。张素琼等[29]以长江流域上游的寸滩站和宜昌站、中游的螺山站和汉口站以及下游的大通站的年流量资料为基础，采用人工神经网络方法，对 5 个水文站的径流进行模拟和预报，研究结果对实际径流预报工作具有一定的指导意义。杨荣富、丁晶等[30]克服了利用 BP 型人工神经网络进行连续的降雨-径流模拟的困难，提出将模型的每个隐层节点模拟为一个水库，从而赋予网络节点一定的实际意义，提出了基于水量平衡和非线性水库的水文模拟网络。

　　人工神经网络具有较好的预报性能，为了进一步提高该模型的预报精度，神经网络与其他模型耦合，改进后的神经网络模型取得了较好的预报效果。M. P. Rajurkara[31]等运用 ANN 建立汛期日流量和降雨关系的模型，将线性模型估计得到的径流代表值代替前面几天径流作为 ANN 的输入，取得了较好的预报效果。Anctil 等[32]分别就运用人工神经网络模型、人工神经网络和小波分析相结合方法对河流流量进行预报，结果表明两种方法得到的结果相似，而将二者结合起来进行计算的长处在于可以更好地应用于蒸发时间序列。P. C. Nayak 等[33]将人工神经网络和模糊数学方法结合起来进行时间序列水文模型研究，并将这种方法应用在印度的 Baitarani 河，结果证明 ANFIS 法（自适应神经模糊推断法）预报流量时间序列保持了原有时间序列的统计特性，和其他传统的方法相比较，这种方法在计算速度、预报误差、效率、峰值流量预报方面都较为理想。Sudheer 等[34]采用相关分析法（自相关、偏自相关和交叉相关分析），确定 ANN 降雨-径流模型输入向量，并证实该方法能够获得较好的预报精度，同时极大地提高了模型参数率定效率。Cheng 等[35]将动态样条插值与多层自适应时延神经网络相结合，提出了直接多步预报模型，并以太阳黑子时间序列和漫湾水库的月径流预报为例，验证方法的可行性与有效性。王胜刚等[36]针对 BP 神经网络比较容易陷入局部最优、收敛速度比较慢的缺陷，提出了一种新的洪水预报的方法——全局优化打洞函数法，以此来提高了洪水预报的精度等级。赵庆绪等[37]建立了寸滩站洪水预报系统的人工神经网络流量预报模型，并且还把洪水地区的组成因素引入进来，这样就可以使所建立的洪水预报模型能够自动地识别不同种类型的洪水，该预报模型的洪水预报精度比较高，且对各种来水类型的预报效果都比较好。

1.2.3.2 支持向量机在来水预报的应用

支持向量机（SVM）是监督式学习的方法，可广泛用于统计分类以及回归分析。它是 Vapnik[38] 于 1995 年首先提出来的，由 Vapnik 领导的 AT＆TBell 实验室研究小组将它主要应用于模式识别领域。支持向量机方法是建立在统计学习理论的 VC 维理论和结构风险最小原理基础上的，根据有限的样本信息在模型的复杂性（即对特定训练样本的学习精度）和学习能力（即无错误地识别任意样本的能力）之间寻求最佳折中，以求获得最好的推广能力。

石月珍等[39] 运用支持向量机模型对湘江湘潭站年最小 7d 平均流量进行预报，预报结果与投影寻踪模型、人工神经网络模型的预报结果相比较，表明支持向量机模型的误差合格率最高，预报精度也最高。胡彩虹等[40] 采用基于支持向量机进行径流预报模型，对半干旱半湿润地区汾河水库上游流域进行预报，并与 BP 神经网络预报结果进行比较，结果表明支持向量机预报模型的精度比 BP 神经网络模型高。李彦彬等[41] 基于支持向量机（SVM）方法建立河川径流中长期预报模型，通过实例验证发现 SVM 模型的预报结果比 RBF 网络模型、BP 神经网络模型预报结果的预报精度更高、效果更好。

邵骏等[42] 为解决最小二乘支持向量机模型的参数耗时较长的问题，将贝叶斯证据框架理论用于最小二乘支持向量机模型参数的优选，采用岷江紫坪铺水文站的年径流资料进行模型的预报和检验，与原来的最小二乘支持向量机模型及 BP 神经网络模型进行比较，结果表明，改进后的径流预报模型具有较好的预报精度。王峰等[43] 利用最近邻抽样回归（NNBR）与支持向量机（SVM）模型的优势，建立耦合预报模型，用于柘溪水库汛期径流预报，比单一的 SVM 和 NNBR 模型提高了预报精度，预报可行有效。黄强等[44] 基于支持量向机理论建立多元变量径流预报的最小二乘支持向量机模型，通过与 BP 神经网络模型预报结果进行对比，表明多元变量 LSSVM 模型的预报精度更高、效果更好。林剑艺和程春田[45] 通过与神经网络的预报结果比较发现基于 SCE－UA 算法辨识 SVM 的预报模型精度有所提高，可应用于中长期径流预报中。赵红标等[46] 采用基于支持向量机的预报模型对水库中长期入库径流进行预报，建立径流预报的 SVM 模型并采用模糊优选法对预报因子进行优选，进行预报因子优化后的 SVM 模型明显提高了径流的预报精度，具有更高的应用价值。郭俊等[47] 提出了一种改进的 SVM 模型，并以三峡水库日入库流量预报为实例，表明该模型预报精度明显优于 BP 网络，尤其对于变化剧烈的径流序列模型优越性更为明显，是一种可靠有效的方法。高雷阜等[48] 提出了基于人工鱼群优化的 SVM 算法，张俊等[49] 建立了基于蚁群算法参数优化的 SVM 模型，分别应用鱼群算法和蚁群算法来对 SVM 的参数进行识别和优化。魏光辉[50] 基于特征点分段时间弯曲距离算法对实时采集的时间序列数据进行分段与相似度计算，目的是为了缩减规模的子序列数据集对 LSSVR 模型进行训练优化，实现多个 LSSVR 子模型建模，将预报数据序列与 LSSVR 子模型的相似度匹配，自适应地选取最佳的子模型作为预报模型。该模型具有较好的预报性能，能够满足河道径流量预报的实际需求。张卫国等[51]以月份值嵌入样本的形式提出了季节性支持向量机（SVM）中长期径流预报模型；运用"参数网格化搜索耦合交叉验证"参数率定方法优化模型，该模型比标准 SVM 模型、分月 SVM 模型、BP 模型具有明显的优势。李继伟等[52]分别采用自回归滑动平均模型、最近邻抽样回归模型、BP 神经网络，对金沙江中游龙盘电站月径流进行预报，分析可得 3 种模型的预报结果具有一定互补性，在此基础上进一步建立了支持向量机分月组合预报模型。李晓丽等[53]利用粗糙集理论对支持向量机的输入数据集进行约简预处理，基于数据间的关系去掉冗余输入信息，对输入空间信息进行简化以提高支持向量机训练的速度，该模型能提高支持向量机训练的速度，获得较高的预报精度。张兰影等[54]以当月平均降水量、上月平均降水量以及当月平均相对湿度、平均最高气温和平均最低气温等 5 个预报因子，建立了基于 Gridsearch 算法优化支持向量机月径流预报模型，并将其应用于石羊河流域 8 个子流域，该模型有较好的适用性。朱双等[55]用灰色关联分析来量化预报因子与预报对象的关联程度，基于关联度挑选对预报结果显著因子，引入模糊隶属函数识别气候和流域下垫面条件变化下不同时期径流样本对预报结果的影响，该方法应用于石鼓站的月径流预报中，预报结果的精度比 GRNN 神经网络模型和 A－FSVM 模型的高。

1.2.4 综合因子在预报中的运用

寻找流域来水与天文、地球、流域尺度等多因子的规律，综合评判出主要影响因子，运用主要影响因子及其与来水的规律对流域的来水进行预报。王涌泉[56]基于日地水文物理的新发现和先兆分析，经过与多次特大洪水进行比对，对 1998 年大洪水作出确定性预报，运用日地水文相似模型建立最大洪峰流量公式，对 1998 年常见大洪水作出定量预报，并得到完全证实。孙成海[57]对 1993 年逐月来水量的 6 种长期水文预报方法进行介绍，用 ARP 模型对水文序列做超长期水文预报，用太阳黑子数作月径流预报，用亚欧 500hPa 距平中心统计相关法作预报，用亚欧环流型 WEC 的天数作月径流预报，用特征地区位势高度作预报，用海温作月均来水量预报，这几个方法所采用的指标都是具有一定物理基础的实测值，能够有效减少预报误差。王富强等[58,60]将关联规则挖掘分析方法用于径流长期预报，对收集处理后的数据集的关联规则进行分析，挖掘出满足特定支持度和置信度的关联规则，基于满足要求的关联规则建立长期预报的模型。综合选用太阳黑子相对数、大气环流指数等 81 项指标，运用神经网络建立模型将定性预报和定量预报的方法相结合，能够有效克服单一定性或定量预报的缺点，提高了径流长期预报的精度和可靠性。许士国等[59]以北太平洋海温和 74 项环流特征量为预报因子，对预报因子和镇西站的年最大洪峰流量和峰现时间的相关性进行分析，选取影响最大的预报因子，运用逐步回归分析方法建立模型，结果表明模型预报精度较高，需要综合多种因素提高预报方案的精度。李红霞等[61]为研究嫩江中下游江桥站的年平均径流量，选取北太平洋海温、太阳黑子相对数以及 74 项环流特征量为预报因子，对预报因子进行相关性分析和主成分分析处理，将优选出预报因子的主成分作为贝叶斯正则化神经网络和 L－M 法神经网络的输入，与逐步回归的因子选择方法进行对比，结果表明主成分分析法使得预报结果的精度显著提高。范垂仁等[62]对长江干流上的宜昌、汉口等水文站的年最大流量进行长期预报研究，在对预报因子如高空等压面高度、北太平洋海温、国内100个站的气温和降水资料以及大气海洋物理因子与年最大流量的相关性分析的基础上，运用逐步回归分析方法选择少量的预报因子，得出较好的预报结果，且证实西半球副热带高压隔年影响着长江流域的年最大流量。范垂仁等[63]对松花江上游流域上游的小山、松山、两江等水电站的中长期水文预报进行研究，分别对太阳黑子、亚欧500hPa距平活动中心发生大暴雨危险区图、日月食、上下游汛期月平均流量、环流特征量合轴相关图与径流的关系进行分析预报，并对多种预报因子与径流的相关系数进行计算，研究成果对水文预报具有一定的应用价值。郑金陵等[64]选用大气环流指数、厄尔尼诺数等大气海洋物理因子，以及高空气压场的分布、降水气温等1431个预报因子，采用逐步回归的方法对东北地区松花江上游的水库进行长期预报，合格率达80%以上。范垂仁等[65]从天文、气象和地理等各方面，探寻水旱灾害的成因机制和发展规律，提出了危险区图法、太阳黑子年月比例系数法、日月食代码值法、综合系数法和属相年法等定性和定量的预报方法，用于水旱灾害的预报，并取得了较好的效果。

李杰友等[66-69]在对研究区气候特征分析的基础上，选用直接影响到年内雨季长短和降水量多少的预报因子如北太平洋海表温度场、等压面场、降水量以及大气海洋物理量等，对月径流进行分类逐步回归预报，对预报因子进行有效的剔除和检验，预报精度能够满足要求。在对潘家口水库气候特征和来水特征分析的基础上，分析比较了水文气象方法和水文方法。其中水文气象方法选用气候、气象预报因子运用双重检验逐步回归方法建立枯季月径流预报模型，并对预报结果进行集成，水文方法对水文序列进行分析建立自回归模型和多元递推模型，结果表明水文气象方法的预报效果优于水文方法。以500hPa、100hPa高度场和月平均海温场为预报因子，用EOF迭代法分别对滃江流域的汛前、汛后、非汛期的月径流进行预报，结果表明EOF迭代方法能够有效提取历史资料信息，分析可知在预报中应该考虑厄尔尼诺现象对径流的影响。对福建省水口水电站年内的首末两场洪水进行研究，在对洪水进行分级的基础上对预报因子进行初选，应用逐步判别法对气象因子进一步筛选，结果表明月平均降水、月平均气温、月平均北太平洋海温因子是影响首末水口水电站首末两场洪水的主要因子。欧剑等[70]基于新丰江水库月径流预报模型的7个预报因子，在每个预报因子和月径流相关性分析的基础上，分别建立回归预报模型，对7个预报方案的预报值进行集成并构建决策方案，预报的稳定性和预报精度均优于原始的单一方案，能够有效地用于生产实践。

1.2.5 研究进展的总结

从国内外目前对极丰年、极枯年、大洪水年的超长期水文预报分析可知，流域超长期来水预报主要从三个方面展开：①基于大尺度的预报因子进行遥相关分析；②基于流域水文序列进行时间序列分析；③基于多因子的综合预报分析。基于大尺度的预报因子的遥相关分析，目前大多从单一尺度的因子展开研究；基于流域水文序列进行的时间序列分析，大多从时间序列的变化规律进行统计分析，较少将大尺度的物理因子融入预报模型的构建中；多因子的综合预报分析，由于预报因子较多，物理机制不明确，预报因子的选择因人而异。目前超长期预报没有一套精度较高、操作性较强的实用技术。对目前已经发表的极端来水超长期预报成果进行事后的检验，发现部分预报结论与实际偏差较大，难以有效指导水库调度实践。

超长期水文预报影响因素众多，预报因子的选择、预报方法的取舍需要水文工作者的经验，由于方法具有局限性或预报因子选择的偏差，加上人类活动、气候变化等的影响，单一的预报方法难以有效应对极端来水超长期预报工作，不能有效地指导工程实践。通过总结数十年来超长期水文预报工作中的经验，结合历年经过实际来水水文预报验证的超长期水文预报的研究成果，对近些年来所用的预报技术进行提炼和升华，构建了一套以数据挖掘、数据融合为基础的综合考虑天文、全球、流域等因子的极端来水超长期预报技术体系。

1.3　超长期预报研究的理论与方法

1.3.1　研究对象的规律性

基于水文现象本身特点，在时程变化中具有周期性、有序性和随机性的统一，在地域分布上具有相似性与特殊性的统一。归纳起来就是周期性、随机性、有序性、流域性等特性。

广义的周期性是同期性和可公度性的统称。由于地球的自转与公转、四季、天体运行、太阳活动、大气环流、季风气候等原因，使水文现象在时程变化上呈现出一定的周期性。可公度性源自天文学，体现了事物的数学规律，后来翁文波院士[71]用它来作地震、旱涝等自然灾害的预报并取得了较好的效果，使其应用于预报科学。可公度性是周期性的推广，是一种广义上的周期性，周期性则是可公度性的一个特例。可公度性表示自然界的一种秩序。通常把周期性和可公度性统称为周期性。

随机性：影响水文现象的因素众多，各因素本身也在不断地发生变化，受其控制的水文现象也处于不断地变化之中，它们在时程上和数量上的变化过程，伴随着周期性出现的同时，也存在着不重复的特点，即随机性。随机性也包括其中的转折性和持续性两种特例。转折性为水文现象存在着丰水年、平水年、枯水年交替出现的特性。持续性为在转折性的同时，存在着连续出现丰水年、平水年、枯水年的特性。

有序性指一些重复出现的现象，它是可公度性的扩张和发展，涉及周期性和随机性之间的广大领域。它不像周期性假设那样严格要求同一周期自始至终要重复出现，每一周期与其他周期不能有部分重叠或缺失。有序性假定则允许这种情况存在，允许其局限在某一时空范围内，不要求始终一致。同时，有序性假设又不否认变量之间部分的相关性，所以也不同于随机性假设。

流域性包含特殊性和相似性。特殊性反映了河流之间水文特性是不同的，即个性；相似性反映了河流之间具有一定的共性，相似性和特殊性共同反映了流域的特点，可统称为流域性。其中：特殊性指不同的流域由于所处的地理位置、气候条件、下垫面条件的差异，会产生不同的水文变化规律；相似性指有些流域由于所处的地理位置相似、气候和下垫面条件相似，因而在其影响下的水文现象在一定程度上具有相似性。

归纳起来存在五大规律：第一，周期性规律：受周期性因素影响而表现出来的规律，包括周期性和可公度性。第二，随机性规律：受随机性因素影响而表现出来的规律。第三，有序性规律：无序现象中存在信息有序性，既不属于纯周期规律，又不属于随机规律。第四，流域性规律：受自然地理因素影响而表现出来的规律。第五，多尺度规律：受多尺度性因素影响而表现出来的规律。

1.3.2　研究理论和方法

基于丰满水库水文现象的周期性、随机性、有序性和流域性四大规律，可采用以下不同的理论与方法进行研究。

（1）周期性规律：周期理论与周期方法。

（2）随机性规律：丰枯交替理论与峰谷定位法。

（3）有序性规律：信息预报理论与有序网络结构图法。

（4）流域性规律：结构理论与结构方法、前兆理论与前兆方法。

（5）多尺度规律：数据挖掘方法，神经网络、机器学习等智能算法。

最后，根据综合理论与综合方法，得出预报结论。再进行跟踪滚动预报，依据随时出现的重要信息，修正预报结果，提高预报精度。

1.3.2.1　周期理论与周期方法

1. 周期性

事物在运动、发展、变化的过程中，某些特征多次重复出现，其连续两次出现所经过的时间间隔叫周期，周期的规律性变动状况称周期性规律，它是自然界的一个普遍规律。

周期性是物质运动具有的一个普遍特性，它在自然界事物的发展过程中普遍存在着。大多数自然现象都具有周期性，大的如天体运行、星体脉动，小的如电子围绕原子核运动，人体的脉搏、心脏跳动，不论是有机物还是无机物，都以各种形式，不同程度地存在周期性现象。毫无例外地，我们的地球存在许多周期性现象，要了解地球，就必须了解发生在它上面的周期性运动。

"地球上"的周期，并不确切，几乎每一个周期都与地球以外的天体有关。太阳活动周期、银河年等本身就是宇宙天体的运动周期，它们对地球亿万年的演变产生了重要影响；气候变迁周期和生物演化周期极有可能是天文周期在地球上的反映；月球运转对地球的潮汐、生物节律起了决定性作用；地球的公转和自转也是一种天体运动，其周期并不是固定不变的，也受到其他天体的影响。

严格意义上的周期是不存在的。如地球自转周期是比较精确的，可也并不是一分不差，它存在长期减慢的趋势。太阳活动存在 11 年周期，可实际上它在 9～12 年区间内变化。气候变迁、生物演化更不是时间上完全的重复，是在变化中重复，重复中变化。这种变化既可能是随机的，也可能是长期稳定的。如生物周期性演化中存在稳定的从低级到高级的进化趋势，又时常产生随机的新生和灭绝；地球自转速度有长期减慢的趋势，又存在不规则的波动等。

在研究地球的周期性现象时，人们从不同角度提出了许多术语，如周期、旋回、韵律、循环、交互、轮回和脉动等。这些名词本质上是相同的，都是反映大致相似的现象在大致相当的时间（或空间）重复出现的一种特性。但科学家们对相似的现象提出不同的名词，也反映了地球上周期性现象的丰富、复杂和多变。

2. 水文周期

产生水文现象周期性规律的主要原因是天体运行具有周期性，如地球自转和公转、太阳活动、月亮运动等天文因子具有周期运行的规律。天文因子独立于水文循环之外，不受人类活动影响，周期性规律明显。利用周期性规律去指导预报的思想称为周期理论，由周期理论得出周期方法。

太阳是大气环流能量的源泉，月球使得地球发生形变而地壳释放水汽，研究太阳活动、月球与旱涝关系由来已久；目前广泛应用的方法是分析太阳活动周期、月球赤纬角的变化等因子与预报地区的旱涝关系。

该方法属于天文指标的预报方法，见本书的第 5 章。

3. 丰满水库流域的相关水文周期

丰满水库来水的 2 个重要周期，33 年大旱周期（太阳黑子周期）和 53 年大涝周期，这些周期都具有一定的天文背景，反映了天文周期的影响。

1.3.2.2　有序性规律

1. 信息预报理论

信息预报理论是翁文波院士在 20 世纪 80 年代所创立。他将预报方法分为以体系中各元素共性为依据的统计预报和以体系中各元素特性为依据的信息预报两大类。同时，他把客观存在的事件划分为常态子集和异态子集两类。常态子集中的事件是一般、经常、常规等有代表性事件，以数学期望、方差、均值等要素为统计量，应用概率统计原理和方法进行预报，这通常需要大量样本的支持，因此对重大水旱等稀有事件的预报往往难于进行。而异态子集中的事件是异常、例外、特款等事件，它们的主要要素是信息，应用信息预报原理和方法取得信息就可以进行预报。

对于两类预报的基本差别，翁文波精辟地概括为："从常态要素可作统计预报，以知其大概。从异态要素可作信息预报，以知其特性。"

信息预报方法以研究对象的特性为基础，基于尽可能少的理论假设，从实际出发去发现问题和解决问题，其重点放在"在无序现象中寻找信息有序性"。大旱大涝属于异态事件，小概率事件，它们的时空分布规律与常态事件有很大的区别。因此，通常处理元素共性的统计预报方法以及基于连续函数的拟合模型往往难以奏效。翁文波[74]认为：

"在数学中越复杂的运算，假设的成分越多，使用起来失真的东西也越多，结果与实际情况也就相差甚远。"

2. 可公度性方法

可公度性即概周期性，是客观世界的一种规律，它是周期性的扩张。周期性是可公度性的一种特例。徐道一[75]指出："可公度性方法属于求异的研究方法，它从局部数据中进一步挑选出其中少数存在可公度性的数据，寻找对所需解决问题有用的信息，再从少量数据中进行预报。其基本思路概括为从局部到个别，其运算为加减法，以利于信息保真。无论是微分还是高阶差分都无法表达一个体系中的可公度性信息，这可能就是应用可公度性对一些重大天灾预报能取得较好效果的原因。"

当预报要素只有 3～5 个离散的数据时（最大值或最小值），就可以用可公度方法进行预报。它充分体现了以极值报极值的预报理念。

3. 有序性分析

有序性是指一些重复出现的现象，它是可公度性的扩张和发展，涉及周期性和随机性之间的广大领域。它不像周期性假设那样严格要求同一周期自始至终要重复出现，每一周期与其他周期不能有部分重叠或缺失。有序性假定则允许这种情况存在，允许其局限在某一时空范围内，不要求始终一致。同时，有序性假设又不否认变量之间部分的相关性，所以也不同于随机性假设。国际上兴起的混沌、非线性理论等复杂性科学也是向有序性研究发展的[76]。

研究大量无序中的有序现象，需要用专门的方法，简单套用已有的统计分析、周期分析、谱分析等方法则难以奏效。徐道一[75]提出信息有序系列和信息有序性的新概念，进一步完善和发展了信息预报理论。信息有序系列着重研究大量无序现象中的有序部分，即特性部分，它不强调普遍性，这与强调"完整"地研究事物的方法不同，因为立足于包括无序部分在内的全体数据，有时预报效果会受到很大干扰。而依据少数良好有序性的样本建立信息有序网络结构图，对各种自然体时空的复杂变化进行预报研究，在一定条件下会有显著效果。

可公度性方法和有序性分析是一种以少胜多的研究方法，具有极强的生命力和应用价值。可以简单理解，周期性、有序性、随机性是一个层面，反映了事物的性质；周期值、可公度值是另一个层面，反映的是具体数值；周期性研究用到周期值，有序性研究用到可公度值。

该部分的内容是基于流域尺度的预报研究，见本书的第 3 章。

1.3.2.3 结构理论与结构方法

结构是用于建筑和生物学上的名词，也是人们运用它去认识事物的最常规的方法之一，这里的结构是指预报因子和预报对象的各个组成部分之间的有序搭配和排列。

许绍燮院士[77]在 2011 年天灾预报研讨学术会议上指出："大地震不是在任何地点都能发生的，空间上有结构；大地震不是在任何时间都能发生的，时间上有结构。"这段话对于研究结构预报理论和方法具有指导意义。

1. 灾害链（链式结构）

1987 年地震学家郭增建[78]首次提出灾害链的理论概念："灾害链就是一系列灾害相继发生的现象。"例如，2011 年日本"3·11"大地震、海啸、核辐射这一典型的灾害链就是一种链式结构。此外还有旱-震灾害链、震-洪灾害链等。

通过对东北地区和丰满流域的极端洪水的研究，2016 年李文龙等[79]提出统计规律：20 世纪水汽通道上的 8 级及 8 级以上大地震，对应 3 年后，东北地区均出现大洪水，丰满水库流域均出现特丰水年；本世纪水汽通道上的 8 级以上大地震，对应 2 年后，东北地区均出现较大洪水，丰满水库流域均出现特丰水年；对 2008 年汶川地震、2011 年日本"3·11"巨震、2015 年尼泊尔地震的分析研究发现，2008 年汶川地震发生的 2 年后，2010 年东北地区出现大洪水，2010 年是丰满水库第一位洪水年；2011 年日本"3·11"地震发生的 2 年后，2013 年东北地区出现大洪水，2013 年是丰满水库第二位特丰水年。按大地震在水汽通道上位置，2015 年尼泊尔地震相似于 2008 年汶川地震，基于此预报 2017 年洪水相似于 2010 年，据此统计关系，2015 年尼泊尔地震发生的 2 年后，可推断 2017 年东北地区会出现大洪水，2017 年丰满水库是特丰水年。

经实际验证，2017 年东北地区确实出现成灾的大洪水。2017 年丰满水库坝址场次降雨量三破历史纪录，流域发生中等洪水；坝址下游支流温德河流域发生有资料记录以来的最大洪水，温德河中游永吉县城在"7·13""7·19"两场洪水中均进水（洪水漫堤分别为 2.05m、0.80m），重演了 2010 年县城进水的历史，造成严重洪水灾害。据吉林省防汛抗旱指挥部办公室公布，2017 年"7·13"洪灾直接经济损失高达 212.3 亿元、"7·19"洪灾直接经济损失高达 127.38 亿元；据辽宁省防汛抗旱指挥部办公室公布，2017 年"8·2"洪灾直接经济损失高达 43.5 亿元人民币。

2. 有序网络结构

徐道一[80]提出了信息有序性及大地震的网络假说。门可佩[81]提出了强震预报的有序网络结构图，并取得了较好的预报效果。范垂仁、李秀斌在门可佩的基础上，最早提出了大洪水预报有序网络结构图，并结合前兆对淮河 2003 年、2007 年大洪水做出了准确预报。网络假说即把地球物理灾害视为多层次、多因素、多维的网络节点，从整体和动态的角度出发，有利于研究大地震、洪水等的复杂性和有序性。洪水灾害链是一定的时期内洪水灾害在同一地区或遥联地区相继有序发生的现象。将信息预报理论与复杂网络技术相结合，对流域的洪灾的时空有序性进行深入的分析与总结，挖掘并探索洪灾序列中所蕴含的信息的有序网络结果及其功能，对洪灾的发生时间进行预报。

3. 天文结构

张建国先生运用翁文波院士的"无序中存在有序"和"有序结构可以重现"的信息预报思想，在 2006 年提出了天文结构预报理论和方法，并对 2008 年汶川地震做出了比较准确的长期预报。中国西部 7 级以上强震若按自然时间顺序来看，完全是一个无序的地震序列。把天象和地支与西部历史强震联系起来，绘制出《中国西部强震天象干支序列图》。当用"无序中存在有序"的思想来分析这张序列图时，就会发现中国西部无序的强震序列中存在着许多有序的地震结构。有序的地震结构一旦重现，相应的地震就会出现。

4. 自身结构

根据预报要素的历史资料，分析要素的运行、演变规律，构建出一种结构及这一结构出现后的结果。那么在使用的时候，一旦发现这种结构再次出现，就知道后面会有同样的结果，这就是自身结构预报的思路。

点聚图是目前各级气象台站最常用的一种预报工具[82]。它的制作方法是根据日常积累的天气经验，选取与预报对象（如降雨、大风、霜冻等）关系最密切的前期气象要素（如气压、温度、湿度等）或其组合作为坐标参数。根据历史资料中这些参量的数值，在坐标图上点绘预报对象出现与否、出现时间、严重程度的符号或数值，并据以分析出现与否的界限线、出现时间的等时线或出现严重程度的等值线。以此为工具，根据实际观测到的参量便可预报未来天气。点聚图可使预报客观化和定量化，对提高预报准确率有一定帮助。

该方法属于流域尺度和天文尺度的预报，见本书的第 3 章和第 5 章。

1.3.2.4　前兆理论与前兆方法

俗话说："冰冻三尺，非一日之寒。"大的自然灾害都要有一个能量的积累和释放的过程，在能量积累过程中就会出现前兆。前兆就是事件发生前的征兆，前兆包括宏观前兆（在灾害发生前，人类能够感受到的前兆）和微观前兆（在灾害发生前，人类不能够感受到的，但是可以通过仪器、设备监测到的前兆），前兆被广泛地应用到预报实践当中。利用前兆去指导预报的思想称为前兆理论，由前兆理论得出前兆方法。

该方法属于多尺度信息融合的方法，见本书的第 6 章。

1.3.2.5　大数据挖掘和人机交互的研究方法

1. 大数据挖掘

数据挖掘技术（Data Mining，DM)[83]是从大量数据中挖掘隐含的、未知的、对决策具有潜在价值的概念、规则、规律、模式的数据分析方法，以知识发现为导向的数据分析过程。通过对大量与来水相关的历史数据进行数据挖掘研究，可多角度、多层次、更加全面地分析极端来水及全年的丰枯的影响因素，揭示出各类事故数据间相互关联作用的潜在规律与特征。

流域极端来水及丰枯状况的发生及发展的影响因素具有周期性、有序性、随机性、流域性以及多尺度的特性，然而基于上述的特性只能对极端来水进行定性预报，而对极端来水的定量预报及其预报结果的不确定性的分析，才能更好地指导流域水库调度工作，为决策者提供精准的决策依据。

针对极端来水影响因素的特点及数据分析应用中的关键问题，通过选择极端来水的3 个不同尺度的影响因子，对影响因子进行定量化处理，运用数据挖掘和机器学习对极端来水进行预报，并对预报结果的不确定性进行分析，提出基于数据挖掘的极端来水超长期来水分析预报方法。

该方法属于多尺度信息融合的方法，见本书的第 6 章。

2. 人机交互决策

基于流域水文规律对极端来水和全年丰枯状况所做的定性预报以及数据挖掘和机器学习所做的定量预报，能够对流域的超长期水文预报工作提供支撑。利用定性预报和定量预报结果给定推荐的预报值，基于专家经验对预报结果进行修正，最终提供一套准确度高、可信度强的预报结果。

为了能够高效、准确地制定极端来水的应对策略，需要合理的决策流程为之服务，因而本书以丰满水库 2010 年、2013 年和 2015 年极端洪水的预报和决策为例，对水库防洪的决策流程进行介绍，同时为全国其他类似流域的超长期来水预报提供技术参考。

该方法属于流域极端来水超长期预报的综合辨识，见本书的第 7 章。

1.4　超长期预报研究原则和思路

1.4.1　研究的原则与思路

传统的来水长期预报方法用的都是数理统计方法，数理统计方法对于平水年附近的来水预报有一定优势，但是对于丰水年、枯水年尤其是特丰水年、特枯水年的预报精度较差，无法在生产调度实践中投入应用，所以实际调度中才有"中长期预报作参考、天气预报作指导、落地雨预报作依据、考虑误差留有余地"的应用原则。在生产调度实践中迫切需要提高中长期预报的精度，尤其是对极端来水的预报最为关键。如果丰水年预报准确，就能够及早大发水电，腾空库容，迎接大洪水的到来。这样水库调度更具有预见性和主动性。

影响流域来水的水文循环有海陆大循环和陆地小循环，水文循环的大气过程主要指大气中的水汽输送、聚散和大气下垫面（海洋、陆地、冰雪、森林等）之间的水分交换过程。大气运动是不同地区水汽分配的主要动力，而大气运动包含了很多时空尺度，又受复杂地形和海陆分布的影响，从天文尺度来讲，研究发现行星的布局决定着大气环流的异变，大气环流的形势又决定着天气的状况，行星影响大气环流的"对应区"[73]。太阳、地球、月亮的运动是有一定的规律，它们的未来可以预知，就可以根据未来的太阳、地球、月亮的运动及其位置再预报未来的环流形势。从全球尺度来讲，地球上的风带和湍流由 3 个对流环流（三圈环流）所推动，洋流由大气环流所推动，使得地球上的热量和水汽在不同地区进行循环流动和重新分布，而厄尔尼诺和拉尼娜现象则是洋流循环中的异常现象，能量和水汽的异常则会影响到降水和径流的异常，因而会使得地球上某个地区极端洪水、极端干旱的情形出现。从流域尺度来讲，水文序列有周期性、趋势性、突变性、随机性以及地区的相似性和特殊性等特性，基于流域长时间的实际观测序列，对其中的特性进行分析挖掘，统计分析其变化规律能够对流域的超长期水文序列进行预报。因而本书对超长期水文预报从天文尺度、全球尺度、流域尺度3个层面出发，寻找影响流域极端洪水的规律和预报方法。

基于天文、全球、流域三大尺度，采用数据挖掘技术开展超长期水文预报研究，探索各自影响来水的规律，并基于数据融合的方法运用多预报因子及其影响规律进行超长期来水定性预报；选用3个尺度的预报因子，运用机器学习的方法对超长期来水进行定量预报；将定性预报和定量预报相结合给出综合预报结果；最后结合专家经验进行人机交互给出可供决策的精度较高的预报结果。

水文超长期预报理论与方法有以下两个原则。

1. 极端来水预报原则

（1）大水优先。任何一种预报方法都必须把预报特丰水年作为突破口，特丰水年拟合预报的精度决定该方法是否有效；特丰水年预报精度高、预报准确，说明该方法可用性强。

（2）以极值报极值。采用的预报因子与预报要素之间有着一定程度的成因联系，当预报因子出现极值的时候，也是预报要素出现极值可能性最大的时候。所以当预报因子出现极值的时候一定要引起警惕，注意预报要素是否也要出现极值。

密切关注来水预报短期极值与长期极值的对应关系。例如：丰满水库 1956 年 1—6 月累计来水量 85.6 亿 m^3，排在同期历史第一位，而 1956 年全年来水量 214 亿 m^3，排在历史同期第四位。这里涉及一个"长跑原理"，即把一年的来水量比喻是一次长跑，到 7 月 1 日时看一下 1—6 月累计来水量的排序，如果排在前面，那么全年来水量也将要排在前面。

（3）要敢于报极值。虽然极端来水出现的概率小，但是当各种指标、前兆十分明显的时候，一定要敢于预报极值，不让机会错过。

2. 多尺度嵌套预报原则

（1）近期优先。丰满流域的水文气象规律是不断演变的，规律具有阶段性、稳定性，近 10 年的规律和 30 年前的规律是有变化的。所以近 30 年特别是近 10 年拟合预报精度高的方法才可以用来做预报使用。

（2）跟着水走、抢在前面。超长期预报目标是下一年尤其是主汛期（7—8月）丰满水库的极端来水，为了实现这个目标，就要从上一年秋季、冬季走到春季、夏初，并不断用预报指标对未来来水进行预报、跟踪、修正，"跟着水走"的目的是"抢在前面"做出预报，这就是"跟着水走、抢在前面"的思路。

（3）三尺度信息融合。从天文尺度、全球尺度、流域尺度分别进行预报，并采用智能方法进行多尺度因子综合预报，将不同尺度的预报结果运用数据融合的方法进行统一，定性和定量相结合最终给出精度更高、发生概率最大的预报结果。

1.4.2 技术路线

基于上述的研究原则和思路，本书的技术路线如图 1.4.1 所示。

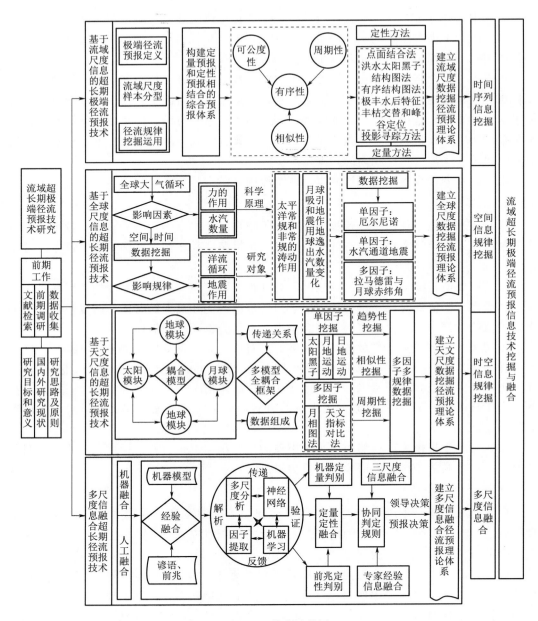

图 1.4.1 技术路线图

第 2 章
丰满流域及工程概况

本书以丰满流域极端来水为研究对象，重点是为丰满水库大坝重建工程施工期水库调度服务。因而本章对白山水电站、丰满水电站及其大坝重建工程进行介绍，并结合丰满水库来水样本对其来水分型进行划分。

2.1 丰满流域概况

2.1.1 流域基本概况

丰满流域位于吉林省东南部地区的松花江上，分布在东经 $125°18'\sim128°45'$、北纬 $41°40'\sim44°05'$ 之间，控制流域面积 42500km² （白山水库以上控制流域面积 19000km²），流域面积包括吉林省吉林地区南部、通化地区北部、延边自治州西部及四平地区东部等 16 个市县所辖地区。松花江丰满流域有头、二道江两源。主源二道江发源于长白山天池。松花江丰满以上河段沿程接纳的较大支流有辉发河和拉法河。整个流域分布在长白山的西北坡，高程自东南向西北递减，由河源的 2000 余 m 降至丰满的 200～500m。红石以上河谷切割较深，多呈 V 形，河道曲折，滩哨相间。辉发河较为平缓，中、下游河谷宽阔，丰满水库区为典型的山区地形，是狭长的河道型水库。丰满流域卫星影像图见图 2.1.1。

图 2.1.1　丰满流域卫星影像图

2.1.2 水文气象特征

丰满流域位于东亚大陆边缘，属寒温带大陆季风气候区，其主要特点是春季干旱多大风，夏季湿热多雨、秋季温暖多晴朗天气，冬季漫长寒冷。松花江上游位于吉林省中部地区，发源于长白山主峰天池，流域面积 7.34 万 km²，干流河长 958km。属中温带季风气候区。丰满水电站虽在地区属于严寒地区，气温变化较大，每年 10 月份气温开始转入 0℃以下，次年 4 月份气温开始转入 0℃以上，封冻期长达 6～7 个月，坝区多年平均气温 4.9℃，极端最高气温 37℃，极端最低气温－42.5℃。

丰满流域降水量南北差异大，南部降水量为 800～1000mm，至中部降至 600～700mm。降水年内分布不均，丰满以上流域 6—9 月多年平均降水量 520.4mm，占年降水量的 70%～80%，汛期多大雨和暴雨。降水量年际变化也很大，年降水量最多为 1021.4mm（1951 年），最少为 565.0mm（1958 年）。最多降水量是最少的 1.8 倍。来水年际分配不均匀，为 160～730m³/s，在 70 多年的水文记录中，丰、枯水年的交替也很不均匀，有连续 5 年枯水和连续 6 年丰水，一般是连续丰水 2～3 年后又连续枯水年。

2.2 丰满水库概况

2.2.1 原工程概况

丰满水库位于吉林市上游 16km 处的松花江上游，上游距白山水电站 210km。控制流域面积 42500km²，约占松花江上游流域面积的 55%。丰满电站始建于伪满时期，1943 年蓄水发电。丰满水库正常蓄水位 263.50m，汛期限制水位 260.50m，死水位 242.00m，校核洪水位 267.70m。丰满水库是一座以发电为主，兼有防洪、灌溉、工农业及城市供水、航运、养殖及旅游等综合利用功能的大型水库，具有多年调节性能。

丰满水电站枢纽工程由混凝土重力坝、溢流坝、坝后式厂房及变电站、左岸泄洪洞、三期厂房及引水发电系统组成。丰满大坝是我国最早的混凝土重力坝，由于历史原因，电站在运行中经历数次修补和加固处理。

大坝正常运用洪水重现期为 500 年，非常运用洪水重现期为 10000 年。最大坝高 91.70m，坝顶长度 1080m，坝顶高程 267.70m。泄洪设施由溢流坝和泄洪洞组成，溢流坝段设有 11 个溢流孔，孔口尺寸 12m×6m，堰顶高程 252.50m，最大泄洪能力 10450m³/s。泄洪洞位于左岸，直径为 9.20m，底板高程 21500m，最大泄量 1234m³/s。

丰满水库电站一期装机 8 台，总容量 552.5MW，二期装机 2 台，容量为 170MW，三期装机 2 台，容量为 280MW，总装机容量为 1002.5MW，多年平均发电量 19.68 亿 kW·h。在系统中担负着调峰、调频、事故备用等任务。

丰满水库是一个以发电为主，兼顾防洪、灌溉、供水、航运、养鱼等综合利用的大型水库。在发电方面，它是东北电网主力电厂之一，担负着供电、调峰、调相、事故备用等任务。在防洪方面，它是松花江干流上最重要的控制性工程，也是松花江流域防洪工程体系的重要组成部分；下游吉林和哈尔滨两市均为全国重点防洪城市，沿江有 11 个县，土地 1360 万亩，村庄 2340 多个，1000 多万人口。在灌溉方面，吉林省范围内，丰满下游松花江共穿越吉林市、长春市、松原市 3 个地区，共有万亩以上灌区 11 个，设计灌溉面积为 163.81 万亩。在供水方面，承担水库下游工业及城市居民用水保障任务，保障流量为 161m³/s，其中引松入长（春）流量为 11m³/s，供水方式为发电出流。正在施工的吉林省中部城市引松（松花江）供水工程为从水库引水方式进行。丰满水库在综合利用的各方面，都极其重要，多年来为东北地区国民经济的发展做出了特殊的贡献。

由于丰满大坝建于抗日战争时期，受战争影响，存在诸多先天性病患，2007 年底国家电监会将丰满大坝定检为"病坝"，为"彻底解决、不留后患、技术可行、经济合理"，丰满水电站全面治理（重建）工程于 2012 年 10 月 29 日动工。工程施工期，为保证干地施工的条件，减少原坝溢洪道开启概率、避免基坑过水、确保重建工程按期完工，提高施工度汛标准势必降低预控水位；但降低水位运行，将对水库下游供水造成影响；防洪与下游供水的矛盾突出。

2.2.2　全面治理（重建）工程概况

重建工程任务仍以发电为主，兼顾防洪、城市及工业供水、灌溉、生态环境保护，并具有旅游、水产养殖等综合利用效益。在东北电网中担负系统的调峰、调频、事故备用等任务。

重建工程坝址位于原坝轴线下游 120.00m 处，水库正常蓄水位 263.50m，汛期限制水位 260.50m，死水位 242.00m，设计洪水位 268.20m，校核洪水位 268.50m。水库总库容 103.77 亿 m³；新建电站装机容量 1200MW，保留三期的装机容量 280MW，总装机容量 1480MW，多年平均发电量 17.09 亿 kW·h。

根据施工进度安排，总工期为 73 个月，其中筹建期 18 个月，主体工程施工期 45 个月，工程完建期 10 个月。

2.3　白山水库概况

2.3.1　流域概况及水文特性

白山水电站位于松花江干流上游，坐落于吉林省桦甸市境内，是白山、红石、丰满梯级水电站的龙头水电站。白山流域是丰满流域的上游，水库控制流域面积 1.9 万 km²，占整个松花江流域面积的 3.35%，占丰满水库坝址上游流域面积的 44.7%。松花江发源于长白山脉白头山天池，流域内高山峻岭连绵不断，多为原始森林，人烟稀少，河谷狭窄，江道弯曲，河底多为石质，河流泥沙含量低，素有"铜墙铁壁松花江"之称。

白山流域地处高寒山区，冬季漫长、寒冷、干燥，夏季短暂、炎热、多雨。白山流域多年平均年降雨量 750.5mm，多年平均年来水量 71.43 亿 m³，来水相对集中在春汛和夏汛两个汛期，一般年份夏汛大于春汛。

流域位于中温带大陆性季风气候区，暴雨洪水主要由季风雨带（副热带高压后部天气系统）和台风形成，多发生在 6—9 月，尤以 7 月、8 月为多，且量级较大。洪水类型有单峰洪水和连续洪水两种。季风雨带暴雨洪水以连续洪水为主，集中发生在 7 月上旬至 8 月中旬；台风暴雨洪水主要是单峰洪水，集中发生在 8 月下旬至 9 月。洪水过程特点是：峰高、量大、历时短。一次单峰洪水过程一般 7～11d，洪峰持续时间 3h 左右。连续洪水过程则时间更长，来水量更多。

2.3.2　工程概况

（1）主要建筑物。白山水库枢纽工程是一座以发电为主，兼有防洪、养殖等综合效益的大（1）型水库，工程按 500 年一遇洪水设计，5000 年一遇洪水校核，总库容 59.10 亿 m³，调节库容 29.43 亿 m³，枢纽工程等别为Ⅰ等，主要建筑物级别为 1 级。

水电站枢纽建筑物主要有大坝、河床坝段泄洪建筑物、一期右岸全地下式厂房、二期左岸地面式厂房、三期左岸全地下式抽水蓄能厂房和开关站等。

大坝为三心圆混凝土重力拱坝，坝顶高程 423.50m，坝顶弧长 676.50m，最大坝高 149.50m，顶宽 9.00/20.00m，底宽 63.70m。

坝上共设置 4 个高孔溢洪道和 3 个深孔泄洪洞进行泄洪，保坝洪水最大出库流量 13880m³/s。

一期白山地下水电站 3 台 30 万 kW 共 90 万 kW 混流式水轮发电机组；二期白山左岸水电站 2 台 30 万 kW 共 60 万 kW 混流式水轮发电机组；三期白山抽水蓄能电站以白山水库为上池、红石水库为下池，装有 2 台 15 万 kW 共 30 万 kW 可逆式机组，白山电站合计装机容量 180 万 kW。

电站在东北电力系统中担负调峰、填谷和事故备用等任务，为系统中的大型骨干电站。

白山水库正常高水位 413m，相应库容 49.67 亿 m³；死水位 380m，相应库容 20.24 亿 m³。

（2）建设情况。白山水电站最初设计时叫龙王庙水电站，后改名为白山水电站，于 1958 年开始兴建，1961 年停建。一期主体工程于 1975 年 5 月复工，1976 年 10 月截流，1982 年 11 月 16 日下闸蓄水，1983 年 12 月 30 日第一台机组发电。1984 年一期工程结束后二期工程继续施工，1992 年二期机组投产发电。三期抽水蓄能电站于 2002 年 8 月正式开工，2006 年 6 月 9 日投产运行。

2.4　丰满水库来水样本及分型划分

2.4.1　样本分型原则

（1）从灾害预报的角度，进行东北电网水库流域大洪水预报，洪水级别划分依据《水文情报预报规范》（GB/T 22482—2008）的相关规定[75]：

1）水文要素重现期小于 5 年的洪水，为小洪水。

2）水文要素重现期为 5～20 年的洪水，为中洪水。

3）水文要素重现期为 20～50 年的洪水，为大洪水。

4）水文要素重现期大于 50 年的洪水，为特大洪水。

（2）从水库年来水预报的角度，水库年来水定性预报级别划分依据《水文情报预报规范》（GB/T 22482—2008）规定，结合丰满水库实际情况，增加特丰、特枯两级（共七级）：

1）特丰水年：比多年平均值多 4 成以上。

2）丰水年：比多年平均值多 2～4 成。

3）偏丰水年：比多年平均值多 1～2 成。

4）正常（平水）年：比多年平均值少 1 成～多 1 成。

5）偏枯水年：比多年平均值少 1～2 成。

6）枯水年：比多年平均值少 2～4 成。

7）特枯水年：比多年平均值少 4 成以上。

对于水库来讲，丰水年不一定发生大洪水，如丰满水库 2005 年，全年没有发生较大洪水，最大洪峰流量排在 1933 年有资料以来的第 39 位，洪水频率为 50%，但全年来水却排在第 8 位，来水频率为 10%。同样，即使在枯水年也会发生大洪水，如丰满水库 1982 年全年来水排在第 56 位，来水频率为 71.8%，但全年最大洪峰流量却排在第 13 位，洪水频率为 16.7%。所以丰水年、平水年、枯水年都要防洪，这是由水库来水的规律决定的。为确保防洪安全、水库经济运行，结合多年水库长期来水物理预报实践经验及水库来水的历史资料系列，进行水文长期预报方法研究，并着重预报未来发生特大洪水的可能性，确保水库科学合理调度。

2.4.2 样本分型基本原理

本书研究的是极端来水序列，为了更有效地对事件进行预报，将实测样本序列与调查洪水序列根据一定的方法分级，将分型后的序列作为样本对极端事件进行预报。

样本分型的方法为比例因子法：已知的多年径流量序列 $X = \{x_1, x_2, \cdots, x_n\}$，计算其多年径流量平均值 $\overline{X}$，乘以"丰平枯"对应的比例因子，该比例因子为丰满水库经过长期来水分析，结合生产实践经验，综合确定符合丰满流域来水预报的分型方法。比例因子分别为：特丰水年大于 1.4，丰水年 1.2～1.4，偏丰水年 1.1～1.2，平水年 0.9～1.1，偏枯水年 0.8～0.9，枯水年 0.6～0.8，特枯水年 0～0.6。

$$\overline{X} = \frac{1}{n}(x_1 + x_2 + \cdots + x_n) \tag{2.4.1}$$

$$X_i = \overline{X}\alpha_i, (i = 1, 2, 3, 4, 5, 6, 7) \tag{2.4.2}$$

式中：X_i 为特丰水年、丰水年、偏丰水年、平水年、偏枯水年、枯水年、特枯水年的界限值；α_1 为特丰水年和丰水年界限的比例因子，为 1.4；α_2 为丰水年和偏丰水年界限的比例因子，为 1.2；α_3 为偏丰水年和平水年的比例因子，为 1.1；α_4 为平水年和偏枯水年的比例因子，为 0.9；α_5 为偏枯水年和枯水年界限的比例因子，为 0.8；α_6 为枯水年和特枯水年界限的比例因子，为 0.6。

2.4.3 丰满水库来水分型

共收集了丰满水库 1933—2017 年的年平均流量值，将其分为两部分，1933—2012

年为率定期，2013—2017 年为预报期，也称为验证期，将该样本序列进行样本分型，1933—2017 年年平均流量值分型结果见表 2.4.1。1933—2017 年一共 85 年，其中特丰水年占 10.59%，丰水年占 17.65%，偏丰水年占 5.88%，平水年占 24.7%，偏枯水年占 8.24%，枯水年占 22.35%，特枯水年占 10.59%。

表 2.4.1　　　　　　　　　　　1933—2017 年年平均流量值分型

序号	年份	平均值/(m³/s)	来水级别	序号	年份	平均值/(m³/s)	来水级别	序号	年份	平均值/(m³/s)	来水级别
1	1933	393	正常	30	1962	402	正常	59	1991	489	偏丰
2	1934	494	丰水	31	1963	480	偏丰	60	1992	217	特枯
3	1935	522	丰水	32	1964	649	特丰	61	1993	312	枯水
4	1936	492	丰水	33	1965	379	正常	62	1994	507	丰水
5	1937	505	丰水	34	1966	486	偏丰	63	1995	664	特丰
6	1938	539	丰水	35	1967	307	枯水	64	1996	412	正常
7	1939	505	丰水	36	1968	305	枯水	65	1997	204	特枯
8	1940	410	正常	37	1969	366	偏枯	66	1998	362	偏枯
9	1941	555	丰水	38	1970	242	特枯	67	1999	250	枯水
10	1942	370	正常	39	1971	566	丰水	68	2000	283	枯水
11	1943	421	正常	40	1972	428	正常	69	2001	398	正常
12	1944	484	偏丰	41	1973	495	丰水	70	2002	245	特枯
13	1945	413	正常	42	1974	378	正常	71	2003	213	特枯
14	1946	281	枯水	43	1975	484	偏丰	72	2004	342	偏枯
15	1947	448	偏丰	44	1976	259	枯水	73	2005	545	丰水
16	1948	353	偏枯	45	1977	277	枯水	74	2006	270	枯水
17	1949	254	枯水	46	1978	164	特枯	75	2007	280	枯水
18	1950	331	偏枯	47	1979	287	枯水	76	2008	251	枯水
19	1951	514	丰水	48	1980	404	正常	77	2009	265	枯水
20	1952	325	枯水	49	1981	494	丰水	78	2010	764	特丰
21	1953	665	特丰	50	1982	244	特枯	79	2011	299	枯水
22	1954	733	特丰	51	1983	416	正常	80	2012	363	偏枯
23	1955	360	偏枯	52	1984	304	枯水	81	2013	737	特丰
24	1956	677	特丰	53	1985	394	正常	82	2014	272	枯水
25	1957	559	丰水	54	1986	683	特丰	83	2015	243	特枯
26	1958	225	特枯	55	1987	553	丰水	84	2016	409	正常
27	1959	401	正常	56	1988	383	正常	85	2017	447	偏丰
28	1960	629	特丰	57	1989	231	特枯				
29	1961	444	正常	58	1990	393	正常				

第 3 章
基于流域尺度信息的极端来水超长期预报技术

基于流域尺度对松花江丰满流域的极端来水进行的研究，最基本的方法是对来水序列的规律进行分析研究，寻找序列的内在统计规律。运用样本分型的方法将研究对象划分为极端年组、极端年代段，选用极端事件的研究方法——"可公度法"对来水系列的可公度性进行分析；以丰满流域大洪水、特丰水年序列为研究对象，运用数据挖掘的方法对序列的有序性、可公度性、网络特性规律进行分析，可对丰满水库流域的来水进行定性和定量的预报。

本章首先介绍了基于可公度的思想，运用点面结合的方法对流域大洪水、特丰水年发生的时间、地点、量级进行预报；然后介绍挖掘出的极端来水系列的规律特性对未来的来水定性预报的方法；最后分析采用狼群优化算法的投影寻踪方法对极端来水进行定量预报的时间序列分析方法。

本章基于流域尺度信息的极端来水超长期预报技术有：可公度信息预报技术；基于可公度的点面结合的预报技术；峰谷定位预报技术；有序结构法预报技术；极丰来水后特征对比技术；基于狼群优化算法的投影寻踪预报技术。本章对上述 6 种预报技术的原理和方法进行介绍，并基于 1933—2012 年的实测数据，对丰满流域 2013—2017 年的极丰年、极枯年、大洪水年进行预报。

3.1 可公度信息预报理论与技术

3.1.1 可公度性预报模型

1. 可公度性理论的背景介绍

18 世纪 60—70 年代发现太阳系行星轨道简单几何学规律的：从离太阳由近到远计算，对应于第 n 个行星（对水星而言，n 不是取为 1，而是 $-\infty$），其同太阳的距离 $a_n = 0.4 + 0.3 \times 2^{n-2}$（天文单位），按此式得出的计算值与观测值的比较见表 3.1.1。

提丢斯-波得定则发表时，人们仅观测到水星、金星、地球、火星、木星、土星等六大行星；提丢斯-波得定则提出后，又有两项发现给了它有力的支持。第一，1781 年 F·W·赫歇耳发现了天王星，它与定则所预言的轨道几乎一致。第二，提丢斯在当时就预料，在火星和木星之间距太阳 2.8 天文单位处应该有一个天体。1801 年，意大利天文学家皮亚齐在这个距离上发现了谷神星；之后，天文学家们又在这个距离附近发现许多小行星。此外，人们还发现木星的几个卫星之间、土星的几个卫星之间也存在距离的可公度性。这一系列可公度性传递出太阳系公转半径的信息。

表 3.1.1　　　　　　　　　　　日星距离计算值和观测值对照表

	n	$-\infty$	0	1	2	3	4	5	6	7
a_n	计算值	0.4	0.7	1	1.6	2.8	5.2	10.0	19.6	38.8
	观测值	0.39	0.72	1	1.52	2.9	5.220	9.54	19.2	39.5
行星名称		水星	金星	地球	火星	小行星带	木星	土星	天王星	冥王星

在天灾预报中，翁文波对天文学中的可公度性给予了密切关注。翁文波认为，可公度性并不是偶然的，它是自然界的一种秩序，因而是一种信息系。可公度性不仅存在于天体运动中，也存在于地球上的自然现象中。基于这种思想，翁文波院士发现，可公度性同样存在于元素周期表中，它们的原子量类似行星距离思想，可以用可公度性"量"出它们的原子量关系，揭示出元素周期表中的奥秘。主要基于可公度性思想，翁文波院士创立了信息预报学，指出洪水的发生具有可公度性，并将可公度性原理运用于洪灾预报，在 1984 年成功预报出了 1991 年的长江大洪水。

2. 可公度的定义

可公度性是自然界的一种秩序，表达了系统各元素中可以共同度量的某种规律，反映了自然界中特殊事件（小概率事件）的发生规律，从特殊系列的可公度性中抽取并非偶然的信号进行预报，即是一种从特殊事件来预报特殊事件的方法。

3. 可公度性的基本原理

翁文波院士基于可公度性理论建立了可公度性公式，用来预报天灾发生时间，一般表达式为

$$X_{i+1} = \sum_{j=1}^{l} I_j X_j \tag{3.1.1}$$

其中，$\{j\} \in \{i\}$，即 j 为集合 i 中的元素；I_j 为整数；l 为元素个数。

为了证明可公度式的非偶然性，必须有两个及以上的可公度式来验证：

$$\left. \begin{array}{l} X_{i+1,1} = \sum_{j1=1}^{l1} I_{j1} X_{j1} \\[1em] X_{i+1,2} = \sum_{j2=1}^{l2} I_{j2} X_{j2} \\[1em] \vdots \\[1em] X_{i+1,m} = \sum_{jm=1}^{lm} I_{jm} X_{jm} \end{array} \right\} \tag{3.1.2}$$

将上述值排列为一个单调递增的集合：

$$\{ X_{(i+1),1}, X_{(i+1),2}, \cdots, X_{(i+1),m} \} \tag{3.1.3}$$

约束条件：

$$|X_{i+1,m} - X_{i+1,1}| \leqslant \varepsilon \tag{3.1.4}$$

ε 为决定模型可行性的临界值，在实际工作中根据具体需要确定 ε 的值。对于水文灾害的预报，一般要求 $\varepsilon = \pm 1$。当 $\varepsilon = 0$ 时说明该样本是完全可公度的；若 $\varepsilon > 0$，则该 ΔX 为 $[-\varepsilon, \varepsilon]$ 区间可公度灰周期。如果满足要求的可公度式多于 1 个，那么可公度式可能就不是偶然的。可公度式个数 m 值越大，ε 值越小，其预报精度越高。

其中适合外推预报的模型有以下三种：

三元可公度模型：

$$X_a + X_b - X_c = X_{u(a,b,c)} \tag{3.1.5}$$

五元可公度模型：

$$X_a + X_b + X_c - X_d - X_e = X_{v(a,b,c,d,e)} \tag{3.1.6}$$

七元可公度模型：

$$X_a + X_b + X_c + X_d - X_e - X_f - X_g = X_{w(a,b,c,d,e,f,g)} \tag{3.1.7}$$

式中：$a,b,c,d,e,f,g = 1,2,\cdots,n; u,v,w = 1,2,\cdots,m$。

选取样本应用三元、五元、七元可公度预报公式进行计算，挑选三元、五元、七元的可公度公式数量处于前几位的成果，对预报地区进行全面预报。

4. 可公度性的检验

翁文波院士把客观存在的事件级划分为两类：常态子集和异态子集。常态子集的事件是一般、经常等有代表性的事件，其主要要素是统计量，如数学期望、方程、平均值等。异态子集的事件是异常、特别的事件，是以体系中各元素的特性为主的数据处理。

为了判定原时间序列为非偶然的并具有很强的信息提取价值的非均匀性分布，假定原时间序列为均匀分布，通过统计检验，若为低置信水平则肯定假设，认定该序列为均匀分布，相反，拒绝均匀分布的假设，就能够建立各年份之间的关系，从而预报灾害趋势。

样本序列 $F(X)$ 的样本为 $(X_1, X_2, \cdots, X_n)$，假设该样本在区间 $[a,b]$ 上服从均匀分布 $F_0(X)$ 检验总体分布是否为均匀分布，即检验 $H_0: F(X) = F_0(X)$ 是否为真，本书中应用三元可公度卡方检验法确定均匀分布的各参数，三元可公度式为 $X_m = X_k + X_l - X_n$，均匀分布的情况下 $m = k + l - n$。

（1）均匀分布三元外推式实际频数 X：

$$X = \sum_{i=1}^{s} \Delta X_i \tag{3.1.8}$$

S 为三元可公度式的个数，其中 ΔX 为每一个间隔外推时的偏频数：

$$\Delta X = \begin{cases} 2, k \neq 1 \\ 1, k = 1 \end{cases} \tag{3.1.9}$$

（2）均匀分布三元外推式理论频数 λ_x：

$$\lambda_x = N p_i \tag{3.1.10}$$

N 为频数总和，即 $N = \sum_{i=1}^{n} X_i$，也就是样本容量。p_i 为每个样本的理论故障概率，一般是 $1/n$。

（3）均匀分布自由度：

$$f = r - m - 1 \tag{3.1.11}$$

r 为年份跨度，$r = \max\{(n-l),(n-k)\}$；若 $k=1$，则 $m=1$，反之为 2。

（4）K. Pearson-Fisher 定理的运用：

若 H_0 成立，理论频数和实际频数应该相差无几，构造统计量：

$$\chi^2 = \sum \frac{(X - Np_i)^2}{Np_i} \tag{3.1.12}$$

根据 K. Pearson-Fisher 定理，分布服从 $\chi^2 \sim \chi^2(r-m-1)$。在显著性水平 α 下，若 $\chi^2 \geqslant \chi^2_{1-\alpha}(r-m-1)$，则拒绝 H_0，若 $\chi^2 < \chi^2_{1-\alpha}(r-m-1)$ 则接受 H_0。

5. 可公度的公式

翁文波院士基于可公度性理论而建立起来的可公度性公式来预报天灾发生时间，其中适合外推预报的模型有以下 3 种。

三元可公度预报模型：　　　$N = A + (B - C) \tag{3.1.13}$

五元可公度预报模型：　$N = A + (B - D) + (C - E) \tag{3.1.14}$

七元可公度预报模型：

$$N = A + (B - E) + (C - F) + (D - G) \tag{3.1.15}$$

式中：A、B、C、D、E、F、G 为已发生特殊事件的时间；N 为预报未来特殊事件发生的时间。

3.1.2　可公度性预报模型在超长期水文预报中的应用

可公度预报思想在于发掘事物存在的特殊秩序，是一种求异思维，因此需要从研究对象的样本系列中抽取异常子集，以异常子集发生的年份为样本，基于可公度的基本理论，对极端事件发生的年份进行预报。本节对丰满流域的丰水年、特丰水年进行预报，以丰满水库 1933—2012 年年平均流量为研究对象，将年平均流量按从大到小排列，从上向下取前 14 位丰水年（时间均记为当年 7 月 1 日），见表 3.1.2，采用三元、五元、七元可公度预报模型进行计算，计算其等式的个数，并对其分别按照等式个数的多少由大到小进行排序，计算结果见表 3.1.3。

表 3.1.2　　　　　　　　　　丰满流域丰水年年份样本表

序号 i	预报样本时间 Xi	年平均流量 /(m³/s)	序号 i	预报样本时间 Xi	年平均流量 /(m³/s)
1	2010	764	8	1960	629
2	1954	733	9	1971	566
3	1986	683	10	1957	559
4	1956	677	11	1941	555
5	1953	665	12	1987	553
6	1995	664	13	2005	545
7	1964	649	14	1938	539

表 3.1.3　　　　　　　　　　　　　可公度预报模型的计算结果

三元预报		五元预报		七元预报	
年份	等式个数	年份	等式个数	年份	等式个数
2017	6	2013	230	2013	5135
2013	5	2014	221	2014	5083
2016	5	2017	218	2015	5023
2014	4	2015	217	2016	4793
2018	4	2016	213	2017	4694
2020	4	2018	205	2018	4662
2015	3	2020	190	2019	4496
2019	3	2019	186	2020	4380

从可公度等式计算结果看，2013 年三元可公度排在第二位、五元和七元可公度排在第一位，则可判断很有可能 2013 年是特丰水年；经过实际验证 2013 年是特丰水年，则预报正确。

2017 年三元可公度排在第一位，五元可公度排在第三位，七元可公度排在第五位，可判断 2017 年是平偏丰水年；经过实际验证 2017 年是偏丰水年，发生成灾洪水，则可知该年预报正确。

其他年份的丰枯状况不能依据其等式的个数多少下结论，需要依照其他方法进行重新判别。

3.2　基于可公度的点面结合的洪灾预报技术

洪涝灾害在我国发生频率高、危害范围大、对国民经济影响较为严重，对洪涝灾害进行预报，能够使人们提前采取有效措施，利用工程和非工程措施将洪涝灾害的影响降到最低。若能够准确预报出特大洪水发生的时间，就可以发挥梯级水库的调度功能，在大洪水发生之前，提前通过大发水电来消落水库水位，腾出一定的防洪库容；在大洪水来临时，拦蓄洪水；在大洪水结束前，拦蓄洪尾，如此通过调度既减少了洪灾的危害，又能够有效提高水资源的利用率，从而减少水资源的浪费。

采用可公度的思想对流域洪水进行预报，以面预报为主，选取整个流域的特大洪灾样本，预报整个东北地区的大洪水情况；以点预报为辅，确定洪灾的具体地点，采用特定站点的流量系列样本，对站点所在流域预报其大洪水、丰枯水年的情况。面预报和点预报相互配合，从时间和空间上相互论证预报的合理性及完整性。

3.2.1　点面结合洪灾预报技术理论

如何对特大洪水具体发生地点要素进行预报，是信息预报发展的方向，是防灾、减灾的关键。根据水文历史数据中记载，嫩江流域的洪水年份为 1794 年、1886 年、1908 年、1929 年、1932 年、1953 年、1957 年、1969 年和 1998 年，松花江流域的洪水年份为 1856 年、1896 年、1909 年、1923 年、1951 年、1953 年、1957 年、1960 年、1991 年、1995 年和 2010 年。除了 1953 年和 1957 年两大流域同时发生洪灾之外，其余年份均不同时，这个现象虽然减轻了防洪压力，但是给预报带来了不便。一般学者的研究仅仅停留在发生时间的预报上，对于详细地点的预报几乎没有。采用点面结合（面为主，点为辅）的预报方法不仅可以提高预报的准确度，还可以确定洪灾发生的详细地点[7]。

基于可公度预报方法的预报体系已经基本成熟，如何进一步对特大洪水发生的时间、地点、大小进行有效的预报，对于水库调度方案的制订和实施具有重要的意义和价值。基于此，点面结合的预报方法能够有效解决上述问题。

1. 流域预报法——面预报

基于一个流域内的特大洪灾系列样本（具体到日期），应用三元、五元可公度预报公式进行计算，挑选三元、五元可公度等式数量处于前几位的样本。由于样本的出现并非偶然，具有一定的统计意义，对预报对象的可公度等式中出现的样本序列进行统计，挑选出现频数最多的样本，以该样本的空间特征——发生地点、量级特征——洪峰等作为预报对象的特征，该方法能够从预报对象的可公度等式中提取出并非偶然的信息，从而给出洪水预报。

2. 单站预报法——点预报

为了预报某特定地点（水文站等）的洪峰流量，选取该地点特大洪水（降序排列排在前面的）年最大洪峰系列，以洪峰值发生的具体日期为样本，应用可公度法计算预报对象的三元、五元可公度等式，挑选三元、五元可公度等式数量处于前几位的预报对象作为预报成果。为了预报某特定地点（水库等）的极端来水年，按上述方法选取该地点的特丰水、特枯水年系列进行计算挑选，获得预报成果。对可公度预报模型计算出的样本序列进行统计，得到出现频数最多的样本，并将样本的量级特征（洪峰）作为所预报对象的量级特征。

点预报是根据流域内一个水文站或水库的资料来进行的预报，而面预报则是根据一个流域（包括了点预报所在的水文站）的资料来进行的预报。以上两种预报方法相互配合，从一个流域到具体水文站、水库，相互论证预报的合理性，从时间、空间、量级三要素上，实现完整的"临洪预报"。

3.2.2　点面结合法的预报实例

3.2.2.1　面预报法

以《中国历史大洪水》（1988）中记载的 12 次大洪水，与 1988 年以后发生的 1995 年、1998 年、2010 年三次大洪水，共计 15 次的东北地区特大洪灾作为研究对象，用可公度预报模型进行预报。因历史记录不详，部分记录只记到月份，故用可公度预报程序只选取其年份，见表 3.2.1。

表 3.2.1　　　　　　　　　　　东北地区特大洪灾年份样本

序号 i	预报样本时间 Xi	样本说明	灾害程度
1	1856 - 08 - 01	（清咸丰六年七月）吉林中部洪水	吉林、扶余、依兰、阿城成灾，水淹吉林城
2	1888 - 08 - 01	（清光绪十四年七月）辽宁东部洪水	受灾耕地 320 万亩，水淹沈阳等 10 数城镇，受灾人口 526844 人
3	1909 - 07 - 01	（清宣统元年六月）松花江上游中游洪水	松花江上游、牡丹江、拉林河特大洪水，洪水冲毁田禾万余垧，淹毙人口数千
4	1911 - 07 - 01	（清宣统三年六月）松花江北侧呼兰河、汤旺河洪水	嫩江大水，灾民 11.6 万人，淹没耕地 27.4 万垧，冲毁房屋 5000 间
5	1930 - 08 - 01	辽宁西部洪水	河北滦河流域、辽河干流、吉林西部受灾，淹毙人口万余，冲毁房屋数万间
6	1932 - 08 - 01	松花江洪水	黑龙江 36 县市受灾，受灾 190 万垧；吉林受灾 30 万人，内蒙古受灾 9.9 万人；哈尔滨决堤 20 多处，城市进水，最大水深 5m
7	1953 - 08 - 01	辽河、松花江上游洪水	吉林磐石、东丰等 7 县受灾严重，受灾 523 万亩，受灾人口 267 万；辽宁 20 县市受灾，受灾 670 万亩，冲毁房屋 12.9 万间
8	1957 - 09 - 01	松花江洪水	受灾 1395 万亩，受灾人口 370 万人，冲毁房屋 22878 间，损失 2.4 亿元。受台风影响，松花江上游特大洪水
9	1960 - 08 - 01	辽东洪水	辽宁 7 市、吉林 2 市受灾，受灾人口 145 万人，淹没耕地 420 万亩，冲走房屋 22 万间
10	1962 - 07 - 01	西辽河洪水	赤峰、通辽等地，受灾人口 111 万人，受灾面积 3876 万亩
11	1981 - 07 - 01	辽东半岛洪水	大连到营口之间 6 县，受灾人口 16.36 万人，损失 5 亿元
12	1985 - 08 - 01	辽河洪水	受台风影响，受灾 2436 万亩，绝收 639 万亩，冲毁大型河堤 250 公里，中小型河堤 2600 公里，直接经济损失 47 亿元
13	1995 - 08 - 01	辽河、松花江上游洪水	辽宁特大洪灾涉及 9 城市，受灾 672.2 万人，损坏房屋 112 万间，直接经济损失 347.2 亿元；吉林桦甸市等 9 市镇进水，损坏房屋 95.94 万间，直接经济损失 128.74 亿元
14	1998 - 07 - 01	松花江洪水	1998 年嫩江、松花江流域大洪水造成直接经济损失 480 亿元
15	2010 - 08 - 01	松花江上游洪水	吉林省受灾范围 6 市州 40 县市，受灾人口达 458.9 万人，因灾死亡 74 人，71 人失踪。洪灾共造成吉林省 125.4 万 hm² 农作物受灾，其中绝收 24.9 万 hm²，直接经济损失达 264.3 亿元

采用三元可公度、五元可公度和七元可公度预报模型进行计算，计算结果见表 3.2.2。

表 3.2.2　　　　　　　　　　　可公度预报模型的计算结果

样本序号 i	预报样本时间 X_i	三元预报		五元预报		七元预报	
		等式个数	出现时间	等式个数	出现时间	等式个数	出现时间
1	1856-08-01	10	2013-07-01	205	2013-07-01	6077	2013-07-01
2	1888-08-01	7	2017-08-01	163	2025-08-01	5621	2025-08-01
3	1909-07-01	4	2023-07-01	158	2017-08-01	5364	2027-08-01
4	1911-07-01	4	2025-08-01	156	2023-07-01	5285	2023-07-01
5	1930-08-01	4	2082-07-31	143	2027-08-01	5213	2017-08-01
6	1932-08-01	3	2014-09-01	140	2042-08-01	5113	2042-08-01
7	1953-08-01	3	2015-08-01	137	2082-07-31	4849	2014-09-01
8	1957-09-01	3	2027-08-01	134	2014-09-01	4793	2015-07-01
9	1960-08-01	3	2029-09-01	134	2029-09-01	4755	2029-09-01
10	1962-07-01	3	2034-08-01	132	2015-07-01	4540	2038-07-01
11	1981-07-01	3	2038-08-01	125	2040-08-01	4443	2021-08-01
12	1985-08-01	3	2040-08-01	120	2034-07-01	4423	2019-07-01
13	1995-08-01	3	2042-08-01	120	2038-08-01	4314	2034-07-01
14	1998-07-01	3	2050-07-31	114	2038-07-01	4306	2040-08-01
15	2010-08-01						

本书的预报年选定为 2013—2017 年，因而只对 2013—2017 年涉及的预报结果进行分析。经三元、五元可公度计算，相互验证，2013 年 7 月三元排第一位、五元排第一位、七元排第一位；2017 年 8 月三元排第二位、五元排第三位、七元排第五位。三元可公度式为

$$2013-07-01 = [X_3, X_9, -X_1] \qquad 2013-07-01 = [X_{10}, X_{10}, -X_4]$$
$$2013-07-01 = [X_{12}, X_{11}, -X_7] \qquad 2013-07-01 = [X_{11}, X_2, -X_1]$$
$$2013-07-01 = [X_{12}, X_{12}, -X_8] \qquad 2013-07-01 = [X_{15}, X_{14}, -X_{13}]$$
$$2013-07-01 = [X_{15}, X_9, -X_8] \qquad 2013-07-01 = [X_{10}, X_9, -X_3]$$
$$2013-07-01 = [X_{11}, X_{10}, -X_5] \qquad 2013-07-01 = [X_{12}, X_9, -X_6]$$
$$2017-08-01 = [X_{14}, X_5, -X_4] \qquad 2017-08-01 = [X_{12}, X_2, -X_1]$$
$$2017-08-01 = [X_{12}, X_{12}, -X_7] \qquad 2017-08-01 = [X_{15}, X_9, -X_7]$$
$$2017-08-01 = [X_{14}, X_{11}, -X_{10}] \qquad 2017-08-01 = [X_{10}, X_4, -X_1]$$
$$2017-08-01 = [X_{12}, X_{10}, -X_5]$$

其中：

（1）2013年10个三元可公度式中：［$X12$］——辽河洪水出现3次、［$X1$］——吉林中部洪水出现2次、［$X8$］——松花江洪水出现2次、［$X9$］——辽东洪水出现3次、［$X10$］——西辽河洪水出现3次、［$X11$］——辽东半岛洪水出现3次、［$X15$］——松花江上游洪水出现2次，［$X3$］——松花江上游洪水出现2次、［$X7$］——辽河、松花江上游洪水出现1次，得出2013年辽河出现大洪水、松花江上游出现大洪水，辽河大洪水最为可能。

1995年以后，辽河流域没有大的洪水过程，从事物发展的规律看，辽河流域发生特大洪水的风险加大。如1995年以后松花江上游流域没有发生大洪水，进入枯水时段，但在2010年，出现特丰水年、特大洪灾，枯水时段结束。

（2）2017年7个三元可公度式中：［$X12$］——辽河洪水出现4次、［$X4$］——松花江北侧呼兰河、汤旺河洪水出现2次、［$X5$］——辽宁西部洪水出现2次、［$X10$］——辽河、松花江上游洪水西辽河洪水出现3次、［$X7$］——松花江上游中游洪水出现2次，得出2017年辽河出现大洪水、松花江上游出现大洪水，辽河大洪水最为可能。

因此可初步判断，2013年7月辽河、松花江上游会发生大洪水，2017年8月辽河、松花江上游会发生大洪水。

另从表3.2.2中可以看出，2017年可公度等式个数，三元排第二位、五元排第三位、七元排第五位，可公度性较好。由表3.2.3可知，参与2017年可公度式的年份分别为1856年、1888年、1911年、1930年、1953年、1960年、1962年、1981年、1985年、1998年、2010年共11年，结合东北地区历史大洪水资料（表3.2.1）和丰满流域自1933年来水数据，对比发现在这11年中，丰满流域出现大洪水的年份就有5年，分别是1856年、1911年、1953年、1981年和2010年。由此说明，2017年东北地区很可能出现大洪水，且大洪水很可能发生在丰满流域。且在三元可公度公式中，1953年出现2次，1981年出现1次。选择1953年和1981年为相似年，预报2017年丰满水库来水为平偏丰水年。

综上可得结论：认为2013年7月松花江上游会发生大洪水，2017年8月松花江上游会发生大洪水。

表 3.2.3　　　　　　　　　　2013 年及 2017 年的三元可公度式

预报年份	三元可公度式		
2013	1888＋1981－1856	1960＋2010－1957	1981＋1985－1953
	1909＋1960－1856	1962＋1962－1911	1985＋1985－1957
	1960＋1962－1909	1962＋1981－1930	1998＋2010－1995
	1960＋1985－1932		
2017	1888＋1985－1856	1960＋2010－1953	1981＋1998－1962
	1911＋1962－1856	1962＋1985－1930	1985＋1985－1953
	1930＋1998－1911		

由表 3.2.4 可知，丰满松花江流域的大洪水面预报方法均得到了证实，表明该方法预报准确率高，能够对流域尺度的大洪水进行预报。

表 3.2.4　　　　　　　　　　　　　　　特大洪水预报与实测值表

年　份	预　报　值	实　测　值
2013	2013 年 7 月会发生特大洪水	2013 年 7 月发生 70 年一遇特大洪水，最大 12h 洪峰 17300m³/s
2017	2017 年 8 月会发生特大洪水	2017 年 7 月发生了 7 年一遇中洪水，6h 洪峰 10400m³/s

3.2.2.2　点预报法——特丰水年预报

采用松花江上游丰满水库、白山水库等年来水记录，分别可预报出 2013 年、2017 年丰满流域为特丰来水。

1. 采用丰满水库资料进行松花江上游 2013 年特丰来水预报

以丰满水库 1933—2012 年的年平均流量为研究对象，年平均流量按降序方式排列，从大到小取前 14 位（时间均记为当年 7 月 1 日），采用三元可公度、五元可公度预报模型进行计算，计算结果见表 3.2.5。

表 3.2.5　　　　　　　　　丰满水库流域特丰水年可公度预报等式成果表

样本序号 i	预报样本时间 Xi	年平均流量 Q_m /(m³/s)	三元预报		五元预报	
			等式个数	出现时间	等式个数	出现时间
1	1938 - 07 - 01	539	10	2013 - 07 - 01	407	2013 - 07 - 01
2	1941 - 07 - 01	555	6	2014 - 07 - 01	370	2014 - 07 - 01
3	1953 - 07 - 01	665	6	2019 - 07 - 01	350	2018 - 07 - 01
4	1954 - 07 - 01	733	5	2017 - 06 - 30	341	2019 - 07 - 01
5	1956 - 07 - 01	676	5	2018 - 07 - 01	321	2021 - 07 - 01
6	1957 - 07 - 01	558	5	2020 - 07 - 01	320	2017 - 07 - 01
7	1960 - 07 - 01	629	5	2021 - 07 - 01	287	2036 - 06 - 30
8	1964 - 07 - 01	649	5	2028 - 06 - 30	279	2015 - 07 - 01
9	1971 - 07 - 01	565	5	2036 - 06 - 30	279	2016 - 06 - 30
10	1986 - 07 - 01	683	5	2040 - 06 - 30	278	2020 - 06 - 30
11	1987 - 07 - 01	552	5	2043 - 07 - 01	278	2028 - 06 - 30
12	1995 - 07 - 01	664	4	2016 - 06 - 30	277	2022 - 07 - 01
13	2005 - 07 - 01	544				
14	2010 - 07 - 01	757				

经三元、五元可公度计算，相互验证，2013 年 8 月三元排第一位、五元排第一位。三元可公度式为

$$2013 - 06 - 30 = [X11, X2, -X7]　　　2013 - 06 - 30 = [X5, X8, -X4]$$

$$2013 - 07 - 01 = [X14, X3, -X4]　　　2013 - 07 - 01 = [X12, X6, -X3]$$

2013－07－01＝[X5，X3，－X13]　　2013－07－01＝[X14，X9，－X1]

2013－07－01＝[X14，X10，－X13]　　2013－07－01＝[X11，X6，－X13]

2013－07－01＝[X12，X5，－X11]　　2013－07－01＝[X14，X7，－X9]

10 个可公度式中：[X14]——2010－07－01，出现 4 次；[X5]——1956－07－01、[X11]——1987－07－01，出现 3 次；年平均入库为 757m³/s、676m³/s、552m³/s，是多年平均值 409m³/s 的 1.35～1.85 倍，定性为来水特丰年，丰水 4～8 成。

2. 采用白山水库资料进行松花江上游 2013 年特丰来水预报

以白山水库 1933—2012 年年平均流量为研究对象，年平均流量按从大到小排列方式，从上向下取，取前 13 位（时间均记为当年 7 月 1 日），采用三元可公度、五元可公度预报模型进行计算，计算结果见表 3.2.6。

表 3.2.6　　　　　　　白山水库流域特丰水年可公度预报等式成果表

样本序号 i	预报样本时间 Xi	年平均流量 Q_m/(m³/s)	三元预报		五元预报	
			等式个数	出现时间	等式个数	出现时间
1	1938－07－01	307	8	2013－07－01	279	2013－07－01
2	1941－07－01	297	5	2020－07－01	255	2018－07－01
3	1953－07－01	325	5	2028－06－30	246	2014－07－01
4	1954－07－01	373	5	2036－06－30	244	2019－07－01
5	1956－07－01	320	5	2019－07－01	223	2021－07－01
6	1960－07－01	348	5	2018－07－01	221	2036－06－30
7	1964－07－01	328	4	2043－07－01	216	2028－06－30
8	1971－07－01	300	4	2040－06－30	212	2017－07－01
9	1986－07－01	371	4	2025－07－01	207	2020－07－01
10	1987－07－01	285	4	2021－07－01	200	2025－07－01
11	1995－07－01	383	4	2020－06－30	199	2020－06－30
12	2005－07－01	296	4	2017－06－30		
13	2010－07－01	374				

经三元、五元可公度计算，相互验证，2013 年 7 月三元、五元均排第一位。三元可公度式为

2013－06－30＝[X1，X9，－X6]　　2013－06－30＝[X12，X3，－X4]

2013－07－01＝[X11，X5，－X7]　　2013－07－01＝[X13，X7，－X6]

2013－07－01＝[X11，X1，－X12]　　2013－07－01＝[X1，X7，－X8]

2013－07－01＝[X12，X5，－X8]　　2013－07－01＝[X13，X10，－X8]

8 个可公度等式中 [X1]——1938－07－01、　　[X7]——1964－07－01、[X8]——1971－07－01 均出现 3 次，年平均入库为 307m³/s、300m³/s、328m³/s，是

多年平均值 227m³/s 的 1.32～1.45 倍，定性为来水特丰年，丰水 3～5 成。

根据表 3.2.7 可知，2013 年东北地区松花江丰满流域年来水特丰，丰水在 4 成以上。

表 3.2.7　　　　　　　　白山、丰满水库三元可公度计算成果表

白 山 水 库		丰 满 水 库	
等式个数	出现时间	等式个数	出现时间
8	2013 - 07 - 01	10	2013 - 07 - 01
5	2020 - 07 - 01	6	2014 - 07 - 01
5	2028 - 06 - 30	6	2019 - 07 - 01
5	2036 - 06 - 30	5	2017 - 06 - 30
5	2019 - 07 - 01	5	2018 - 07 - 01
5	2018 - 07 - 01	5	2020 - 07 - 01
4	2043 - 07 - 01	5	2021 - 07 - 01
4	2040 - 06 - 30	5	2028 - 06 - 30
4	2025 - 07 - 01	5	2036 - 06 - 30
4	2021 - 07 - 01	5	2040 - 06 - 30

3.2.2.3　点预报法——大洪水年预报

点面结合预报法中点预报法的核心是能够在面中找到多个点同时指向某一年份，从而能够进一步论证该年会发生极端洪水的可能性。分别以松花江流域上游的丰满水库和白山水库的来水系列为研究对象，运用可公度法进行计算。

1. 丰满水库极端洪水预报

以丰满水库 1856—2012 年的历年最大日入库流量为研究对象，按照从大到小的方式排列，从上向下取前 25 位，采用三元可公度、五元可公度预报模型进行计算，计算结果见表 3.2.8。

表 3.2.8　　　　　　　　丰满水库大洪水可公度等式表

样本序号 i	预报样本时间 X_i	最大日入库流量 Q_m /(m³/s)	三元预报		五元预报	
			等式个数	出现时间	等式个数	出现时间
1	1856 - 08 - 01	15300	3	2016 - 09 - 06	198	2016 - 09 - 06
2	1909 - 07 - 24	12000	3	2019 - 07 - 27	192	2019 - 07 - 27
3	1923 - 08 - 14	10500	2	2013 - 07 - 14	165	2013 - 07 - 30
4	1933 - 07 - 30	6170	2	2013 - 07 - 20	165	2013 - 08 - 14
5	1934 - 07 - 12	6010	2	2013 - 07 - 30	165	2016 - 07 - 25
6	1935 - 07 - 30	6120	2	2013 - 08 - 14	165	2019 - 08 - 23
7	1937 - 08 - 07	6650	2	2013 - 08 - 25	165	2024 - 08 - 14
8	1938 - 07 - 22	6710	2	2013 - 09 - 01	164	2028 - 08 - 21
9	1939 - 09 - 08	7180	2	2014 - 07 - 25	163	2019 - 08 - 06

续表

样本序号 i	预报样本时间 Xi	最大日入库流量 $Q_m/(m^3/s)$	三元预报		五元预报	
			等式个数	出现时间	等式个数	出现时间
10	1942-07-30	5510	2	2014-07-27	160	2023-08-30
11	1943-08-30	6936	2	2014-08-05	158	2019-07-28
12	1951-08-25	10367	2	2014-09-07	157	2022-08-25
13	1953-08-20	15610	2	2015-07-17	156	2013-08-25
14	1954-08-27	6808	2	2015-07-20	156	2014-07-27
15	1957-08-22	14450	2	2015-08-31	156	2030-08-09
16	1960-08-24	12751	2	2015-09-15	155	2027-08-17
17	1964-08-14	8215	2	2016-07-25	154	2014-07-25
18	1971-08-04	6395			154	2014-09-07
19	1975-08-01	8135				
20	1982-08-29	6691				
21	1986-08-04	5457				
22	1991-07-30	8984				
23	1995-07-31	11978				
24	1996-08-12	5330				
25	2010-07-28	10543				

（1）经三元、五元可公度计算，相互验证，2016 年三元排第一位、五元排第一位。三元可公度式为

2016-09-02＝$[X24, X13, -X4]$　　　2016-09-04＝$[X9, X4, -X1]$

2016-09-05＝$[X25, X9, -X4]$　　　2016-09-06＝$[X18, X14, -X2]$

2016-09-06＝$[X20, X15, -X3]$　　　2016-09-06＝$[X21, X17, -X5]$

6 个可公度式中 $[X4]$——1933-07-30，出现 3 次；$[X9]$——1939-09-08 出现 2 次；最大日入库为 6170m^3/s、7180m^3/s，为本次计算历年最大日入库流量记录的第 12、19 位大洪水。

三元可公度等式成果表见表 3.2.9。

表 3.2.9　　　　　　　　丰满大洪水 2016 年三元可公度成果表

预报年份	三 元 可 公 度 式		
2016	1996+1953-1933	1939+1933-1856	2010+1939-1933
	1971+1954-1909	1982+1957-1923	1986+1964-1934

根据模型计算结果，样本指向 1933 年、1939 年；样本 1939 发生时间与预报时间高度一致，指向 2016-09-06，样本计算结果表明有发生秋汛的特征。

结论：2016 年有洪水，预报最大日入库在 6600m³/s，有秋汛。

实况：丰满水库流域地区 2016 年受"狮子山"台风影响，8 月 30 日 7 时至 8 月 31 日 17 时，丰满水库流域降雨 80.3mm，最大单站降雨孤山子站 181mm。该次台风，雨强小，流域平均降雨强度最大小时未超过 5mm，持续时间长，流域未形成灾害；但在相邻的图们江流域发生超过百年一遇洪水，最大点雨量 254mm，转移受灾人口 4.4 万人。

（2）经三元、五元可公度计算，相互验证，2013 年三元等式个数累计 12 次排第一位、五元等式个数累计 320 次排第四位，出现大洪水的信息比较强烈。

三元可公度式为

$$2013-07-14=[X23，X15，-X9]　　2013-07-14=[X23，X18，-X13]$$
$$2013-07-20=[X24，X18，-X14]　　2013-07-20=[X25，X8，-X6]$$
$$2013-07-30=[X25，X14，-X12]　　2013-07-30=[X25，X16，-X15]$$
$$2013-08-14=[X23，X20，-X17]　　2013-08-14=[X22，X17，-X10]$$
$$2013-08-25=[X23，X12，-X4]　　2013-08-25=[X23，X16，-X10]$$
$$2013-09-01=[X22，X16，-X8]　　2013-09-01=[X24，X14，-X7]$$

12 个可公度式中 $[X23]$ ——1995-07-31，出现 5 次；$[X14]$ ——1954-08-27，出现 3 次；$[X16]$ ——1960-08-24，出现 3 次；$[X25]$ ——2010-07-28，出现 3 次；最大日入库流量分别为 11978m³/s、6808m³/s、12751m³/s、10543m³/s，其最大日平均入库流量为 10500m³/s。

三元可公度式成果见表 3.2.10。

表 3.2.10　　　　　　　　　　2013 年三元可公度式表

预报年份	三元可公度式		
2013	1995+1957-1939	1995+1971-1953	1996+1971-1954
	2010+1938-1935	2010+1954-1951	2010+1960-1957
	1995+1982-1964	1991+1964-1942	1995+1951-1933
	1995+1960-1942	1991+1960-1938	1996+1954-1937

样本指向 1954 年、1960 年、1995 年、2010 年。

结论：2013 年特大洪水，预报最大日入库在 10500m³/s，排历史第 7 位，样本高度指向 1995 年。

由表 3.2.11 可知，丰满流域的点预报大洪水 2013 年得到了证实，2016 年由于狮子山台风的影响，该年没有大洪水发生。说明该方法能够从一定程度上对流域的点预报洪水进行预报，具有一定的指导意义。

表 3.2.11　　　　　　　　　特大洪水预报与实测值对比表　　　　　　　　单位：m³/s

年　份	预报值	实测值
2013	10500	17300
2016	6600	无

2. 白山水库极端洪水预报

本次以白山水库1933—2012年历年最大3天平均入库流量为研究对象，按从大到小的方式排列，从上向下取前28位（时间均记为最大3天的第一天），采用三元可公度、五元可公度预报模型进行计算，计算结果见下表3.2.12。

表 3.2.12　　　　　　　　白山水库极端洪水可公度等式表

样本序号 i	预报样本时间 Xi	最大3d平均流量 Q_m /（m³/s）	三元预报		五元预报	
			等式个数	出现时间	等式个数	出现时间
1	1933 – 07 – 30	2546	5	2020 – 08 – 04	156	2013 – 07 – 07
2	1934 – 07 – 12	2500	4	2018 – 07 – 21	132	2014 – 07 – 19
3	1935 – 07 – 31	2639	3	2013 – 07 – 07	123	2015 – 09 – 05
4	1936 – 08 – 12	2315	3	2013 – 08 – 25	121	2015 – 07 – 31
5	1937 – 08 – 06	3441	3	2014 – 07 – 19	120	2020 – 08 – 21
6	1938 – 07 – 21	2458	3	2015 – 09 – 05	119	2023 – 07 – 16
7	1939 – 09 – 07	2596	3	2016 – 08 – 19	117	2025 – 07 – 10
8	1943 – 08 – 29	4514	3	2017 – 08 – 21	115	2018 – 07 – 21
9	1950 – 07 – 24	2770	3	2020 – 08 – 21	113	2023 – 09 – 05
10	1953 – 08 – 21	3684	3	2023 – 07 – 15	112	2013 – 09 – 23
11	1954 – 07 – 29	2500	3	2023 – 07 – 16	112	2016 – 06 – 17
12	1957 – 08 – 22	4630	3	2023 – 08 – 28	112	2019 – 09 – 04
13	1960 – 08 – 24	5594	3	2024 – 07 – 26	112	2020 – 08 – 04
14	1964 – 07 – 31	2751	3	2024 – 08 – 04	112	2027 – 07 – 17
15	1965 – 08 – 07	2635	3	2025 – 07 – 04	112	2028 – 08 – 04
16	1971 – 08 – 04	2774	3	2025 – 07 – 10	107	2031 – 07 – 16
17	1972 – 08 – 06	2315	3	2025 – 08 – 18		
18	1975 – 07 – 31	3819	3	2025 – 08 – 28		
19	1982 – 08 – 28	4259	3	2027 – 07 – 17		
20	1986 – 08 – 29	4198	3	2028 – 08 – 04		
21	1987 – 04 – 21	2558	3	2031 – 07 – 16		
22	1991 – 07 – 29	2859	3	2038 – 08 – 12		
23	1994 – 07 – 09	3117				
24	1995 – 07 – 29	5752				
25	1996 – 08 – 11	2407				

样本序号 i	预报样本时间 Xi	最大3d平均流量 $Q_m /(\text{m}^3/\text{s})$	三元预报		五元预报	
			等式个数	出现时间	等式个数	出现时间
26	2001 - 08 - 05	2500				
27	2005 - 06 - 24	2407				
28	2010 - 07 - 28	6265				

经三元、五元可公度计算，相互验证，2013 年三元排第三位、五元排第一位，可公度式为

$2013-03-21=[X_{21}, X_{15}, -X_7]$　　$2013-04-11=[X_{22}, X_{21}, -X_{15}]$

$2013-04-25=[X_{21}, X_{20}, -X_{13}]$　　$2013-04-26=[X_{26}, X_{21}, -X_{18}]$

$2013-05-01=[X_{21}, X_{14}, -X_6]$　　$2013-05-04=[X_{27}, X_{23}, -X_{20}]$

$2013-06-03=[X_{21}, X_{13}, -X_2]$　　$2013-06-09=[X_{27}, X_{15}, -X_{12}]$

$2013-06-16=[X_{26}, X_{23}, -X_{19}]$　　$2013-06-17=[X_{23}, X_{23}, -X_{18}]$

$2013-06-24=[X_{23}, X_{17}, -X_{10}]$　　$2013-06-25=[X_{24}, X_{16}, -X_{10}]$

$2013-06-30=[X_{23}, X_{22}, -X_{17}]$　　$2013-06-30=[X_{27}, X_{17}, -X_{14}]$

$2013-07-06=[X_{24}, X_{18}, -X_{12}]$　　$2013-07-07=[X_{22}, X_{18}, -X_{10}]$

$2013-07-07=[X_{22}, X_{15}, -X_8]$　　$2013-07-07=[X_{23}, X_{11}, -X_3]$

$2013-07-08=[X_{28}, X_{23}, -X_{22}]$　　$2013-07-13=[X_{24}, X_{12}, -X_7]$

$2013-07-14=[X_{24}, X_{11}, -X_4]$　　$2013-07-18=[X_{26}, X_{17}, -X_{13}]$

$2013-07-18=[X_{28}, X_6, -X_3]$　　$2013-07-19=[X_{18}, X_{16}, -X_1]$

$2013-07-21=[X_{28}, X_{18}, -X_{17}]$　　$2013-07-22=[X_{26}, X_{15}, -X_{10}]$

$2013-07-23=[X_{27}, X_8, -X_3]$　　$2013-07-24=[X_{18}, X_{18}, -X_5]$

$2013-07-30=[X_{28}, X_{13}, -X_{12}]$　　$2013-08-01=[X_{22}, X_{19}, -X_{13}]$

$2013-08-01=[X_{25}, X_{16}, -X_{11}]$　　$2013-08-03=[X_{25}, X_{11}, -X_5]$

$2013-08-05=[X_{25}, X_9, -X_1]$　　$2013-08-06=[X_{24}, X_{17}, -X_{11}]$

$2013-08-07=[X_{25}, X_{13}, -X_8]$　　$2013-08-08=[X_{26}, X_9, -X_6]$

$2013-08-10=[X_{23}, X_{12}, -X_6]$　　$2013-08-10=[X_{28}, X_4, -X_1]$

$2013-08-11=[X_{22}, X_{17}, -X_9]$　　$2013-08-18=[X_{23}, X_{10}, -X_2]$

$2013-08-19=[X_{24}, X_{10}, -X_3]$　　$2013-08-20=[X_{25}, X_{10}, -X_4]$

$2013-08-20=[X_{22}, X_{12}, -X_3]$　　$2013-08-21=[X_{28}, X_{12}, -X_{11}]$

$2013-08-22=[X_{28}, X_7, -X_4]$　　$2013-08-22=[X_{28}, X_5, -X_2]$

$2013-08-23=[X_{20}, X_{14}, -X_5]$　　$2013-08-25=[X_{24}, X_{19}, -X_{14}]$

$2013-08-25=[X_{28}, X_{10}, -X_9]$　　$2013-08-25=[X_{18}, X_{17}, -X_2]$

$2013-08-26=[X_{22}, X_{20}, -X_{14}]$　　$2013-08-29=[X_{19}, X_{14}, -X_1]$

$2013-09-01=[X_{25}, X_{19}, -X_{15}]$　　$2013-09-01=[X_{22}, X_{13}, -X_6]$

$2013-09-15=[X_{20}, X_{15}, -X_6]$　　$2013-09-23=[X_{19}, X_{15}, -X_2]$

2013 - 09 - 23 = $[X20, X13, -X1]$ 2013 - 10 - 01 = $[X27, X24, -X21]$

2013 - 12 - 16 = $[X21, X21, -X13]$

由于白山水库流域年最大三天平均入库流量变化过于巨大，很难用样本代表性方式表达清楚。本书以出现频数最多的一组样本与样本出现频数做乘积，并对所做乘积求和计算平均值，计算结果见表 3.2.13。

表 3.2.13　　　　　　　　　　白山水库最大入流计算结果表

时间序号	样本时间	最大 3d 平均入流 /(m³/s)	出现频数	年最大入流×出现频数 /(m³/s)
1	1960 - 08 - 24	5594	9	50346
2	1975 - 07 - 31	3819	9	34371
3	1987 - 04 - 21	2558	9	23022
4	1991 - 07 - 29	2859	10	28590
5	1994 - 07 - 09	3117	10	31170
6	2010 - 07 - 28	6265	9	56385
累积			56	223884
平均				3998

综合可公度计算成果，得出结论：2013 年，白山水库流域年最大 3 天平均流量预报为 4000m³/s，是多年平均最大 3 天平均流量 2037m³/s 的 1.96 倍，为有资料记录以来的第八位大洪水。

样本指向 1960 年、1975 年、1987 年、1991 年、1994 年、2010 年。

对上述预报的总结如下：

（1）预报白山水库 2013 年最大 3 天流量 4000m³/s。

（2）考虑松花江上游流域洪水的一致性，与丰满水库流域同步，两者均出现 1960 年（见丰满水库流域相关预报），预报 2013 年相似于 1960 年。

2010 年松花江丰满流域百年一遇特大洪水，其中以白山水库流域为主体，白山—丰满区间流域为 20 年一遇，预测 2013 年大洪水以白山—丰满区间流域洪水为主体发生的概率特大。

根据表 3.2.14，可知白山水库、丰满水库的大洪水均指向 2013 年，从而可判断 2013 年松花江丰满流域汛期会有区域性大洪水发生。

表 3.2.14　　　　　丰满、白山水库极端洪水五元可公度计算成果表

白山水库		丰满水库	
等式个数	出现时间	等式个数	出现时间
156	2013 - 07 - 07	198	2016 - 09 - 06
132	2014 - 07 - 19	192	2019 - 07 - 27

白山水库		丰满水库	
等式个数	出现时间	等式个数	出现时间
123	2015 - 09 - 05	165	2013 - 07 - 30
121	2015 - 07 - 31	165	2013 - 08 - 14
120	2020 - 08 - 21	165	2016 - 07 - 25
119	2023 - 07 - 16	165	2019 - 08 - 23
117	2025 - 07 - 10	165	2024 - 08 - 14
115	2018 - 07 - 21	164	2028 - 08 - 21
		163	2019 - 08 - 06

3. 2. 2. 4　预报结论及预报验证

1. 面预报结论

根据对东北地区 1856 年以来 15 次成灾特大洪水记录应用可公度预报理论，采用三元、五元、七元可公度预报模型计算，得出预报结论：①2013 年 7 月松花江丰满流域会发生大洪水；②2017 年 8 月松花江丰满流域会发生大洪水。

2. 点预报结论

（1）特丰水年预报。丰满水库流域 2013 年定性为年来水特丰，较往年水量增加 40%～80%；白山水库流域 2013 年定性为年来水特丰，较往年水量增加 30%～50%；综合判断东北地区丰满松花江流域年来水特丰，水量增加在 40% 以上。

（2）大洪水年预报。基于丰满水库资料计算，2013 年会发生大洪水、2016 年会发生秋汛；基于白山水库资料计算，2013 年大洪水以白山—丰满区间流域洪水为主体发生的概率特大；2013 年，松花江上游会出现相似 1960 年的大洪水。

点面结合预报 2013 年松花江上游会发生大洪水、丰满水库来水水特丰；2017 年松花江丰满流域会发生大洪水。

3. 预报验证

通过收集实测资料可得 2013 年的丰满流域最大洪峰流量值为 17300m³/s，达到 70 年一遇标准；丰满水库来水为多年平均量的 180%，为历史第二位特丰水年。

2017 年松花江上游会出现了 7 年一遇的中洪水标准，丰满水库下游则出现了成灾洪水，直接经济损失达 340 亿元，永吉县城 2 次进水。

经过实际验证，点面结合方法能够有效预报丰满流域的特大洪水、成灾洪水。

3.3　峰谷定位预报技术

特丰水年、特枯水年和大洪水属于异态事件，它的时空分布规律与常态事件有很大的区别。经过深入研究，发现丰满流域的极端来水在发生时间上具有显著的周期性、有序性及网络特性。根据这些特性，就可以应用可公度网络结构图对极端来水进行预报。

3.3.1　丰满水库来水的 2 个重要周期

丰满水库来水有 2 个重要周期：平均 33 年大旱周期和平均 53 年大涝周期。

1. 平均 33 年大旱周期

天文意义：在一个固定的天文观测点，每天观测日出的位置并做好记录。长期观测后就会发现，每经过 12053 天（33 年），太阳总是精确地出现在天际的同一位置。这个重复周期难以置信的准确，并且在史前时代就已经有人发现这一规律了。33 年周期是太阳、地球相对运动的一个完整周期。

平均 33 年大旱周期的水文事实如下：

已知 1946 年为枯水年、1949 年为枯水年、1955 年为偏枯水年、1970 年为特枯水年、1978 年为特枯水年、1982 年为特水年、1989 年为特枯水年、2003 年为特枯水年。经过分析可知：

1946 年＋32 年＝1978 年、1949 年＋33 年＝1982 年、1955 年＋34 年＝1989 年、1970 年＋33 年＝2003 年。

平均 33 年是丰满大旱年的重要周期。

2. 平均 53 年大涝周期

研究表明，丰满水库存在平均 53 年的特丰水年周期。水文事实如下：

已知 1941 年为丰水年、1953 年为特丰水年、1957 年为丰水年、1960 年为特丰水年、1995 年为特丰水年、2005 年为丰水年、2010 年为特丰水年、2013 年为特丰水年。经过分析可知：

1941 年＋54 年＝1995 年、1953 年＋52 年＝2005 年、1957 年＋53 年＝2010 年、1960 年＋53 年＝2013 年。

平均 53 年是丰满特丰水年的重要周期。

天文意义：3 个月球交点退行周期＝18.61 年×3＝55.83 年。

6 个月球近地点运动周期＝8.85 年×6＝53.1 年。

3 个沙罗周期＝18 年 10/11 天×3≈54 年。平均 53 年周期可能是上述几种周期综合作用的结果。

3. 平均周期方法的误差来源

运用平均周期方法预报，优点是简单、方便、实用。缺点是有时只能得到一个高发期的预报，还不能确定到具体年份。可能的原因是：天文现象的周期性是水文现象周期性的根源。天体运行交汇周期可以出现在一年当中的任何时段，没有季节性，而大旱大涝只能发生在汛期，有季节性。这样从天文周期的起始年开始，经过一个天文周期后，交汇时间点落在汛前则可能是上一年大旱大涝；落在汛期则可能是当年大旱大涝；落在汛后则可能是下一年大旱大涝。所以水文周期是一个平均周期，而不是确定周期。

3.3.2　丰枯交替规律与峰谷定位方法

丰满水库年径流过程线（图 3.3.1）表明：丰满水库年来水过程呈现出丰水年、平水年、枯水年交替出现的规律，丰水年段、平水年段、枯水年段交替出现的规律，同时呈现出周期性、有序性。

来水的丰枯交替规律，在过程线上表现为"峰年"与"谷年"交替出现，对丰枯年份的预报就转换为峰谷定位，即对未来的峰谷年份进行预报。

3.3.3　丰满水库丰水年（峰年）平均 53 年周期网络结构图

3.3.3.1　丰水链结构

在丰满水库年平均流量过程线上（图 3.3.1）呈现出，前期出现的"峰年"与间隔平均 53 年后的"峰年"有着前后一一对应的关系，成对出现，呈丰水链条式结构，这种丰水链式的存在为"峰年"长期预报打下了坚实的基础。

为了叙述方便，在图 3.3.1 中从 1935—1983 年的"峰年"上标示出 1～17 的丰水链序号，平均 53 年后对应的各个"峰年"也用相同的序号标示，序号相同表示它们为同一条丰水链。例如：7 号丰水链为 1953 年＋52 年＝2005 年、8 号丰水链为 1957 年＋53 年＝2010 年。

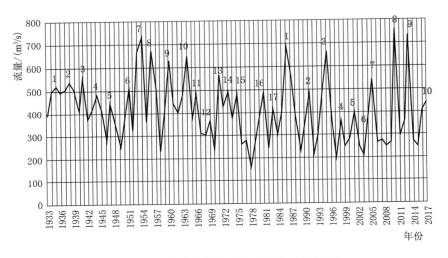

图 3.3.1　丰满水库年径流过程线（丰水链）

3.3.3.2　丰水年（峰年）规律

（1）丰水年（峰年）存在平均 53 年周期。

（2）丰水年存在"连年丰水现象"和"单年丰水现象"。

（3）丰水年、枯水年交替发生，即丰水年连着枯水年，枯水年连着丰水年。

3.3.3.3　丰满水库丰水年（峰年）平均 53 年周期网络结构图分析

根据丰水年（峰年）平均 53 年周期及"峰年"前后一一对应的丰水链结构，加上相邻两个"峰年"的间隔年数，结合太阳黑子相位，绘制丰满水库丰水年（峰年）平均 53 年周期网络结构图（图 3.3.2）。

图 3.3.2 中节点数据是丰水年（峰年）年份；（m）、（m−1）为太阳黑子谷年及谷前一年，（M）、（M+1）为太阳黑子峰年及峰后一年，余下类推；横线、竖线旁的数据

为两个丰水年（峰年）的间隔周期，a 为年。每一个节点包含了 2 个周期：横向为平均 53 年间隔大周期，纵向为 1～6 年间隔小周期。图 3.3.2 包含了所有的丰水年及"峰年"。

丰水链序号		52a	
1	1935（m+1）	————————	1987（m+1）
	3a	53a	4a
2	1938（M+1）	————————	1991（M+2）
	3a	54a	4a
3	1941（m−3）	————————	1995（m−1）
	3a	54a	3a
4	1944（m）	————————	1998（m+2）
	3a	54a	3a
5	1947（M）	————————	2001（M+1）
	4a	53a	3a
6	1951（M+4）	————————	2004（M+4）
	2a	52a	1a
7	1953（m−1）	————————	2005（m−3）
	4a	53a	5a
8	1957（M）	————————	2010（m+2）
	3a	53a	3a
9	1960（M+3）	————————	2013（M−1）
	4a	53a	4a
10	1964（m）	————————	2017（M+3）
	2a	53a	2a
11	1966（m+2）	————————	2019
	3a	52a	
12	1969（M+1）	————————	2021
	2a	53a	3a
13	1971（M+3）	————————	2024
	2a	53a	2a
14	1973（m−3）	————————	2026
	2a	54a	3a
15	1975（m−1）	————————	2029
	6a	53a	5a
16	1981（M）	————————	2034
	2a	53a	2a
17	1983（M+2）	————————	2036

图 3.3.2　丰满水库丰水年（峰年）平均 53 年周期网络结构图

3.3.3.4　丰水年（峰年）高发期、高发年及高发期预报

丰水年（峰年）高发期是指丰水年（峰年）出现概率最大的时期，一般是 3 年时间；高发年是指丰水年（峰年）出现概率最大的年份，图 3.3.2 中右侧的网络节点就是高发年的位置。先预报高发期，再预报高发年。横向时间为丰水链开始时间加上 52 年、53 年、54 年（平均 53 年）；纵向时间为丰水链开始年份的间隔年数正负 2 年。例如：第 10 链的高发期横向为 1964 年＋52 年＝2016 年、1964 年＋53 年＝2017 年、1964 年＋54 年＝2018 年；纵向为 2013 年＋（4−2）年＝2015 年、2013 年＋（4−1）年＝2016 年、2013 年＋（4−0）年＝2017 年、2013 年＋（4+1）年＝2018 年、2013 年＋

（4＋2）年＝2019 年。纵横年份的交集为 2016 年、2017 年、2018 年，这 3 年就是下一个丰水年（峰年）的高发期，以横向周期为主即可。高发期预报出来后，再用其他方法预报锁定高发年。

3.3.3.5　丰满水库丰水年（峰年）平均 53 年周期网络结构图预报方法验证

通过构造横向丰水链和纵横周期组成的网络结构图，来对丰水年（峰年）进行预报。丰水链序号 1～10 实况统计：平均周期 53 年；峰年预报峰年准确率 100％；3 个特丰水年对应 3 年偏丰以上。其他对应丰枯不明显；丰水年（峰年）预报以周期为主，太阳黑子相位指标仅供参考。丰水年与太阳黑子相位对比结果见表 3.3.1。

应用图 3.3.2 进行预报时，除了间隔大周期、小周期外，还要考虑 10 年周期来水趋势规律以及各种前兆。以 9 号丰水链为例，横向高发期预报：1960 年＋52 年＝2012 年、1960 年＋53 年＝2013 年、1960 年＋54 年＝2014 年。2013 年在 10 周期中属于丰水年来水趋势，同时 2013 年春汛大，综合预报 2013 年是丰水年的高发年，验证结果是正确的。2013 年应验以后，预报 2014 年水情要考虑连年丰水现象。

图 3.3.2 最早绘制于 2008 年，后来对 2010 年和 2013 年丰水年、2017 年偏丰水年进行了准确预报，验证了方法的准确性、实用性和可操作性，并在水库调度实践中取得了巨大的防洪及兴利效益，同时增强了做好丰水年（峰年）预报的信心。

表 3.3.1　　丰满水库丰水年（峰年）平均 53 年周期网络结构图统计表

丰水链序号	开始年份	来水级别	周期/年	预报年份	来水级别	太阳黑子相位	备　注
1	1935	平水	52	1987	丰水	一致（相同或差 1 年）	序号 1～10 实况统计：平均周期 53 年；峰年预报峰年准确率 100％；3 个特丰水年对应 3 年偏丰以上。其他对应丰枯不明显；预报以周期为主，太阳黑子相位供参考
2	1938	丰水	53	1991	偏丰	一致（相同或差 1 年）	
3	1941	丰水	54	1995	特丰	接近（差 2 年）	
4	1944	偏丰	54	1998	偏枯	接近（差 2 年）	
5	1947	偏丰	54	2001	平水	一致（相同或差 1 年）	
6	1951	丰水	53	2004	偏枯	一致（相同或差 1 年）	
7	1953	特丰	52	2005	丰水	接近（差 2 年）	
8	1957	丰水	53	2010	特丰	不一致（差距大）	
9	1960	特丰	53	2013	特丰	不一致（差距大）	
10	1964	特丰	53	2017	偏丰	接近（差 2 年）	
11	1966	偏丰	53	2019	峰年		预报年份及来水级别
12	1969	偏枯	52	2021	峰年		
13	1971	丰水	53	2024	峰年		
14	1973	丰水	53	2026	峰年		
15	1975	偏丰	54	2029	峰年		
16	1981	丰水	53	2034	峰年		
17	1983	平水	53	2036	峰年		

3.3.4 丰满水库枯水年（谷年）平均33年周期网络结构图

3.3.4.1 枯水链结构

在丰满水库逐年来水过程线上中呈现出（图3.3.3），前面的"谷年"与平均33年后的"谷年"成对出现的规律，表现为枯水链条式结构，这种枯水链的存在为枯水年长期预报奠定了基础。

为了叙述方便，在图3.3.3中从1933—1965年的"谷年"上标示出1～11的枯水链序号；从1967—1998年的"谷年"上对应标示出1～11的枯水链序号；2000年以后的"谷年"上对应标示出1～6的枯水链序号。序号相同表示它们为同一条枯水链。例如：5号枯水链为1946年＋32年＝1978年、1978年＋33年＝2011年；6号枯水链为1949年＋33年＝1982年、1982年＋33年＝2015年。

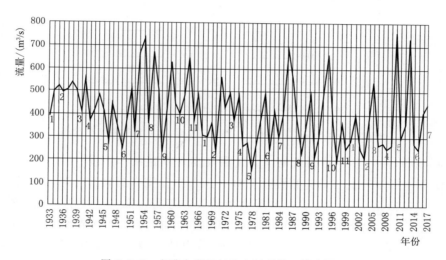

图 3.3.3　丰满水库逐年来水过程线（枯水链）

3.3.4.2 枯水年（谷年）规律

（1）枯水年（谷年）发生存在间隔平均33年的周期。

（2）枯水年存在"连年枯水现象"和"单年枯水现象"。

（3）枯水年、丰水年交替发生，即枯水年连着丰水年，丰水年连着枯水年。

3.3.4.3 丰满水库枯水年（谷年）平均33年周期网络结构图分析

根据枯水年（谷年）平均33年周期及"谷年"前后一一对应的枯水链结构，加上相邻两个"谷年"的间隔年数，结合太阳黑子相位，绘制丰满水库枯水年（谷年）平均33年周期网络结构图（图3.3.4）。

图3.3.4中节点数据是枯水年（谷年）年份；（m）、（$m+1$）为太阳黑子谷年及谷后一年，（$M-1$）、（$M+1$）为太阳黑子峰前一年及峰后一年，余下类推；横线、竖线旁的数据为两个枯水年（谷年）的间隔周期，a为年。每一个节点包含了2个周期：横

向为平均 33 年间隔大周期，纵向为 1～5 年间隔小周期。图 3.3.4 包含了所有的枯水年及"谷年"。

```
枯水链序号                        34a                      33a
   1     1933(m) ———————— 34a ————————  1967(M-1) ———— 33a ———— 2000(M)
            3a|             34a                      33a           |3a
   2     1936(M-1)                      1970(M+2)               2003(M+3)
            4a|             34a                      32a           |3a
   3     1940(m-4)                      1974(m-2)                2006(m-2)
            2a|             34a                      32a           |2a
   4     1942(m-2)                      1976(m)                  2008(m)
            4a|             32a                      33a           |3a
   5     1946(M-1)                      1978(M-3)               2011(M-3)
            3a|             33a                      33a           |3a
   6     1949(M+2)                      1982(M+1)               2015(M+1)
            3a|             32a                      34a           |3a
   7     1952(m-2)                      1984(m-2)               2018
            3a|             34a                      33a           |4a
   8     1955(m+1)                      1989(M)                  2022
            3a|             34a                      33a           |3a
   9     1958(M+1)                      1992(M+3)               2025
            5a|             34a                      32a           |4a
  10     1963(m-1)                      1997(m+1)               2029
            2a|             34a                      33a           |3a
  11     1965(m+1)                      1999(M-1)               2032
```

图 3.3.4　丰满水库枯水年（谷年）平均 33 年周期网络结构图

3.3.4.4　枯水年（谷年）高发期、高发年及高发期预报

枯水年（谷年）高发期是指枯水年（谷年）出现概率最大的时期，一般是 3 年时间；高发年是指枯水年（谷年）出现概率最大的年份，图 3.3.4 右边的网络节点就是高发年的位置。先预报高发期，再预报高发年。横向时间为枯水链开始时间加上 32 年、33 年、34 年（平均 33）；纵向时间为枯水链开始年份的间隔年数正负 2年。例如：第 6 链的高发期横向为 1949 年＋32 年＝1981 年、1949 年＋33 年＝1982年、1949 年＋34 年＝1983 年；纵向为 1978 年＋（3－2）年＝1979 年、1978 年＋（3－1）年＝1980 年、1978 年＋（3－0）年＝1981 年、1978 年＋（3＋1）年＝1982年、1978 年＋（3＋2）年＝1983 年。纵横年份的交集为 1981 年、1982 年、1983年，就是下一个枯水年（谷年）的高发期，以横向周期为主即可。高发期预报出来后，再锁定预报高发年。

3.3.4.5　枯水年（谷年）平均 33 年周期网络结构图预报方法验证

通过构造横向枯水链和纵横周期组成的网络结构图，来对枯水年（谷年）进行预报。序号 1～17 实况统计表明：枯水年（谷年）平均周期 33 年；谷年预报谷年准确率为 100%；谷年预报后一个谷年在偏枯及以下的准确率为 94.1%。太阳黑子相位接近或一致的占 82.4%，比丰水年（峰年）预报更为准确，可以在枯水年（谷年）预报中参照使用。枯水年与太阳黑子相位对比结果见表 3.3.2。

图 3.3.4 最早绘制于 2008 年，后来对 2015 年特枯水年进行了准确预报。

表3.3.2 丰满水库枯水年（谷年）平均33年周期网络结构图统计表

水链序号	开始年份	来水级别	周期/年	预报年份	来水级别	太阳黑子相位	备注
1	1933	平水	34	1967	枯水	不一致（差距大）	序号1～17实况统计：平均周期33年；谷年预报谷年准确率100%；谷年预报后一个谷年在偏枯及以下的准确率为94.1%，只有1年平水。太阳黑子相位接近或一致的占82.4%
2	1936	丰水	34	1970	特枯	不一致（差距大）	
3	1940	平水	34	1974	平水	接近（差2年）	
4	1942	平水	34	1976	枯水	接近（差2年）	
5	1946	枯水	32	1978	特枯	接近（差2年）	
6	1949	枯水	33	1982	特枯	一致（相同或差1年）	
7	1952	枯水	32	1984	枯水	一致（相同或差1年）	
8	1955	偏枯	34	1989	特枯	不一致（差距大）	
9	1958	特枯	34	1992	特枯	接近（差2年）	
10	1963	平水	34	1997	特枯	接近（差2年）	
11	1965	平水	34	1998	偏枯	接近（差2年）	
12	1967	枯水	33	2000	偏枯	一致（相同或差1年）	
13	1970	特枯	33	2003	特枯	一致（相同或差1年）	
14	1974	平水	32	2006	枯水	一致（相同或差1年）	
15	1976	枯水	32	2008	枯水	一致（相同或差1年）	
16	1978	特枯	33	2011	枯水	一致（相同或差1年）	
17	1982	特枯	33	2015	特枯	一致（相同或差1年）	
18	1984	枯水	34	2018	谷年		
19	1989	特枯	33	2022	谷年		
20	1992	特枯	33	2025	谷年		
21	1997	特枯	32	2029	谷年		
22	1998	偏枯	34	2032	谷年		

注 序号12～22为第二组枯水链。

3.3.5 预报应用

峰谷定位法是在年平均流量的历史演变过程中，用丰水年（峰年）预报丰水年（峰年）、枯水年（谷年）预报枯水年（谷年），这是以极值预报极值的思路和方法。比喻就是"立竿见影"，在前面"立杆"后面要"见影"，峰年在"立杆"的53年±1年内（即52年、53年、54年）、谷年在"立杆"的33年±1年内（即32年、33年、34年）"见影"，"影子"的大小（预报年的来水级别）要看"立杆"的大小及前兆的大小。

按照"峰预报峰，谷预报谷"的思路，从链式结构到网络结构，从3年高发期到1年高发年这样一个顺序，通过丰满水库丰水年（峰年）平均53年周期网络结构图、丰满水库枯水年（谷年）平均33年周期网络结构图，对丰水年、枯水年进行高发期（1～3年）预报，结合丰满水库10年周期来水趋势规律、春汛前兆，再综合考虑天文（太阳黑子活动、月球赤纬角等）、海温（厄尔尼诺、拉尼娜事件）、大气环流（天气变化转折点等）以及地震等因素影响，最终对丰满水库丰水年、枯水年做出（锁定）高发年（1 年）的综合预报。丰水年（峰年）、枯水年（谷年）出现后，下一年预报时要考虑连年丰、枯水情况。

丰满水库丰水年、枯水年长期预报所采用的方法是基于年平均流量的历史演变规律，依据链式结构、网络结构和网络节点（高发期），结合 10 年周期和前兆，同时考虑其他影响因素，从而进行高发年的综合预报。该方法简单、实用、精度较高，并在实际来水预报及水库调度工作中发挥了重要作用。

该方法有待于在实践中继续检验、修改、补充、完善，从而进一步提高预报精度。

3.4　有序结构预报技术

翁文波院士信息预报思想和创建的可公度性预报方法在地震和水灾等自然灾害方面的应用已成为预报经典。翁文波院士的信息预报思想核心是"无序中存在有序"和"有序结构可以重演"。

3.4.1　基本概念

1. 无序中存在着有序

翁文波信息预报理论认为：自然界确实在客观上广泛地存在着一类特殊的有序现象，存在着不属于纯周期性和随机性的各种自然性质，它们散布在无序现象之中。这就是我们强调的无序中存在着有序。

翁文波先生指出的这一类特殊的有序现象是一些有序结构。同一年份出现的太阳黑子、日食、月赤纬角和月食的天象组合也是一种因素结构；天体运行中，星体在天空中时出现的一些排列形式也是结构。这些结构经常出现在无序的现象之中。

2. 有序结构承载的信息会重演

1933 年，月亮赤纬角最大值和太阳黑子最小值相遇（组合出现）——即天象组合结构出现。同年，四川茂汶发生了 7.5 级地震。7.5 级地震就是月亮赤纬角和太阳黑子组合结构承载的信息。

2008 年，月亮赤纬角最大值和太阳黑子最小值再度相遇（结构重现），1933 年的天象结构承载的信息（茂汶 7.5 级大地震）传递到 2008 年，茂汶附近的汶川发生了 8 级大地震。大地震信息重演。

月亮赤纬角最大值和太阳黑子最小值按运行规律再度相遇，习惯性和再度相遇决定了结构是有序的。当有序结构重现，它们所承载或对应的信息就会重演，重演就可以实现预报。

3. 有序结构传递的信息高度的保真

翁文波先生从理论上求证了"有序结构传递的信息高度的保真"。当前结构实例表明重演律难以达到 100%，翁先生的信息传递的保真度也不可能"百分百"。"百分百"

在哲学上也不成立。

本节基于有序结构的思想，对东北地区大洪水、丰满流域来水的丰枯状况序列进行分析，探索其中的有序结构的规律，并基于该规律对东北地区和丰满流域的丰枯状况进行预报。

3.4.2 东北地区大洪水的有序结构

以《中国历史大洪水》（1988）记载的 12 次与其后发生的 1995 年、1998 年、2010 年共 15 次东北地区特大洪灾为研究对象，见表 3.2.1。以表中的年份为节点，年份值小的指向年份值大的，用箭头表示，箭头上面的值为两年之间的差值。据此，可对丰满流域 2010 年大洪水进行拟合，对 2013 年、2017 年的大洪水的发生做出有序结构图进行预报。

1. 2010 年东北地区大洪水的信息有序结构

2010 年大洪水信息有序结构图见图 3.4.1。

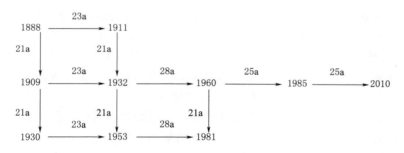

图 3.4.1　2010 年大洪水信息有序结构图

从结构图 3.4.1 中，可见 2010 年特大洪水的发生存在必然性。经分析实际资料可知，2010 年 7 月和 8 月，丰满水库流域连降暴雨，致使水库流域发生大洪水，局部地区发生特大洪水，产生严重的洪水灾害。

该实例表明有序结构法能够有效地对 2010 年特大洪水进行拟合，可以将该方法用于大洪水的预报。

2. 2013 年东北地区大洪水的信息有序结构预报

2013 年大洪水信息有序结构图见图 3.4.2。

根据图 3.4.2，预报东北地区 2013 年特大洪水，相似于 1960 年。2013 年丰满流域发生了 70 年一遇特大洪水，桦甸地区灾情较重；8 月辽河支流浑河上游发生超 50 年一遇特大洪水；嫩江发生了超 50 年一遇特大洪水；黑龙江流域发生特大洪水，临近中国的俄罗斯远东地区黑龙江流域发生超百年大洪水；牡丹江、鸭绿江均发生大洪水，水丰、云峰、牡丹江、镜泊湖等水库泄洪。

3. 2017 年东北地区大洪水的信息有序结构预报

2017 年大洪水信息有序结构图见图 3.4.3。

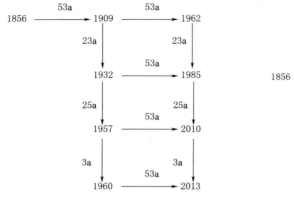

图 3.4.2　2013 年大洪水信息有序结构图

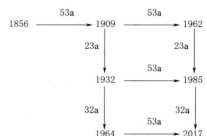

图 3.4.3　2017 年大洪水信息有序结构图

根据图 3.4.3，预报东北地区 2017 年特大洪水，情况相似于 1964 年。2017 年为偏丰水年，在丰满流域下游发生了三次成灾洪水。第一次成灾洪水为 7 月 13 日特大暴雨洪水，造成吉林全省 15 个县 82 个乡镇 51.3 万人受灾，紧急转移人口 12.69 万人，因灾死亡 19 人、失踪 18 人；第二次成灾洪水，造成吉林全省 16 个县（市、区）114 个乡镇受灾，受灾人口 55.64 万人，转移人口 25.19 万人；第三次成灾洪水，使得辽宁受灾民众 71.38 万人，倒塌房屋 770 间，农作物受灾面积 9.45 万 hm²，公路中断 335 条次，直接经济损失 55.91 亿元人民币。该方法的预报结果在实际观测中得到了验证，说明该方法可以有效预报东北地区及松花江丰满流域的大洪水。

3.4.3　丰满水库年来水的有序结构

3.4.3.1　丰满水库年代际变化规律

应用结构的思想，对 1933—2017 年丰满水库历年来水量进行分析。水库年来水定性预报级别划分按《水文情报预报规范》（GB/T 22482—2008）规定，为便于归纳总结，将水库来水以丰、平、枯为界限画结构图。其中丰满水库 1933—2017 年多年平均来水量为 409m³/s，丰水界限为来水量为 490m³/s 及以上，枯水界限为来水量为 327m³/s 及以下。

将丰满水库 1933—2017 年年来水量分别定性。偏丰、偏枯、平水年属于平水年，特丰、丰水年属于丰水年，特枯、枯水年属于枯水年。按来水定性画结构图，按年份从大到小按列画图，以每出现 1 个丰水年作为 1 列的截止，后重起 1 列。从结构图中可以发现丰满水库来水呈现出明显的年代变化规律，每 7 个丰水年自然形成 1 个稳定的来水年代段。

1. 来水年代分界规律

（1）超长丰水段。在 1933—1941 年超长丰水段中，9 年中存在 7 年丰水年，2 年平水年。平水年以上出现概率为 100%。丰水年以上出现概率为 77.8%，见图 3.4.4。

（2）平水丰水过渡段。在 1942—1964 年时段内，23 年中存在 4 年枯水年、7 年丰

| 1933 平 | 1935 丰 | 1936 丰 | 1937 丰 | 1938 丰 | 1939 丰 | 1940 平 |
| 1934 丰 | | | | | | 1941 丰 |

图 3.4.4　超长丰水段

水年、12 年平水年。平水年以上出现概率为 82.6％。丰水年以上出现概率为 30.4％。丰水年出现的概率大幅下降。同时，在此时段内的 1942—1951 年 10 年中 7 年为平水年，为平水年集中段；1952—1960 年时段内，8 年中存在 5 年丰水年，为丰水年集中时段，见图 3.4.5。

1942 平	1952 枯	1954 特丰	1955 偏枯	1957 丰	1958 特枯	1961 平
1943 平	1953 特丰		1956 特丰		1959 平	1962 平
1944 偏丰					1960 特丰	1963 偏丰
1945 平						1964 特丰
1946 枯						
1947 偏丰						
1948 偏枯						
1949 枯						
1950 偏枯						
1951 丰						

图 3.4.5　平水丰水过渡段

（3）平水枯水过渡段。在 1965—1995 年时段内，31 年中 7 年丰水年、12 年平水年、12 年枯水年。平水年以上出现概率为 61.2％；丰水年以上出现概率为 22.5％。该段中存在 4 段枯水年、平水年组，1965—1970 年（6 年）、1974—1980 年（7 年）、1988—1993 年（4 年）、1982—1985 年（6 年），见图 3.4.6。图示表明来水具有阶段性、稳定性。

1965 平	1972 平	1974 平	1982 特枯	1987 丰	1988 平	1995 特丰
1966 偏丰	1973 丰	1975 偏丰	1983 平		1989 特枯	
1967 枯		1976 枯	1984 枯		1990 平	
1968 枯		1977 枯	1985 平		1991 偏丰	
1969 偏枯		1978 特枯	1986 特丰		1992 特枯	
1970 特枯		1979 枯			1993 枯	
1971 丰		1980 平			1994 丰	
		1981 丰				

图 3.4.6　平水枯水过渡段

（4）超长枯水段。在 1996—2012 年的 17 年中，2 年丰水年、5 年平水年、10 年枯水年。平水年以上出现概率为 41.2%；丰水以上出现概率为 11.8%，见图 3.4.7。

1996 平	2006 枯	2011 枯	2014 枯
1997 特枯	2007 枯	2012 偏枯	2015 特枯
1998 偏枯	2008 枯	2013 特丰	2016 平
1999 枯	2009 枯		2017 偏丰
2000 枯	2010 特丰		
2001 平			
2002 特枯			
2003 特枯			
2004 偏枯			
2005 丰			

图 3.4.7　超长枯水段

根据来水定性的变化规律，平水年以上出现的概率呈明显下降趋势。每一段呈现 20% 左右的下降。从超长丰水段的 100%，下降到平水丰水过渡段的 82.6%，再下降到平水枯水过渡段的 61.2%，再下降到超长枯水段的 41.2%。

2. 年代段来水呈明显下降趋势

在 1933—1941 年超长丰水段中，9 年平均来水量为 490 m^3/s，为多年平均来水的 120%，达到丰水（为多年平均的 120% 及以上）级别。在 1942—1964 年平水丰水过渡段中，23 年平均来水量为 453 m^3/s，为多年平均来水的 111%，达到偏丰水（为多年平均的 110%～120%）级别。在 1965—1995 年平水枯水过渡段中，30 年平均来水量为 391 m^3/s，为多年平均来水的 95.6%，达到平水级别。在 1996—2012 年超长枯水段中，17 年的平均来水量为 336 m^3/s，为多年平均来水的 82%，达到偏枯水级别。

1933—2012 年丰满水库来水趋势表明，丰满水库来水量呈现了丰水（490 m^3/s）—偏丰（453 m^3/s）—平水（391 m^3/s）—偏枯（336 m^3/s）的下降趋势。从丰水段的 490 m^3/s 到目前阶段的 336 m^3/s，相差达到 154 m^3/s，达多年平均值的 37.7%，如来水量下降趋势不变，则将严重影响丰满水库的综合功能定位，丰满水库的调度规则和调度方式将发生改变。

3. 年代段来水趋势外延

从 1933—2012 年丰满水库来水趋势看，每 7 个丰水年自然成 1 个年段。从 1996 年开始，丰满水库进入了超长枯水时段，从 1996 年到 2012 年，17 年中 10 年为枯水年，枯水年出现概率为 58.8%。按照每 7 个丰水年自然成 1 个年代段的发展规律，1996—2012 年已发生 2 个丰水年，剩有 5 个丰水年未发生。前期 3 个年代段中最长时段为 31 年，本年代段已发生 17 年，按照以往来水趋势，剩下 13 年时间内有 5 个丰水年存在，即到 2025 年前有 5 个丰水年出现，后续年代段丰水年发生概率增大。

在实际发生中，丰满流域 2013 年发生了第二位丰水年，2017 年发生了偏丰水年。

3.4.3.2 丰满水库年来水的"2-3"结构及复合"2-3"结构

丰满水库 1933—2017 年多年平均年来水量为 128.7 亿 m³，来水的丰水界限为 154.4 亿 m³ 及以上，来水的枯水界限为 102.9 亿 m³ 及以下，平水的来水量为 102.9 亿～154.4 亿 m³。

应用丰满水库 1933—2017 年年来水量记录，绘制丰满水库历年来水柱状图（图 3.4.8）。柱状图表明丰满水库年来水存在"2-3"结构和复合的"2-3-6-2-3"结构，还存在"4 年间隔"结构。

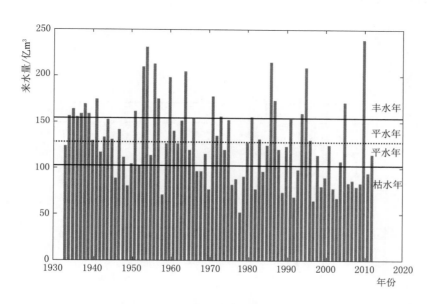

图 3.4.8 丰满水库历年来水柱状图

所谓"2-3"结构，是指 3 个相对多水，被 2 个连续少水年和 3 个连续少水年所间隔，构造出"多少少多少少少多"的特殊结构。从图 3.4.8 中总结出丰满水库历年来水"2-3"结构图 3.4.9。从图 3.4.9 可以发现已发生 1944—1951 年、1957—1964 年、1998—2005 年 3 个"2-3"结构，持续 24 年，占 1944—2005 年年代段 61 时间的 39.3%。

目前已出现第 4 个"2-3"结构的前兆，2010 年出现丰满历史第一、第二位来水，中间出现 2 年枯水，符合间隔 2 年特征。从图 3.4.9，第 1 个"2-3"结构出现 6 年后，第 2 个"2-3"结构出现。目前第 3 个"2-3"结构出现，6 年后，第 4 个"2-3"结构前兆出现。一个新的、稳定的"2-3-6-2-3"复合结构成立。

根据当前结构图反映的规律，可以对 2013—2017 年的丰枯状况进行预报，"2-3"结构预报结果见表 3.4.1。

表 3.4.1   "2-3" 结构预报结果表

年 份	预报值	实际值	结果判别
2013	丰-特丰	特丰	正确
2014	平偏枯	枯	正确
2015	平偏枯	特枯	正确
2016	平偏枯	平	正确
2017	丰-特丰	平偏丰	正确

由该方法预报结果可知,2013—2017 年的预报结果均在定性预报的结果范围内,预报效果较好,表明 2010—2017 年是第 4 个 "2-3" 结构。

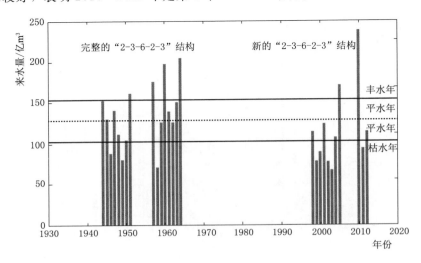

图 3.4.9 丰满水库历年来水 "2-3" 结构图

3.4.3.3 丰满水库年来水的 "4 年间隔" 结构

在图 3.4.8 中得到丰满水库年来水存在 "4 年间隔" 结构规律。

所谓 "4 年间隔" 结构,是指 2 个相对多水,被 4 个连续少水年所间隔,构造出 "多少少少少多" 的特殊结构。从 "丰满水库历年来水柱状图" 中,提炼出丰满水库历年来水 "4 年间隔" 结构图 3.4.10。

从图 3.4.10 可知,1966—2010 年的 45 年时代段中,已发生 1966—1971 年、1975—1980 年、1981—1986 年、1996—2001 年、2005—2010 年 5 个 "4 年间隔" 结构,持续 30 年,占 45 年时代段的 66.7%。

3.4.3.4 丰满水库年来水的结构法预报

(1) 应用 "2-3-6-2-3" 复合结构,2010 年出现 "2-3-6-2-3" 的第 2 个 "2-3" 结构的前导特丰年,预报 2013 年、2017 年为特丰水年。

(2) 如果 2013 年特丰水年不成立,则应用 "4 年间隔" 结构,预报 2015 年为特丰水年。

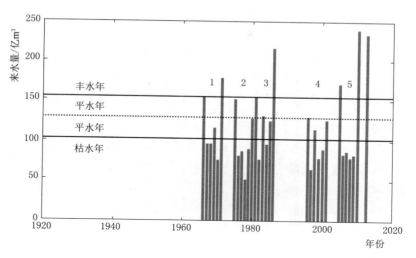

图 3.4.10 丰满水库年来水 4 年间隔结构图

（3）如果 2013 年特丰水年成立，则预报 2017 年为特丰水年。

（4）如果 2017 年特丰水年不成立，则应用"4 年间隔"结构，预报 2018 年为特丰水年。

3.4.3.5 丰满水库流域结构法预报验证

通过收集实测资料可得 2013 年的丰满流域最大洪峰流量值为 17300m³/s，达到 70 年一遇标准；丰满水库来水量为多年平均来水量的 180%，为历史第二位特丰水年。

2017 年松花江上游会出现了 7 年一遇的中洪水，丰满水库下游则出现了成灾洪水，直接经济损失达 340 亿元，永吉县城 2 次进水。

因而"2-3-6-2-3"复合结构得以重演。

3.5 极丰来水后的特征比对预报技术

在预报工作中，常用方法有数理统计方法、信息预报方法、天文背景方法等，预报上升到一定高度，会将哲学的思想应用在预报之中，本节采用哲学方法对极端来水进行预报。

其中，物极必反，是从哲学的角度讲，事物如果发展到极端，则会向相反方向转化。

因为存在的客观因素，事物不可能会无限发展，从而会导致事物出现物极必反的征象。物极必反不仅是一种规律所呈现的表象，其实质是自然界的平衡规律。

作者本节尝试将"物极必反"引入水库来水预报中，构造了"极丰来水后的特征比对法"，用以预报水库极丰来水年的第二年来水情况，并在 2014 年取得成功应用。

3.5.1 极丰来水后的特征比对法

极是事物的顶端、最高点，事物的状态发展到了极致。极丰是水库来水丰到了极致。极丰来水不是水库来水最大值的年份，而是采用与最大值同一层次的一组值。

对于水库的来水分析，存在着如同水中鱼因耐氧力的差异而分层分布的效应。研究水库的来水，需要将来水分成不同层次，按"层"独立研究，不同"层"来水，形成的原因不相同。

极丰来水后的特征比对法，将极丰来水年从水库年来水系列中抽取出来，对这些极丰来水年份的次年来水情况进行定性分析，对极丰来水年份的年内来水分配特征进行比对，以确定最近极丰来水年份的次年来水典型年，从而对来水进行预报。

3.5.2　丰满水库 2014 年来水预报

3.5.2.1　丰满水库极丰来水后的特征比对与 2014 年来水预报

丰满水库年入库流量过程线如图 3.5.1 所示。在图 3.5.1 中标注 80% 多年平均线（328m³/s）、多年平均线（410m³/s）、120% 多年平均线（492m³/s）、140% 多年平均线（574m³/s）、160% 多年平均线（656m³/s）、180% 多年平均线（738m³/s）。

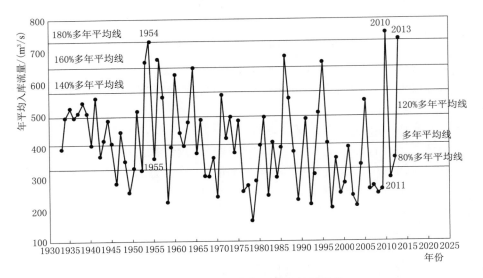

图 3.5.1　丰满水库年入库流量过程线

从图 3.5.1 中可以得出，特丰水线（180% 多年平均线）上有 3 个点，入库流量值远大于其他数据点。经查这 3 点分别对应 1954 年、2010 年、2013 年。丰满水库极丰水年相关特征统计见表 3.5.1。

表 3.5.1　　　　　丰满水库极丰水年入库流量相关特征统计表　　　　　单位：m³/s

年份	1 月	2 月	3 月	4 月	5 月	6 月	7 月	8 月	9 月	10 月	11 月	12 月	年平均	与多年平均百分比	定性
1954	48	38	269	628	606	1350	1096	2548	1548	395	175	53	733	179%	特丰
1955	38	42	140	580	839	514	1355	246	178	138	157	62	360	88%	偏枯
2010	160	37	25	933	1138	463	1794	2825	805	540	254	112	757	185%	特丰
2011	171	209	316	509	605	907	291	195	137	74	127	59	299	73%	枯

续表

年份	1月	2月	3月	4月	5月	6月	7月	8月	9月	10月	11月	12月	年平均	与多年平均百分比	定性
2013	297	246	366	822	1066	687	1881	2344	640	212	113	103	737	180%	特丰
多年平均	75	69	164	570	536	574	953	1058	436	227	157	82	410		

从表 3.5.1 可以看出，1954 年、2010 年、2013 年 3 年的水库来水，较多年平均来水增加 80%，以特丰来水量为超多年平均来水的 40% 计算，这 3 年的水库来水量为超特丰来水量标准的 2 倍，达到了极丰状态。根据物极必反的思想，1954 年、2010 年后的第二年均出现枯水。类比预测 2014 年丰满水库来水应为枯水。

点绘"丰满水库极丰来水典型年逐月入流对比分析图"，如图 3.5.2 所示。

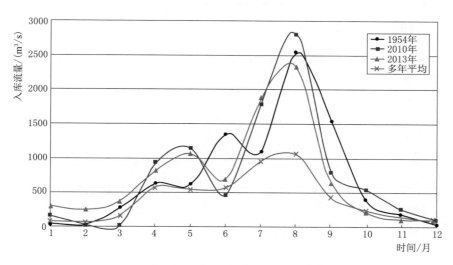

图 3.5.2　丰满水库极丰来水典型年逐月入流对比分析图

从 1954 年、2010 年、2013 年各月来水分配看，2010 年和 2013 年 5 月、7 月、8 月来水均为特丰状态，均达到或接近多年同期的 2 倍。从图 3.5.2 的曲线特征分析，2013 年特征更接近 2010 年。基于物极必反的思想，采用极丰来水后的特征比对法，预报 2014 年水库来水为枯水，相似于 2011 年，枯水 3 成（此预报结论 2014 年 3 月发布）。

3.5.2.2　关于 2014 年 6 月来水预报修正

2014 年 6 月，丰满水库来水量为 937m³/s，为多年同期平均值 574 m³/s 的 163%，达到特丰级别。在 6 月东北调控分中心会议上，鉴于 6 月来水形势，普遍上调了预报结论。提出 5 月临近地区朝鲜发生了 50 年一遇大旱，基于气候事件时间传导经验，判断这一干旱事件，可能对丰满流域 7—8 月份来水产生影响，丰满水库 2014 年来水可能最终仍在平水以下。

3.5.3　丰满水库极丰来水后的特征比对 2014 年预报总结

从 2014 年丰满水库前期来水走势看，"丰满极丰来水后的特征比对法"无疑在 2014 年获得成功检验，极丰的第 2 年，上半年均在平均来水以上，从 7 月或 8 月开始，涝旱急转，进入特枯状态。

表 3.5.2 为丰满水库极丰典型年传导特征表。经过细节特征比对，2014 年与 2011 年特征最为接近：两者均存在上年 5 月与次年 6 月流量传导的特征，次年 6 月来水均为特丰，2010 年 5 月 1138m³/s 与 2011 年 6 月 907m³/s，2013 年 5 月 1066m³/s 与 2014 年 6 月 937m³/s；两者均从 7 月开始，涝旱急转，由 6 月特丰转至 7 月、8 月特枯。

表 3.5.2　　　　丰满水库极丰典型年 2010 年与 2013 年传导特征表　　　　单位：m³/s

年份	1月	2月	3月	4月	5月	6月	7月	8月	9月	10月	11月	12月	年平均	与多年平均百分比	定性
2010	160	37	25	933	1138	463	1794	2825	805	540	254	112	757	185%	特丰
2011	171	209	316	509	605	907	291	195	137	74	127	59	299	73%	枯
2013	297	246	366	822	1066	687	1881	2344	640	212	113	103	737	180%	特丰
2014	101	154	349	394	539	937	463	102	31	79	90	90	277	68%	枯
多年平均	75	69	164	570	536	574	953	1058	436	227	157	82	410		

点绘"极丰来水后预报年份逐月入流对比分析图"，如图 3.5.3 所示，更加直观地呈现出主汛推前、涝旱急转的特征，2014 年与 2011 年的变化特征基本一致。

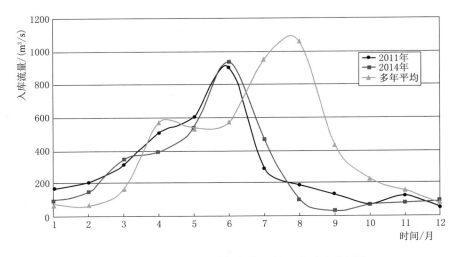

图 3.5.3　极丰来水后预报年份逐月入流对比分析图

点绘"极丰来水后 2 年实况对比图",如图 3.5.4 所示,2013—2014 年与 2010—2011 年,过程线形态呈现高度一致性。

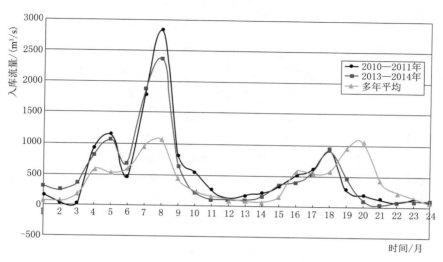

图 3.5.4　极丰来水后 2 年实况对比图

3.6　基于投影寻踪的预报技术

由于年平均流量的影响因子较多,资料难以有效采集,因而选择采用对水文序列自身分析的方法。然而传统的回归分析方法预报精度较低,采用对原始序列进行变换,沿一个合适的方向进行投影,对投影后的序列进行回归分析的方法,即为投影寻踪算法。

投影寻踪作为一种应用数学、现代统计与计算机技术相结合的数据处理方法,在解决样本数量少和维数较大等问题时具有明显的优势[84,85],已经在评估、聚类分析、洪水预报等领域得到了很好的应用[86-90]。投影寻踪回归的实质是基于线性投影的多个多元回归的线性组合,其建模的过程就是优选投影方向 a、多项式系数 c 和岭函数个数 M 的最优组合,模型参数的选取直接影响模型的泛化能力和模拟精度。根据 Friedman 等[91]提出了 PPR 技术的多重平滑实现法,其核心是采用多层分组迭代交替优化方法,可以直接选取 m 组参数以及岭函数的最优项数目。把参数分为若干组,除去其中一组外,都给定初值。然后对未给定初值一组参数寻优。求得结果后,将这一组参数的极值点作初值,另选一组参数在这一初值下寻优,多次反复直到最后选取的一组参数使得目标函数值达到最小。

传统的投影寻踪方法寻优速度较慢,且寻优结果与初始值的设定有关。为了更好地寻找模型的参数组,文献[92-98]分别采用不同的寻优算法与投影寻踪算法相结合,确定最优的参数组合,以此来进行预报。基于此,本书提出了通过延迟相关系数法确定回归预报因子、狼群算法（wolf colony algorithm，WCA）[99]优化投影寻踪（projection pursuit regression，PPR）[100]模型确定最佳投影方向参数 a，最小二乘法确定多项式权系数 c，合格率控制参数 M 个数，三者相结合组成混合智能投影寻踪年平均洪峰流量的预报模型，结合丰满流域（1933—2017 年）的年流量资料进行了实例分析。

3.6.1　基于参数投影寻踪回归的年最大洪峰流量建模原理

投影寻踪回归是 Friedman 和 Stuetzle[91]针对多元回归分析中的"高维问题"而提出的一种数据处理方法，其思想是寻找能反映高维数据的结构特征的若干个投影方向，将高维数据投影到一维空间，通过优选出的岭函数的"和"来逼近回归函数，从而构造模型。其回归预报建模的原理主要如下。

设 x 为 p 维的预报因子，a 为 p 维投影向量，$f(x)$ 为预报的年最大洪峰流量，为了避免多元线性回归不能反映实际非线性的矛盾，投影寻踪回归模型用一系列的岭函数 $g(a^\mathrm{T}x)$ 的和去逼近回归函数 $f(x)$，因此，预报量与预报因子的投影回归关系能被表达为

$$f(x) = \sum_{m=1}^{M} g(a^\mathrm{T}x) \tag{3.6.1}$$

式中：M 为岭函数的个数；g 为岭函数。

当 $M=1$，$g=1$ 时，式（3.6.1）就变为常规的多元函数。

在 Friedman 和 Stuetzle[91]最初的研究中没有明确给出具体的岭函数，提出采用庞大的简单函数集合，通过分层组迭代交替优化技术去光滑逼近，优化过程涉及许多复杂的数学知识，实现难度较大，在一定程度上限制了投影寻踪模型的推广应用。Hwang 等[92]研究表明 Hermite 多项式具有较强的光滑、趋势、动态、非线性拟合能力，且其拟合复杂程度的能力会随多项式次数的增加不断增强，因此，可采用可变阶递推的正交 Hermite 多项式拟合一维岭函数。则投影回归关系式就变为

$$f(x_i) = \sum_{m=1}^{M} \sum_{j=1}^{r} c_{mj} h_j(z_i), \quad i = 1, 2, \cdots, n \tag{3.6.2}$$

式中：n 为输入样本的个数；z_i 为第 i 个输入样本在投影方向 a 上的投影；c_{mj} 为多项式的系数；$h_j(z_i)$ 为正交 Hermite 多项式。

z_i 的表达式为

$$z_i = \sum_{k=1}^{p} a_k x_{ik}, \quad i = 1, 2, \cdots, n \tag{3.6.3}$$

h 的数学表达式为

$$h_j(z) = (j!)^{-\frac{1}{2}} \pi^{\frac{1}{4}} 2^{-\frac{j-1}{2}} H_j(z) \varphi(z), \quad -\infty < z < \infty \tag{3.6.4}$$

$$\varphi(z) = \frac{1}{\sqrt{2\pi}} \mathrm{e}^{-\frac{z^2}{2}}$$

式中：$j!$ 代表多项式阶数 j 的阶乘；$\varphi(z)$ 为标准高斯方程，$H_j(z)$ 为 Hermite 多项式[97]，采用以下递推形式：

$$H_0(z) = 1$$
$$H_1(z) = 2z$$
$$\vdots$$
$$H_r(z) = 2[zH_{r-1}(z) - (r-1)H_{r-2}(z)]$$

(3.6.5)

由此，回归预报建模就可转化为求解式（3.6.6）的最小化问题：

$$\min(a_k, c_j) = \frac{1}{n}\sum_{i=1}^{n}[y_i - f(x_i)]^2$$

(3.6.6)

式中：y_i 为年最大洪峰流量的观测值；$f(x_i)$ 为年最大洪峰流量的拟合值。

a_k 满足下列约束条件：

$$\sum_{k=1}^{p} a_k^2 = 1$$

(3.6.7)

计算拟合残差 $\varepsilon_i = y_i - f(x_i)$，如果合格率 QR（合格预报次数与预报总次数之比的百分数，表示多次预报总体的精度水平）小于 85%，则用 ε_i 代替 y_i 进行下一个岭函数的优化，直到合格率大于 85% 或者岭函数的个数 M 大于最大岭函数的个数 $M_{\max}$ 时，则停止增加岭函数，输出模型参数 a、c 和 M。最终得到的预报模型为

$$f(x_i) = \sum_{m=1}^{M}\sum_{j=1}^{r} c_{mj}h_j\left(\sum_{k=1}^{p} a_{mk}x_{ik}\right), \quad i = 1, 2, \cdots, n$$

(3.6.8)

式中：各变量的含义同前。

根据《水文情报预报规范》（GB/T 22482—2008）[72]，洪峰的预报以实测洪峰流量的 20% 作为许可误差，当一次预报误差小于许可误差时，为合格预报。水文情报预测计算中合格率的计算公式为

$$QR = \frac{n_h}{n}$$

(3.6.9)

式中：QR 为合格率（取一位小数），%；n_h 为合格预报的次数；n 为总次数。

所以，基于上述预报模型的投影寻踪回归预报的关键就转化为优选投影回归模型的投影方向参数 a、多项式权系数 c 和岭函数的个数 M，而参数优选结果的好坏将会直接影响模型的泛化能力、模拟及预报精度。

3.6.2　狼群优化算法

3.6.2.1　狼群优化算法概述

狼群优化算法起源于自然界狼群的真实生存法则，其模拟了狼群捕猎的游走、召唤和围攻，遵循狼群的"胜者为王"的头狼产生机制和"强者生存"的狼群更新换代机制。

最佳适应度的个体作为头狼，头狼外最佳的 m 匹狼作为探狼。在预定的方向上进行寻优探索，若探狼通过游走行为发现比头狼更优的猎物，则该探狼则成为头狼。头狼发起嗥叫，猛狼通过奔袭行为不断向猎物靠近，若猛狼发现比头狼更优的猎物则成为头狼。猛狼距猎物的距离达到一定值时，通过狼群围攻行为对头狼附近的猎物进行寻优，并且通过狼群的更新机制淘汰适应度差的狼，并随机产生一批新的狼来补充。

3.6.2.2　狼群优化算法的步骤

1. 猎物初始化

通过随机的方式初始化产生 n 个猎物，这 n 个猎物分别对应一匹人工狼：

$$x_i^j = x_i^l + rand \cdot (x_i^u - x_i^l), \quad i = 1, 2, \cdots, n \tag{3.6.10}$$

式中：x_i^j 表示第 j 代种群中第 i 匹人工狼；$rand$ 为（0，1）之间的随机数。

2. 头狼产生

对于人工狼个体 x_i^j，运用目标函数计算每一个猎物的适应度值，适应度最优的人工狼作为头狼；若是进化产生适应度比头狼优异的个体，则该较优的个体作为头狼。头狼不执行游走和围攻行为，直接进入下一次迭代中，直到被新的头狼取代。

$$y = \frac{1}{f(x)} \tag{3.6.11}$$

3. 探狼游走行为

在人工狼个体中头狼以外的狼群中选择 m 个最优的人工狼作为探狼，m 是 $[n/(\alpha+1), n/\alpha]$ 之间的整数，α 为探狼比例因子。探狼朝向 K 个方向分别以游走步长（I）前进一步，记录下猎物气味的浓度，则可得探狼在朝向 q 方向游走后的位置，位置计算如式（3.6.12）所示：

$$x_t^q = x_t + \sin(2\pi \times q/K) \times I \tag{3.6.12}$$

探狼得到的猎物气味浓度为 y_t^q，选择气味浓度最大且大于当前的浓度值的方向前进一步，进而探狼信息得到更新。游走行为结束后气味浓度最大的人工狼的适应度值 y_{max} 与头狼的适应度值 y_{MAX} 进行比较，若 $y_{max} > y_{MAX}$，则用该探狼代替头狼。头狼发起召唤行为；若 $y_{max} \leqslant y_{MAX}$，则继续重复游走行为，直到头狼被代替或达到最大的游走次数。

4. 猛狼奔袭行为

头狼通过嚎叫号召猛狼向头狼靠拢，猛狼以较大的步长 I_m 向头狼运动。猛狼在第 $p+1$ 次进化时，其位置如式（3.6.13）所示：

$$x_s^{p+1} = x_s^p + I_m(g^p - x_s^p)/|g^p - x_s^p| \tag{3.6.13}$$

式中：g^p 为第 p 代群体中头狼的位置。

奔袭过程中，若猛狼感知的猎物气味浓度大于头狼，则该猛狼代替头狼重新发起召唤行为；否则，猛狼继续奔袭到距离头狼距离小于一定值 L 时发起对猎物的围攻行为：

$$L = \frac{1}{W\mu} \sum_{w=1}^{W} |x_w^u - x_w^l| \tag{3.6.14}$$

式中：μ 为距离判定因子。

5. 围攻行为

将头狼的位置视为猎物的位置，对于第 p 代狼群，假定猎物的位置为 H^p，则狼群的围攻行为如式（3.6.15）所示：

$$x_i = x_i^p + \lambda I_M |H^p - x_i^p| \tag{3.6.15}$$

式中：λ 为 $[-1，1]$ 的随机数；I_M 为人工狼攻击时的步长。若围攻行为后，得到的猎物的气味浓度大于原来的猎物的气味浓度，则更新人工狼的位置；否则，人工狼的位置不变。在适应度值最优的个体中选择头狼。

6. 狼群更新行为

适应度差的人工狼个体将被淘汰，在算法中去除适应度差的 r 匹狼，同时又产生 r 匹新的人工狼，r 为 $[n/(2 \cdot \beta)，n/\beta]$ 之间的随机数，β 为群体更新比例因子。

通过以上的六种行为，狼群个体不断进化，直到达到限定的迭代次数或获得最优的个体时，则结束迭代。

3.6.3　年最大洪峰流量混合智能预报建模步骤

根据前面介绍的投影寻踪回归建模的原理和群居狼群优化算法求解最小值优化的问题步骤，年最大洪峰流量混合智能预报建模的具体步骤如下。

（1）数据归一化。为消除数据在量纲和标准差数值水平上的差异，利用下式对数据进行归一化处理：

$$x_i = \frac{q_i - \overline{q}}{\sqrt{\dfrac{1}{n-1} \sum\limits_{i=1}^{n} (q_i - \overline{q})^2}}，i = 1，2，\cdots，n \tag{3.6.16}$$

式中：q_i 为年最大洪峰流量序列；x_i 为归一化后的流量序列；n 为序列的容量。

（2）确定预报因子。利用自相关技术确定径流序列的预报因子。时序 x_i 延迟 k 步的自相关系数 R_k 可通过式（3.6.17）获得：

$$R_k = \frac{\sum\limits_{i=k+1}^{n} (x_i - \overline{x})(x_{i-k} - \overline{x})}{\sum\limits_{i=1}^{n} (x_i - \overline{x})^2}，k = 1，2，\cdots，m \tag{3.6.17}$$

$$\overline{x} = \frac{1}{n} \sum\limits_{i=1}^{n} x_i \tag{3.6.18}$$

式中：n 为各分解序列的容量，$m < n/4$，m 取比 $n/4$ 小的最大整数。根据 R_k 的抽样分布理论，在置信水平 $1-\alpha$ 情况下，若

$$R_k \notin \left[\frac{-1 - \mu_{\alpha/2}(n-k-1)^{1/2}}{n-k}，\frac{-1 + \mu_{\alpha/2}(n-k-1)^{1/2}}{n-k} \right] \tag{3.6.19}$$

则推断时序 x_i 延迟 k 步相依性显著，将 x_{i-k} 作为 x_i 的预报因子。$\mu_{\alpha/2}$ 从正态分布表中查得，在本书研究中取 80% 的置信水平。

（3）生成初始投影方向。设定狼群的种群规模 N，利用式（3.6.10）和式（3.6.11）按约束条件式（3.6.7）生成 N 组 PPPP 模型投影方向 a 的初始值。

（4）计算多项式权系数 c。根据生成的投影方向，利用式（3.6.3）计算投影值 z，利用式（3.6.4）计算 r 阶 Hermite 多项式 $h_r(z)$，然后用最小二乘法计算多项式权系数 c。

（5）计算适应度值，评价狼群个体。根据第4步得到权系数 c，利用式（3.6.2）计算回归值，利用式（3.6.11）计算适应度值，进入狼群优化算法的寻优进化阶段。经过狼群优化算法一系列的机制，更新个体，进行迭代计算，获得最优的投影方向参数 a 和多项式权系数 c，第一个岭函数优化结束。

（6）模型优化终止和结果输出。根据优选得到的投影方向参数 a 和多项式权系数 c，计算拟合残差和合格率，如果满足合格率终止准则，输出预报值和相应的参数，用 ε_i 代替 y_i，转入步骤（3）进行下一个岭函数的优化。为了避免程序进入死循环，模型优化终止准则采用合格率和最大岭函数个数相结合的方式。

3.6.4　实例验证

选取丰满水库1933—2017年共85年的年平均流量序列 $\{q_i, i=1,2,\cdots,84\}$，应用前80年（1993—2012年）训练投影寻踪混合智能预报模型，确定模型参数，用后5年（2013—2017年）的年最大洪峰流量进行检验。通过计算该序列前30阶的自相关系数 R_k 和与之相应的上、下限 R_{1k}、R_{2k} 值，其中置信水平取80%，计算结果表明 R_3、R_{15}、R_{19} 的相依性在置信水平80%的条件下是显著的。所以，对 q_i 预报的因子取为 q_{i-3}、q_{i-15}、q_{i-19}，则前80年（1933—2012年）可得到80组训练数据。训练过程中，a 的取值范围为 $[-1,1]$，Hermite多项式阶数为 $r=8$，狼群优化算法的种群规模 $N=50$，最大迭代次数 $G_{\max}$ 为500；岭函数的最大个数 $M_{\max}=3$。经狼群算法和最小二乘方法混合优化，得到丰满水库年最大洪峰流量的预报模型为

$$f(x_i) = \sum_{m=1}^{2} \sum_{j=1}^{6} c_{mj} h_{ij} \left(\sum_{k=1}^{3} a_{mk} x_{ik} \right) \qquad (3.6.20)$$

式中：x_{ik} 为（$q_{i-3}, q_{i-15}, q_{i-19}$）利用式（3.6.20）归一化后的数据。

$$a_{mk} = \begin{bmatrix} 0.17 & 0.114 & -0.9788 \\ -0.9210 & & -0.3897 \end{bmatrix}$$

$$c_{mk} = \begin{bmatrix} 4.05 & 12.05 & 23.39 & 37.21 & 40.68 & 51.03 & 22.73 & 27.18 \\ 9.01 & 20.47 & 35.14 & 53.42 & 42.66 & 56.51 & 17.01 & 22.83 \end{bmatrix}$$

根据得到的预报模型，计算2013—2017年的年最大洪峰流量预报值。图3.6.1给出了模型的模拟值（1933—2012年）和最大洪峰流量预报值（2013—2017年）与丰满流域年平均流量观测值的对比图（图3.6.1）。训练阶段和预报阶段相关误差统计分析结果见表3.6.1。根据《水文情报预报规范》（GB/T 22482—2008）[72]，中长期水文预报的定量预报中，水量按年平均流量观测值变幅的20%作为许可误差，当一次预报误差小于许可误差时，为合格预报，因而首先对合格标准进行计算，统计计算1933—2017年每年年均平均流量观测值的多年变化幅度，即可得该合格标准为 118.6 m^3/s。

统计分析可以看出，在训练阶段的合格率为86.9%，在检验阶段的合格率为60%，预报等级为丙级。投影寻踪预报模型丰满流域的年平均流量模拟预报获得了较好的效果。

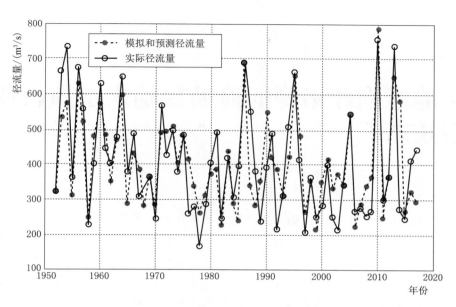

图 3.6.1　模型模拟值（1933—2012 年）和预报值（2013—2017 年）与观测值的对比图

表 3.6.1　　　　　　　　　　　预 报 值 的 相 对 误 差

年　　份	2013	2014	2015	2016	2017
实测值/(m³/s)	737	277	242	409	444
预报值/(m³/s)	649	581	264	323	295
绝对误差	−88	304	22	86	−149
相对误差	−11.94	109.75	9.09	21.03	−33.56
定量预报是否合格	是	否	是	是	否
定性预报	特丰	特丰	特枯	偏枯	枯
定性预报是否合格	是	否	是	否	否

注　只考虑丰满流域发的极端来水实测值，通过预报值与实测值的误差，来验证对极丰极枯的预报结果是否
　　准确。

第 4 章
基于地球物理指标的流域极端来水超长期预报技术

天气与气候过程是大气环流的直接产物，各种物理因子都是通过影响大气环流的分布状况和变化特征而最终作用于气候。大范围（半球甚至全球）和长时间的大气环流季节变化与水文气候变化之间的关系极为密切。密切关系主要体现在大气活动中心和超长波的季节变化、大气环流在空间上遥相关（三大涛动）以及大气环流在时间上的准周期振荡和交替。大气环流与海陆系统之间的热能交换极其频繁，其作用呈现出明显的随机性。研究大气环流的变化就可以对区域的水文情势进行分析。由于影响大气环流的因素较多，本章首先对拉马德雷、厄尔尼诺和拉尼娜现象等洋流运动对流域丰枯状况的作用进行了分析，然后分析了水汽通道上的大地震对流域丰枯状况的影响作用，并且从这两方面分别阐述了地球尺度的流域极端来水超长期预报方法。

本章介绍了两种基于地球物理指标的流域极端来水超长期预报技术。它们分别是基于拉马德雷和厄尔尼诺事件的极端来水预报技术以及水汽通道上的地震与东北地区洪水统计分析极端来水预报技术。

4.1 基于厄尔尼诺事件极端来水预报技术

4.1.1 基本概念

（1）拉马德雷。拉马德雷现象在气象学和海洋学上被称为"太平洋十年涛动"（PDO）[101]。研究表明，拉马德雷是一种高空气压流，分别以"暖位相"和"冷位相"两种形式交替出现在太平洋上空，每种现象持续 20～30 年。它的第一周期是指拉马德雷在 1889—1924 年为"冷位相"、在 1925—1945 年为"暖位相"；第二周期是指拉马德雷在 1946—1977 年为"冷位相"、在 1978—1999 年为"暖位相"；第三周期是指拉马德雷在 2000—2035 年为"冷位相"。

PDO 同南太平洋赤道洋流厄尔尼诺和拉尼娜现象有着极其密切的联系，被喻为厄尔尼诺和拉尼娜的"母亲"。当拉马德雷现象以"暖位相"形式出现时，北美大陆附近海面的水温就会以异常的状态升高，而北太平洋洋面温度却会异常地下降，太平洋高空气流会由美洲和亚洲两大陆向太平洋中央移动，厄尔尼诺现象变得强烈。当拉马德雷以"冷位相"形式出现时，情况正好相反，拉尼娜现象将会变得强烈[102]。

（2）厄尔尼诺。厄尔尼诺事件是指赤道地区的太平洋中东部海表大范围持续异常偏暖的现象。其评判标准在国际上尚未完全达成一致[103]。一般将 NINO3 区海温距平指数连续 6 个月达到 0.5℃以上定义为一次厄尔尼诺事件。美国则将 NINO3、NINO4 区海温距平的 3 个月滑动平均值达到 0.5℃以上定义为一次厄尔尼诺事件。为更加充分地反映赤道中、东太平洋的整体状况，中国气象局国家气候中心主要以 NINO 综合区（NINO1＋NINO2＋NINO3＋NINO4 区）的海温距平指数作为判定厄尔尼诺事件的依据。它的具体指标如下：NINO 综合区海温距平指数持续 6 个月以上大于等于 0.5℃（过程中间可有单个月份未达指标），则可定义为一次厄尔尼诺事件；若该区指数持续 5 个月大于等于 0.5℃，且 5 个月的指数之和大于等于 4.0℃，则也可定义为一次厄尔尼诺事件。

（3）拉尼娜。拉尼娜是指赤道地区的太平洋中东部海面温度持续异常偏冷的现象。由于拉尼娜的表征现象刚好与厄尔尼诺相反，因此它也被称为"反厄尔尼诺"或"冷事件"。气象学家和海洋学家用拉尼娜来专指发生在赤道太平洋东部和中部的海水大范围持续异常变冷的现象（海水表层温度低出气候平均值 0.5℃以上，且持续时间超过 6 个月以上）。东南信风将温热的海水吹向太平洋西部，致使太平洋西部比其东部的海平面增高将近 60cm；西部海水温度增高，气压下降，潮湿空气积累形成台风和热带风暴；东部底层海水上翻，致使东太平洋海水变冷。

厄尔尼诺和拉尼娜现象是赤道中、东太平洋海温冷暖交替变化的异常表现，这种海温的冷暖变化过程在一定程度上构成了一种循环，在厄尔尼诺现象发生之后紧接着发生拉尼娜现象也绝非罕事。同样，在拉尼娜现象发生之后也会有紧接着发生厄尔尼诺的可能。但从 1950 年以来的记录来看，厄尔尼诺的发生频率要高于拉尼娜。拉尼娜现象在当前全球气候变暖的背景下发生频率日益减小，强度趋于缓和。特别是在 20 世纪 90 年代，1991—1995 年之间曾连续发生了三次厄尔尼诺现象，但这之间却并没有发生过拉尼娜现象。

4.1.2 厄尔尼诺事件发生规律

厄尔尼诺导致海水水位上涨，并形成一股向南流动的暖流，使原属太平洋东部的冷水域变成暖水域，并引起海啸和暴风骤雨。同时，它造成某些地区干旱，而另一些地区却又降雨过多或发生洪涝现象，形成局部气温偏高与局部气温偏低同时共存的气候异常现象。一百多年来，著名的厄尔尼诺年包括 1891 年、1898 年、1925 年、1939—1941 年、1953 年、1957—1958 年、1965—1966 年、1972—1976 年、1982—1983 年和 1997—1998 年和 2007 年。厄尔尼诺年每 2～7 年出现一次，一般发生在当年的 10—11 月到次年的 3—4 月。厄尔尼诺现象的出现频率越来越高，原本被认定为 5 年、7 年乃至 10 年才出现一次的厄尔尼诺现象，逐渐以 3～7 年的周期出现。20 世纪 90 年代以来，厄尔尼诺现象则每隔两至三年就出现一次。

厄尔尼诺现象规模显著的年份有 1790—1793 年、1828 年、1876—1878 年、1891 年、1925—1926 年、1982—1983 年以及 1997—1998 年。规模较小的年份有 1986—

1987 年、1991—1994 年、1997—1998 年、2002—2007 年以及 2009—2010 年。

根据赵佩章等[104]的研究发现，日食使得极地和中纬度地区的气温升高，导致赤道到极地的大气环流和赤道到中纬的哈德莱环流减弱，进而使赤道东风减弱、东太平洋海水温度升高，形成厄尔尼诺现象。由进一步分析发现，若日食发生在极地且连续三或四次发生极地日食加中纬日食，才会形成厄尔尼诺现象。林振山等[105]基于 1948 年以来的年日食——厄尔尼诺系数 R_1、累积日食——厄尔尼诺系数 R_2 提出并验证了厄尔尼诺年的预报定理。

4.1.3　基于厄尔尼诺预报极端来水的基本原理

4.1.3.1　厄尔尼诺事件发生频次与丰满水库泄洪频次统计规律

据丰满水库泄洪成果统计资料显示，自 1951—2012 年的 62 年间，先后有 1953 年、1954 年、1956 年、1957 年、1960 年、1964 年、1971 年、1975 年、1981 年、1983 年、1986 年、1991 年、1995 年、1996 年、2010 年等 15 年发生过泄洪，平均 3.9 年发生 1 次，见表 4.1.1。

表 4.1.1　　　　　　　　　　丰满水库泄洪成果统计表　　　　　　　　单位：亿 m³

序　号	年　份	年入库水量	年泄洪量	序　号	年　份	年入库水量	年泄洪量
1	1953	209.7	99.3	9	1981	155.5	2.4
2	1954	231.2	87.4	10	1983	130.9	19.0
3	1956	213.8	65.7	11	1986	215.4	33.2
4	1957	176.0	35.8	12	1991	153.9	21.8
5	1960	198.9	21.4	13	1995	209.4	40.9
6	1964	205.2	29.1	14	1996	130.0	3.6
7	1971	178.2	9.2	15	2010	239.0	29.1
8	1975	152.6	9.2				

丰满水库多年平均年入库水量为 126.1 亿 m³，年泄洪量的多少取决于洪水的量级与发生时间等因素。与早期调度相比，调度决策水平的提升以及水库来水预报水平的提高也是不可忽略的。历史研究记录显示，1951—2012 年的 62 年间，先后发生了 1951 年、1957 年、1963 年、1965 年、1969 年、1972 年、1976 年、1982 年、1986 年、1987 年、1991 年、1997 年、2002 年、2006 年以及 2009 年等 15 次厄尔尼诺现象，平均每 4.1 年发生一次。并且厄尔尼诺事件的发生频次与丰满水库的泄洪频次在以年为单位统计时，其一致性较高。

4.1.3.2　厄尔尼诺事件与丰满水库来水的规律研究

吕俊梅等利用英国气象局哈德莱中心的月平均海温距平资料、美国 Scripps 海洋研究所联合环境分析中心（JEDAC）的海表和次表层海温观测资料以及 NCEP/NCAR 再分析资料，研究了在太平洋年代际振荡（PDO）的不同背景下 ENSO 循环的特征，并制作了在 PDO 冷暖位相下的厄尔尼诺和拉尼娜事件发生年份表[6]。

借鉴吕俊梅等制作的 PDO 冷暖位相划分成果，结合丰满水库流域来水实际，研究在 PDO 冷暖位相下的厄尔尼诺和拉尼娜事件与丰满来水、洪水之间的统计关系，详见表 4.1.2。并得出统计规律如下。

（1）丰满水库年来水、洪水与太平洋十年涛动（拉马德雷）的冷、暖相位关系密切，丰满水库特丰水、大洪水多发生于拉马德雷冷相位期；丰满水库前 10 位大洪水中，拉马德雷冷相位期已经发生了 6 次，分别是 1909 年（第 8 位）、1951 年（第 10 位）、1953 年（第 3 位）、1957 年（第 5 位）、1960 年（第 7 位）以及 2010 年（第 1 位）。

（2）在拉马德雷冷相位期，发生厄尔尼诺事件的年份，丰满水库一般为枯水；发生拉尼娜事件的年份，丰满水库一般为丰水、大洪水。

（3）在拉马德雷暖相位期，发生厄尔尼诺事件的年份，丰满水库一般为丰水；发生拉尼娜事件的年份，丰满水库一般为枯水。

（4）2000—2030 年拉马德雷冷相位期阶段与 1946—1976 年拉马德雷冷相位期阶段相似。在这两个阶段中，已发生过丰满水库 1954 年、2010 年的前两位特丰水年，以及 2013 年的拉尼娜年。因此，在拉马德雷冷相位期，发生拉尼娜事件的年份，丰满水库一般为丰水、大洪水，因而预报 2013 年为丰水年；而 2014 年为厄尔尼诺年，因此预报 2014 年为枯水年。依此类推，基于当年是厄尔尼诺或拉尼娜年，进而可对 2013—2017 年的丰枯状况进行预报。

在丰水年不一定发生大洪水。同样，在枯水年也有发生大洪水的可能。因此，表 4.1.2 中选用了年来水定性和洪水级别来综合评价水库来水的特征。

表 4.1.2　PDO 冷暖位相下厄尔尼诺和拉尼娜事件与丰满来水、洪水统计关系

PDO 冷暖位相	厄尔尼诺事件年份	年来水定性	洪水级别	拉尼娜事件年份	年来水定性	洪水级别
1889—1924 年（冷）	1911			1909		第 8 位特大洪水
	1913			1910		
	1918			1916		
				1922		1923 年第 11 位洪水
				1924		
1925—1945 年（暖）	1925			1938	丰 3 成	
	1929			1942	偏枯 1 成	
	1930			1944	丰 2 成	
	1940	平水				
1946—1976 年（冷）	1951	丰 3 成	第 10 位大洪水	1949	枯 4 成	
	1957	丰 3 成	第 5 位特大洪水	1954	特丰 8 成	大洪水
	1963	丰 2 成		1955	枯 2 成	
	1965	偏枯 1 成		1956	特丰 6 成	大洪水
	1969	偏枯 1 成		1964	特丰 6 成	大洪水

PDO 冷暖位相	厄尔尼诺事件年份	年来水定性	洪水级别	拉尼娜事件年份	年来水定性	洪水级别
1946—1976 年（冷）	1972	平水		1967	枯 3 成	
	1976	特枯 4 成		1970	特枯 4 成	
				1971	特丰 4 成	中小洪水
				1973	丰 2 成	
				1975	丰 2 成	大洪水
1977—1999 年（暖）	1982	特枯 4 成		1984	枯 3 成	
	1986	特丰 6 成	中小洪水	1988	平水	
	1987	丰 3 成		1999	特枯 4 成	
	1991	丰 2 成	第 9 位大洪水			
	1997	特枯 5 成				
2000—2030 年（冷）	2002	特枯 4 成		2000	枯 3 成	
	2006	枯 3 成		2007	枯 3 成	
	2009	枯 3 成		2010	特丰 8 成	第 1 位特大洪水
	2014	枯		2011	枯 3 成	
	2015	枯		2013	丰	

4.1.4　预报实例

本书采用的厄尔尼诺和拉尼娜年预报值来源于国家气候中心网。

基于拉马德雷、厄尔尼诺现象与丰满水库流域丰枯对应关系，可对 2013—2017 年丰满流域的来水进行预报。

1. 2013 年预报

2013 年预报值为拉尼娜年，按照"在拉马德雷冷相位期，发生拉尼娜事件的年份，丰满水库一般为丰水、大洪水"的统计规律，预报 2013 年丰满流域为大洪水年、丰水年。

2. 2014 年预报

2014 年预报值为厄尔尼诺年，按照"在拉马德雷冷相位期，发生厄尔尼诺事件的年份，丰满水库一般为枯水"的统计规律，预报 2014 年丰满流域为枯水年。

3. 2015 年预报

2015 年预报值为厄尔尼诺年，根据厄尔尼诺的发展程度，得出 2014—2015 年相似于 1997—1998 年厄尔尼诺段，且 2015 年为厄尔尼诺峰值年，相似于 1997 年；1997 年为特枯水年，符合"在拉马德雷冷相位期，发生厄尔尼诺事件的年份，丰满水库一般为枯水"的统计规律，则预报 2015 年相似于 1997 年，丰满流域为特枯水年。

4. 2016 年预报

2016 年预报值为厄尔尼诺向拉尼娜转换年份。分析可知，2014—2016 年的强厄尔尼诺事件相似于 1997—1998 年的强厄尔尼诺段。由于 1998 年为偏枯水年，因此可以预报 2016 年为平偏枯水年。

5. 2017 年预报

2017 年预报值为弱拉尼娜年，按照"在拉马德雷冷相位期，发生拉尼娜事件的年份，丰满水库一般为丰水、大洪水"的统计规律，由于该年为弱拉尼娜年，可预报 2017 年为偏丰水年，有一定程度的大洪水。

4.1.5 预报验证

由于 2000—2030 年处于拉马德雷冷相位期，基于"在拉马德雷冷相位期，发生厄尔尼诺事件的年份，丰满水库一般为枯水；发生拉尼娜事件的年份，丰满水库一般为丰水、大洪水"的规律，对 2013—2017 年的丰枯状况进行预报。由表 4.1.3 可知，2013—2015 年，预报正确；2016—2017 年，预报存在一定偏差。但总体预报水平相对正确，预报正确率几乎接近 100%。

表 4.1.3　　　　　　　　　2013—2017 年的丰枯状况进行预报验证

序　号	年　份	厄尔尼诺/拉尼娜	预报丰枯状况	实际丰枯状况	预报结果评价
1	2013	拉尼娜	特丰	特丰	正确
2	2014	厄尔尼诺	枯	枯	正确
3	2015	厄尔尼诺	特枯	特枯	正确
4	2016	厄尔尼诺向拉尼娜	平偏枯	平	正确
5	2017	弱拉尼娜	丰	偏丰	正确

4.1.6 预报经验

对 2013 年、2015 年、2017 年厄尔尼诺和拉尼娜的强度与来水的丰枯程度进一步分析，可知丰满流域来水状况与厄尔尼诺、拉尼娜事件的强度有关。

（1）2013 年为强拉尼娜年，因而出现了特丰水、大洪水。

（2）2015 年为强厄尔尼诺年段峰值年，因而出现了特枯水。

（3）2017 年为弱拉尼娜年，因而出现了中洪水、偏丰水，为洪灾年。

厄尔尼诺事件对应的 1982 年、1997 年、2012 年，丰满流域来水均在偏枯到特枯之间。2015 年为厄尔尼诺年，因此预报其为枯水年。结果证实，2015 年的年平均来水为 243m³/s，为特枯水年。详见表 4.1.4。

表 4.1.4　　　　　丰满水库 1982 年、1997 年及 2012 年来水统计表　　　　单位：m³/s

年份	1 月	2 月	3 月	4 月	5 月	6 月	7 月	8 月	9 月	10 月	11 月	12 月	平均
1982	19	26	102	403	428	463	222	746	371	103	49	—13	244
1997	198	103	202	188	263	736	127	213	196	95	59	74	204
2012	105	173	233	364	253	650	878	695	362	291	210	134	363
2015	124	108	218	405	248	320	373	435	224	169	148	136	243

4.2　水汽通道上的大地震与东北地区洪水统计分析技术[106]

美国气象学家爱德华·罗伦兹在 1963 年提出了著名的蝴蝶效应理论。该理论可形象地阐述为：一只南美洲亚马孙河流域热带雨林中的蝴蝶，偶尔扇动几下翅膀，就可能在两周后引起美国得克萨斯州的一场龙卷风。如果一只小蝴蝶就能引发龙卷风，那么水汽通道上的大地震也存在影响水文循环、引发大洪水的可能。许多学者对于特定区域的大地震和特定区域的大洪水是否具有良好的对应关系做过相关研究。

兰州地震研究所的郭增建研究员在 2000 年指出：20 世纪中国西部发生的 6 次 8 级或大于 8 级的地震，与黄河流域大洪水有良好的对应关系。他于 2002 年提出了"深海巨震降温说"。冯利华等[107] 在 2001 年研究发现，长江 1931 年、1954 年和 1998 年的 3 次大洪水有 4 个遥相关因子，其中就包括青藏高原南部发生的 7 级以上大震。

2011 年 3 月 11 日，日本发生了 9 级大地震。地震引发了海啸，导致福岛核泄漏，形成了一系列灾害。大地震造成深海冷水翻出水面，周围地区温度下降，改变了地区的大气环流形势，致使中国内陆地区自 2011 年 6 月下旬开始涝旱急转。同时，它导致了东南亚、朝鲜半岛等地暴雨成灾：比如东南亚的曼谷从 7 月份开始进水，情况一直持续到 12 月份才有所好转，洪水量级达到了 50 年一遇。大地震导致了地区的气候变化，有效地验证了"深海巨震降温说"。

大地震导致区域水文循环改变，对流域洪水产生影响。本节尝试从水汽通道上的大地震与东北地区大洪水的对应关系分析，发掘其规律，并预报 2017 年东北地区大洪水。

4.2.1　基本原理

输送到中国陆地的水汽通道，主要包括来自低纬的西南通道、南海通道和东南通道。此外，在高纬还有一条很弱的西北通道。这分别体现了西南季风、南方季风、东南季风和中纬度西风带对中国夏季降水的影响。

相关分析表明，对东北地区夏季降水产生主要影响并形成大洪水的水汽通道的主要是西南通道，其次是南海通道和东南通道。主要表现为副高雨季和台风雨季。从水汽输送的西南通道、南海通道和东南通道寻找大地震，并与东北地区大洪水进行的统计分析如下。

（1）世界 9 级地震与东北地区大洪水统计分析。世界 9 级地震与东北地区大洪水年份具有较好的对应关系，即震洪灾害链。详见表 4.2.1。1952 年以来，全世界共出现过 6 次 9 级以上地震。其中有 5 次的震后当年或次年，东北地区发生大洪水：1957 年、1960 年、1964 年的当年发生大洪水；1952 年、2004 年的次年发生大洪水。其出现概率高达 83.3%。其具体规律表现为：汛前（6 月前）发生地震，则当年发生大洪水；汛后（9 月后）发生地震，则次年发生大洪水。

表 4.2.1 世界 9 级地震与东北地区大洪水震洪关系统计表

时 间	地 点	震 级	大洪水情况	丰满水库对应年来水与多年平均比值/%
1952－11－04	苏联堪察加半岛	9	1953 年辽河、松花江上游洪水	163
1957－03－09	阿留申群岛	9.1	1957 年松花江洪水	137
1960－05－22	智利瓦尔迪维亚省	9.5	1960 年辽东洪水	154
1964－03－28	阿拉斯加威廉王子海峡	9.2	1964 年松花江上游洪水	159
2004－12－26	印尼苏门答腊	9.3	2005 年松花江上游洪水	133
2011－03－11	日本东北海域	9	2010 年松花江上游洪水	187

　　2011 年，东北地区并没有发生表 4.2.1 中所推理的大洪水，但 2010 年松花江上游特大洪水与次年 3 月的世界 9 级地震形成了 1 次洪震关系，即世界 9 级地震与松花江上游大水年份之间存在良好的相互对应关系。另外，震洪关系与洪震关系只存在 1 次对应，不会产生多次对应。

　　（2）水汽输送西南通道前端喜马拉雅构造带强震与松花江上游大洪水统计分析。喜马拉雅构造带是一条强烈活动带。这条长达 2500km 的喜马拉雅构造带在历史上曾多次发生过 8 级及 8 级以上巨震。仅在 20 世纪，就发生过 1905 年印度克什米尔边境 8 级地震、1934 年尼泊尔比哈尔邦 8.1 级地震以及 1950 年我国的察隅 8.6 级地震。震后第 4 年均为松花江上游大洪水年份且对应关系良好，详见表 4.2.2。

　　2015 年 4 月 25 日 14 时 11 分，尼泊尔发生 8.1 级地震，震源深度 20km。按对应统计规律，可预测 2019 年为大洪水年，其发生情况尚有待验证。

表 4.2.2 喜马拉雅构造带强震与松花江上游大洪水统计关系表

年 份	地 点	震 级	大洪水年份	丰满水库对应年来水定性
1905	印度克什米尔边境	8	1909	特丰水
1934	尼泊尔比哈尔邦	8.1	1938	丰水
1950	中国西藏察隅	8.6	1954	特丰水
2015	尼泊尔博克拉	8.1		

　　（3）水汽通道上的强震与东北地区大洪水统计分析。东北地区夏季最主要的水汽来源为西南季风带来的印度洋水汽。中国西南地区形成的 8 级及以上强震，会影响西南季风的水汽输送。详见表 4.2.3。

表 4.2.3 水汽通道上的强震与东北地区大洪水统计关系表

年 份	地 点	震 级	大洪水年份	丰满水库对应年来水定性
1927	甘肃古浪	8	1930	特丰水
1950	西藏察隅	8.6	1953	特丰水
1951	西藏当雄	8	1954	特丰水

年 份	地 点	震 级	大洪水年份	丰满水库对应年来水定性
2008	四川汶川	8	2010	特丰水
2011	日本"3·11"巨震	9		
2015	尼泊尔	8.1		

根据表 4.2.3，可以得出统计规律：20 世纪水汽通道上的 8 级及 8 级以上大地震，对应 3 年后，东北地区均出现大洪水，丰满水库流域均出现特丰水年；21 世纪水汽通道上的 8 级以上大地震，对应 2 年后，东北地区均出现较大洪水，丰满水库流域均出现特丰水年。这一规律符合研究成果，且呈现阶段稳定性。其中最近的 3 次对应，2010 年、1954 年、1953 年分别为丰满水库有资料记录以来的前三位和第六位特丰水年，来水分别为多年平均值的 187%、179% 和 163%。

4.2.2 丰满水库流域预报实例应用

在 21 世纪全球发生的 8 级以上大地震中，位置靠近中国的有 2008 年汶川地震、2011 年日本"3·11"巨震以及 2015 年尼泊尔地震。其中 2008 年地震的对应 2 年后丰满流域出现了特丰水。基于上述规律，2011 年地震、2015 年地震所对应的 2 年后，东北地区将出现大洪水。基于大地震在水汽通道上的位置判断，2015 年尼泊尔地震相似于 2008 年汶川地震，因而预报 2017 年洪水相似于 2010 年。据表 4.2.4 中的统计关系，可预报 2013 年、2017 年东北地区大洪水，丰满水库为丰水年。分析可知，2013 年实际上为丰水年，2017 年为偏丰水年，正确率为 100%。

表 4.2.4   水汽通道上的强震与东北地区大洪水统计关系表

年 份	地 点	震 级	大洪水年份	丰满水库实际对应年来水定性	预报结果评价
2011	日本"3·11"巨震	9	2013	特丰水	√
2015	尼泊尔	8.1	2017	平偏丰水	√

第5章
基于天文指标的流域极端来水超长期预报技术

天文因子来源于全球系统、流域系统以外，主要指太阳、月球、地球的相对运动。它以太阳黑子相对数、月球赤纬角、二十四节气为主要预报因子。太阳黑子的增多和减少有明显的 11 年周期，也存在 22 年的磁周期。太阳活动的强弱使得地球上的能量分配发生变化，进而影响水汽运动。月球赤纬角、黄赤交角在日月地的相对运动中不断发生变化，进而通过作用力来影响水汽在地球上的分布。而天文因子的作用规律具有明显的周期性，不受人类活动的影响，作为长期预报因子具有明显优势。

本章介绍的基于天文指标的流域极端来水超长期预报技术有：太阳黑子相对数及其相位变化预报技术，太阳运动近日点预报技术，太阳运动近日点、远日点综合预报技术，月球赤纬角运行轨迹预报技术，月球赤纬角分布图预报技术，月球赤纬角最小年预报技术，月相图预报技术以及天文指标对比预报技术。

5.1 太阳黑子相对数预报技术

太阳是大气环流能量的源泉，对于太阳活动与旱涝关系的研究由来已久。目前广泛应用的是分析太阳活动周期的不同相位与预报地区的旱涝关系的相关技术。

5.1.1 太阳黑子相对数与水库来水规律研究

利用太阳黑子活动来预报洪水。太阳是离地球最近的恒星，因而太阳活动对地球上的洪水影响最大。太阳活动，指太阳上发生的物理过程。尽管太阳活动影响大气环流的物理机制目前尚未研究清楚，但大量的分析表明，太阳活动的增强与减弱，不但会影响大气环流的强弱，而且大气环流的形式也会发生相应的改变，进而影响各种水文要素也随之发生相应变化。

反映太阳活动的指标很多，但选择太阳黑子相对数作为研究指标的原因是由于太阳黑子的数量基本上代表了整个日面辐射能量的变化，它反映出了太阳活动的强弱。其次，太阳黑子有完整且可靠的长期连续文字记录，最远可追溯到 1749 年，其精度可以精确到月。这为进行中长期预报以及日地关系研究提供了十分有利的基础条件。

黑子是太阳光球（太阳的发光圆面）上一种黑暗甚至全黑的结构。其温度为4250K，低于光球温度，致使肉眼所见该结构的颜色为黑色，因此称之为黑子。黑子的寿命从几天到几个月不等，其直径为 1000~20 万 km 之间。其中直径大于 40000km 的黑子可以肉眼观察。

人们很早之前就注意到了黑子的变化。早在两千年前，史书上就出现了太阳黑子的相关记载。西汉元帝永光元年（公元前 43 年）四月，《汉书》中记录到"日黑居仄，大如弹丸"。这是我国第一次出现与用肉眼看到的太阳黑子相关的记载。而在西方，直到 17 世纪初发明望远镜后，意大利的伽利略才观察到了太阳黑子，并发现了黑子是移动的。对黑子的科学观测始于 1610 年。1610—1699 年之间记录了太阳黑子 11 年周期的最高值及最低值出现时间；1749 年以后出现了逐月的太阳黑子相对数的记录；从 1818 年开始就有了每天的黑子记录。此外，绍夫（1955）曾根据古代极光资料，倒推了至公元前 648 年为止的黑子 11 年周期峰谷出现的年份以及峰年的黑子强度，描述出了近两千年的太阳活动概况。

太阳黑子活动即太阳黑子的大小和数量随时间发生变化的过程。作为太阳活动的重要指标，太阳黑子相对数（一般用 R 表示，无量纲）的资料大多历史悠久、数据准确。经过全世界成千上万的天文工作者的辛勤观测，自 1700 年起，已累计了长达 310 多年的太阳黑子相对数观测资料（图 5.1.1）。太阳黑子相对数越大，表示太阳活动越强烈；太阳黑子相对数越小，表示太阳活动越微弱。

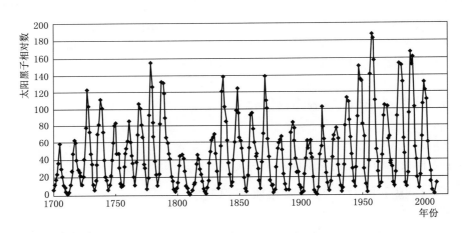

图 5.1.1　太阳黑子相对数变化图

"万物生长靠太阳""地上的事，天上的理"。太阳是距地球最近的恒星，是空气、陆地和海洋加热的主要能源，也是大气运动和洋流流动的原动力。太阳辐射的变化必然会引起气候的改变。可以说，地球上一切重大自然现象的发生和发展，同太阳活动都有着密切的关系。太阳黑子活动深刻地影响着地球上旱涝灾害的发生、发展和变化，当然也是影响丰满水库来水的重要因素之一。

尽管到目前为止，太阳活动影响水文现象的物理机制尚未探明，但大量的分析表明，太阳活动的增强与减弱，不但会导致大气环流的增强与减弱，大气环流形式也会发生相应的改变，各种水文要素也将随之发生相应变化。

5.1.2 太阳黑子相对数与丰满水库来水规律研究

研究表明，太阳黑子相对数与丰满水库来水呈现明显的分区分布特征。点绘"丰满水库年入库流量与太阳黑子关系分布图"，在图上标注特丰水线（573m³/s）、丰水线（490m³/s）、多年平均线（409m³/s）、枯水线（327m³/s）、特枯水线（245m³/s），详见图5.1.2。

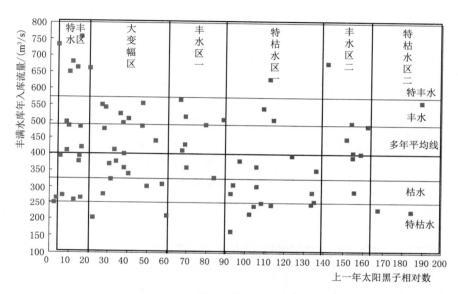

图5.1.2 丰满水库入库流量太阳黑子相对数变化图

由图5.1.2可以看出，丰满水库来水与太阳黑子相对数呈现明显的分区分布，可以划分成特丰水区、大变幅区、丰水区一、特枯水区一、丰水区二、特枯水区二。其中特丰水区、特枯水区一、丰水区一、丰水区二、特枯水区二等5区，具有明确的来水定性功能，可用于水库来水定性预报。大变幅区来水变动幅度大，需要通过其他方式判定。

1. 特丰水区研究分析

特丰水区太阳黑子相对数范围为4.4～21。处于该区域的17年中，丰满水库来水表现为6年特丰、2年丰水、1年偏丰、5年平水、3年枯水；80年资料系列中，8年特丰水年，本区占了6年，特丰水出现的概率为35%，是全部特丰水年出现概率10.0%的3.5倍；平水及以上出现的概率为82.4%，详见表5.1.1。

表5.1.1　　丰满水库年入库流量与太阳黑子相对数关系特丰水区统计表

序　号	年　份	太阳黑子年平均	太阳黑子年际差值	年平均入库流量/(m³/s)	与多年平均百分比/%	定　性
1	1954	4.4	9.5	733	179.2	特丰
2	1933	5.7	5.4	393	96.1	平水
3	2007	6.5	9.5	274	67.0	枯水

续表

序　号	年　份	太阳黑子 年平均	太阳黑子 年际差值	年平均入库流量 /(m³/s)	与多年平均百分比 /%	定　性
4	1934	8.7	3.0	494	120.8	丰水
5	1996	8.9	11.8	411	100.5	平水
6	1944	9.6	6.7	484	118.3	偏丰
7	1964	10.2	17.7	649	158.7	特丰
8	1986	11.7	3.7	683	167.0	特丰
9	1976	12.6	2.9	259	63.3	枯水
10	1953	13.9	17.5	665	162.6	特丰
11	1965	15.1	4.9	378	92.4	平水
12	1985	15.4	34.1	394	96.3	平水
13	1975	15.5	18.9	484	118.3	丰水
14	2010	15.6	11.5	757	185.1	特丰
15	2006	16.0	12.5	264	64.5	枯水
16	1943	16.3	14.3	421	102.9	平水
17	1995	20.7	18.9	664	162.3	特丰

　　丰满水库特丰水年太阳黑子相对数年平均值对应关系见图5.1.3。8年特丰水年中，有6年的太阳黑子相对数在21以下。另外2年在创造1700年以来历史太阳黑子相对数年平均最大值的1957年前后发生：1956年和1960年，太阳黑子相对数均超过100。

　　由丰满特大洪水排位表（表5.1.2）可见，丰满流域前3位特大洪水均出现在该区域。另外，1856年的太阳黑子相对数4.3、1923年的太阳黑子相对数5.8均处于该区，并在1856年和1923年处于谷底。

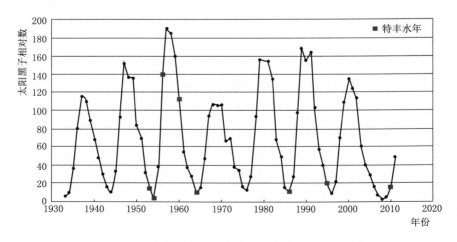

图5.1.3　丰满水库特丰水年入库流量太阳黑子相对数变化图

表 5.1.2 丰满特大洪水洪峰（Q）和洪量（W）排位表

排 位	年份	Q_{12} /(m³/s)	$Q_日$ /(m³/s)	年份	W_3 /亿 m³	年份	W_7 /亿 m³	W_{11} /亿 m³	太阳黑子相对数	太阳黑子位置
1	2010	20700	16795	1995	38.2	1995	55.5	75.0	15.6	
2	1995	20400	16700	1953	32.0	1953	48.3		20.7	
3	1953	17700	15600	2010	28.8	2010	47.3		13.9	
4	1957	16500	14400	1957	25.7	1856	—		189.9	峰顶
5	1856	—	—	1856	—	1909	—		4.3	谷底
6	1960	15600	12800	1960	24.5	1923	—		112.3	
7	1909	—	—	1909					43.9	
8	1991	13700	12800	1951	24.0				162.7	峰顶
9	1951	13400	10400	1923					69.4	
10	1923	—	—	1991	23.4				5.8	谷底

其中需要特别指出的是，2010 年特丰水年与 1954 年特丰水年的天文背景存在着高度一致性。

（1）两者同处太阳黑子特丰水区，太阳黑子相对数范围为 4.4～21。

（2）两者的月球赤纬角相位、角度值、所在运行轨迹段均高度一致。

因此，2010 年、1954 年分别出现了丰满水库第一位、第二位特丰来水。

2．大变幅区研究分析

大变幅区太阳黑子相对数范围为 22～60。处于该区域的 23 年中，丰满水库的来水表现为 6 年丰水、2 年偏丰、4 年平水、4 年偏枯、5 年枯水、2 年特枯。该区来水变化较大，无法进行准确定性预报。

3．丰水区一研究分析

丰水区一的太阳黑子相对数范围为 60～90。处于该区的 9 年中，丰满水库的来水表现为 4 年丰水、3 年平水、2 年偏枯；平水及以上出现的概率为 77.8%，详见表 5.1.3。从来水数值上看，该区域来水变化不剧烈，无大洪水年。

表 5.1.3 丰满水库年入库流量与太阳黑子相对数关系丰水区一统计表

序 号	年 份	太阳黑子相对数年平均	太阳黑子相对数年际差值	年平均	与多年平均百分比 /%	定 性
1	1971	66.7	38.0	565	138.1	丰水
2	1940	67.8	21.0	410	100.2	平水
3	1983	68.0	65.7	415	101.5	平水
4	1972	68.9	2.2	428	104.6	平水
5	1951	69.4	14.5	514	125.7	丰水
6	1998	70.0	47.7	361	88.3	偏枯

序　号	年　份	太阳黑子相对数年平均	太阳黑子相对数年际差值	年平均	与多年平均百分比/%	定　性
7	1936	79.7	43.6	492	120.3	丰水
8	1950	83.9	51.2	331	80.9	偏枯
9	1939	88.8	20.8	505	123.5	丰水

4. 特枯水区一研究分析

特枯水区太阳黑子相对数范围为 92～140。处于该区域的 18 年中，丰满水库的来水表现为 1 年特丰、2 年丰水、2 年平水、6 年枯水、5 年特枯；80 年资料系列中，9 年特枯水年，本区占了 5 年，特枯水出现的概率为 27.8%，是全部特枯水年出现概率 11.25%的 2.47 倍；平水及以下出现的概率为 83.3%，详见表 5.1.4。

表 5.1.4　　　　丰满水库年入库流量与太阳黑子关系特枯水区一统计表

序　号	年　份	太阳黑子相对数年平均	太阳黑子相对数年际差值	年平均	与多年平均百分比/%	定　性
1	1946	92.5	59.4	281	68.7	枯水
2	1978	92.7	65.2	164	40.1	特枯
3	1967	93.7	46.8	306	74.8	枯水
4	1988	96.9	69.8	382	93.4	平水
5	1992	102.2	60.5	216	52.8	特枯
6	1970	104.7	0.9	242	59.2	特枯
7	1969	105.6	0.3	365	89.2	偏枯
8	1968	105.9	12.2	305	74.6	枯水
9	1999	108.7	38.3	250	61.1	枯水
10	1938	109.6	4.8	539	131.8	丰水
11	1960	112.3	46.5	629	153.8	特丰
12	2002	112.9	11.1	245	59.9	特枯
13	1937	114.4	34.7	505	123.5	丰水
14	2001	124.0	10.0	397	97.1	平水
15	1982	133.7	19.9	244	59.7	特枯
16	2000	134.0	25.7	283	69.2	枯水
17	1949	135.1	1.1	254	62.1	枯水
18	1948	136.2	15.3	353	86.3	偏枯

5. 特丰水区二研究分析

特丰水区太阳黑子相对数范围为 140～163。处于该区域的 8 年中，丰满水库的来水表现为 1 年特丰、1 年丰水、1 年偏丰、4 年平水、1 年枯水；平水及以上出现的概率为 87.5%，详见表 5.1.5。

表 5.1.5　　　丰满水库年入库流量与太阳黑子关系特丰水区二统计表

序　号	年份	太阳黑子相对数年平均	太阳黑子相对数年际差值	年平均	与多年平均百分比/%	定性
1	1956	141.7	103.7	676	165.3	特丰
2	1947	151.5	59.0	447	109.3	平水
3	1981	153.6	1.1	493	120.5	丰水
4	1990	154.6	13.3	392	95.8	平水
5	1980	154.7	0.6	403	98.5	平水
6	1979	155.3	62.6	287	70.2	枯水
7	1959	158.8	25.8	400	97.8	平水
8	1991	162.7	8.1	488	119.3	偏丰

6. 特枯水区二研究分析

特枯水区太阳黑子相对数范围为 164~190。处于该区域的 3 年中，丰满水库的来水表现为 1 年丰水、2 年特枯；80 年资料系列中，9 年特枯水年，本区占了 2 年，特枯水出现的概率为 66.7%，是全部特枯水年出现的概率 11.25% 的 5.93 倍，详见表 5.1.6。

表 5.1.6　　　丰满水库年入库流量与太阳黑子关系特枯水区二统计表

序　号	年份	太阳黑子相对数年平均	太阳黑子相对数年际差值	年平均	与多年平均百分比/%	定性
1	1989	167.9	71.0	231	56.5	特枯
2	1958	184.6	5.3	225	55.0	特枯
3	1957	189.9	48.2	558	136.4	丰水

同时需要明确指出，在 1957 年，太阳黑子相对数为 1700 年以来的最大值。也正是在 1957 年左右，丰满水库出现了连续的特丰水年，分别为 1953 年、1954 年、1956 年、1957 年、1960 年以及 1964 年。这段时间内，产生了丰满水库自 1933 年以来共 8 年特丰水年中的 5 年。由此可见太阳黑子的数量和太阳黑子的关键变化期（爆发期）对丰满水库来水起着决定作用。丰满水库 1953—1964 年入库流量与太阳黑子相对数关系特枯区二统计见表 5.1.7。

表 5.1.7　丰满水库 1953—1964 年入库流量与太阳黑子相对数关系特枯水区二统计表

序　号	年份	太阳黑子相对数年平均	太阳黑子相对数年际差值	年平均	与多年平均百分比/%	定性
1	1953	13.9	17.5	665	162.6	特丰
2	1954	4.4	9.5	733	179.2	特丰

续表

序　号	年　份	太阳黑子相对数年平均	太阳黑子相对数年际差值	年平均	与多年平均百分比/％	定　性
3	1955	38.0	33.6	360	88.0	偏枯
4	1956	141.7	103.7	676	165.3	特丰
5	1957	189.9	48.2	558	136.4	丰水
6	1958	184.6	5.3	225	55.0	特枯
7	1959	158.8	25.8	400	97.8	平水
8	1960	112.3	46.5	629	153.8	特丰
9	1961	53.9	58.4	444	108.6	平水
10	1962	37.6	16.3	401	98.0	平水
11	1963	27.9	9.7	479	117.1	偏丰
12	1964	10.2	17.7	649	158.7	特丰

5.1.3　应用太阳黑子相对数预报丰满水库来水

想要基于太阳黑子对丰满水库 2013—2017 年的来水进行预报，就需要对当年的太阳黑子数有比较准确的估计。本书所使用的太阳黑子数资料来源于空间环境预报中心网站所公布的太阳黑子数预报成果。

（1）2013 年丰满水库丰枯状况预报。网站预报 2013 年的太阳黑子相对数为 65，则 2013 年处于丰水区一。该区域平水及以上出现的概率为 77.8％，因此预报 2013 年为特丰。

（2）2014 年丰满水库丰枯状况预报。网站预报 2014 年的太阳黑子相对数为 79，则 2014 年处于丰水区一。该区域平水及以上出现的概率为 77.8％，因此预报 2014 年为平偏丰水年。

（3）2015 年丰满水库丰枯状况预报。网站预报 2015 年的太阳黑子相对数为 60，则 2015 年处于丰水区一。该区域平水及以上出现的概率为 77.8％，因此预报 2015 年为平偏丰水年。

（4）2016 年丰满水库丰枯状况预报。网站预报 2016 年的太阳黑子相对数为 40，则 2016 年处于处于大变幅区。无法准确预报 2017 年的丰枯状况，需要借助其他手段。

（5）2017 年丰满水库丰枯状况预报。网站预报 2017 年的太阳黑子相对数为 19.6，则 2017 年处于特丰水区，预报 2017 年为特丰水年。

从表 5.1.8 可知，2013—2017 年间，只有 2016 年无法基于太阳黑子数对丰满水库当年的丰枯状况进行预报。而 2013 年、2017 年的结果接近真实值。该方法的预报准确率为 50％，单纯依靠太阳黑子相对数这一单一指标进行预报，预报成果的准确度较低，需要采用新的影响因子对方法进行进一步改进。

表 5.1.8　　　　　　　　　2013—2017 年的预报结果与实际结果比较

预 报 值			实 际 值			预报结果评价
序　号	年　份	丰枯状况	序　号	年　份	丰枯状况	
1	2013	平偏丰	6	2013	特丰	√
2	2014	平偏丰	7	2014	枯	×
3	2015	平偏丰	8	2015	特枯	×
4	2016	无法判断	9	2016	平	
5	2017	特丰	10	2017	偏丰	√

5.2　太阳黑子相位与分期预报技术

5.2.1　太阳黑子对丰满水库来水的影响

研究表明，太阳黑子活动具有奇妙的周期性规律，周期变化平均为 11 年，同时还具有平均为 22 年的磁周期变化。为了研究方便，人们将从 1755 年（谷年）开始的太阳黑子活动周期定义为第 1 周期（简称第 1 周），依次排序，并将序号为单数和双数的活动周分别称为单周和双周。单周和双周对丰满水库来水的影响是不同的。2018 年位于 24 周即将结束，25 周将要开始的相位。

在年太阳黑子相对数每个周期曲线最高处的年份称为太阳黑子活动的峰年（即 M 年）；在曲线最低处的年份称为太阳黑子活动的谷年（即 m 年）。把太阳黑子相对数大于 40 的年份记为 M 相位段，小于等于 40 的年份记为 m 相位段。根据年太阳黑子相对数，将每一个单周、双周再分成谷期、增强期、峰期、衰减期 4 个阶段。

根据太阳黑子相位和分期，建立太阳黑子与丰满流域极端来水的对应关系。

5.2.2　绘图分析

点绘丰满水库年来水与太阳黑子相对数过程线。如图 5.2.1 所示，年来水与太阳黑子相对数成反比关系。

研究表明，太阳黑子相对数与丰满水库来水总体上呈现反比关系：太阳黑子相对数越小来水越大。"以极值报极值"即用太阳黑子的极值预报水库来水的极值。1933 年以来的丰满水库特丰水年有 9 年，依次是 2010 年（$m+2$ 年）、2013 年（$M-1$）、1954 年（m 年）、1986 年（m 年）、1956 年（$M-1$ 年）、1953 年（$m-1$ 年）、1995 年（$m-1$ 年）、1964 年（m 年）和 1960 年（$M+3$ 年）。9 年中出现在谷底附近的有 6 年，出现在峰前 1 年的有 2 年，出现在峰后的有 1 年。同时发现特丰水年相对集中在 3 个相位上：峰前（$M-1$ 年，头顶上）、峰后（$M+3$ 年，右肩膀）和谷底（$m-1$、m、$m+2$

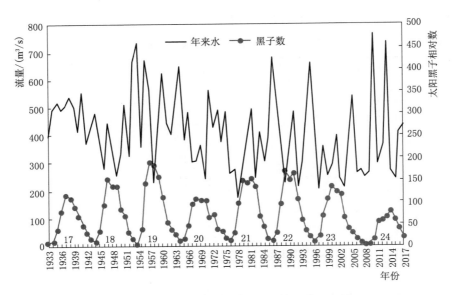

图 5.2.1　丰满年来水与太阳黑子相对数过程线

年，脚下）。

所以，谷底和峰前相位（包含了特丰水年的前 8 位）很关键，当太阳黑子相位到达谷底和峰前的时候，丰满水库的来水就可能出现极大值。可以一句话总结为："丰满大水在谷底及峰前出现。"

另外还要特别注意太阳黑子挂零的情况。月太阳黑子数为零时，更容易出现特丰水年及特大洪水。历史上的 1855 年 9 月、1856 年 5 月和 2009 年 8 月均出现了太阳黑子挂零的现象，对应发生了 1856 年特大洪水和 2010 年特大洪水。可以一句话总结为："太阳黑子挂零，丰满大水横行。"

由于在年初无法确定该年是峰年还是谷年，所以这种方法只能做出高发期（特枯水年、特丰水年出现概率最大的一个时期，一般 1～3 年）的预报。到了极端来水的高发期，当年具体情况还要结合其他指标才能确定。但是由于方法简单直观，结合其他指标，将对极端来水的预报有着重要意义。

5.2.3　列表分析

以 m 谷年作为一个周期的开始年，太阳黑子相对数 $R \leqslant 40$ 记为 m、$40 < R$ 记为 M，谷前一年记为 $m-1$ 年，谷后一年记为 $m+1$ 年。依此类推，得出相位栏，加上年份、黑子数、来水级别、单双周，填上相应信息，得到表 5.2.1，丰满水库年来水与太阳黑子活动周期相位排列表。根据丰满水库来水特点，把年来水分成 7 个级别：特丰水年、丰水年、偏丰水年、平水年、偏枯水年、枯水年和特枯水年，并把特丰水年和特枯水年作为重点预报对象。

根据太阳黑子活动分期，加上表 5.2.1 中的信息、来水 7 级、历史大洪水年份，得到表 5.2.2，丰满水库年来水与太阳黑子活动分期统计表。

表 5.2.1　丰满水库年来水与太阳黑子活动周期相位排列表

周期	相位	m	m+1	m+2	M-3	M-2	M-1	M	M+1	M+2	M+3	M+4	m-3	m-2	m-1
17（单周）	年份	1933	1934	1935			1936	1937	1938	1939	1940	1941		1942	1943
	太阳黑子相对数	5.7	8.7	36.1			79.7	114.4	109.6	88.8	67.8	47.5		30.6	16.3
	来水级别	正常	丰水	丰水			丰水	丰水	丰水	丰水	正常	丰水		正常	正常
18（双周）	年份	1944	1945				1946	1947	1948	1949	1950	1951		1952	1953
	太阳黑子相对数	9.6	33.1				92.5	151.5	136.2	135.1	83.9	69.4		31.4	13.9
	来水级别	偏丰	正常				枯水	偏丰	偏丰	枯水	偏枯	丰水（大）		枯水	特丰（大）
19（单周）	年份	1954	1955				1956	1957	1958	1959	1960	1961		1962	1963
	太阳黑子相对数	4.4	38.0				141.7	189.9	184.6	158.8	112.3	53.9		37.6	27.9
	来水级别	偏丰	偏枯				特丰（大）	偏丰	特枯	枯水	偏枯	正常		正常	偏丰
20（双周）	年份	1964	1965	1966			1967	1968	1969	1970	1971	1972	1973	1974	1975
	太阳黑子相对数	10.2	15.1	46.9			93.7	105.9	105.6	104.7	66.7	68.9	38.2	34.3	15.5
	来水级别	特丰	正常	偏丰			枯水	枯水	偏丰	特枯	丰水	正常	丰水	正常	偏丰
21（单周）	年份	1976	1977		1978	1979	1980	1981	1982	1983				1984	1985
	太阳黑子相对数	12.6	27.9		96.2	146.7	145.9	151.7	133.7	68.0				45.0	15.5
	来水级别	枯水	丰水		特枯	枯水	正常	丰水	特枯	正常				枯水	正常
22（双周）	年份	1986	1987				1988	1989	1990	1991	1992	1993		1994	1995
	太阳黑子相对数	11.7	27.1				96.6	167.9	151.8	162.7	104.6	59.1		35.7	20.7
	来水级别	特丰	丰水				正常	特枯	正常	丰水（大）	特枯	特枯		丰水	特丰（大）
23（单周）	年份	1996	1997	1998			1999	2000	2001	2002	2003	2004	2005	2006	2007
	太阳黑子相对数	8.9	22.3	70.0			108.3	134.0	124.0	118.1	63.4	40.8	29.8	15.2	7.6
	来水级别	正常	特枯	偏枯			枯水	枯水	正常	特枯	特枯	偏枯	丰水	枯水	枯水
24（双周）	年份	2008	2009	2010	2011	2012	2013	2014	2015	2016	2017				2018
	太阳黑子相对数	2.8	3.1	15.1	55.7	57.6	64.7	79.3	60.3	40.0	19.5				
	来水级别	枯水	枯水	特丰（大）	枯水	偏枯	特丰	枯水	特枯	正常	偏丰				

表 5.2.2　　　　　　　　　丰满水库年来水与太阳黑子活动分期统计表

	谷　期	增强期	峰　期	衰减期
来水级别	1933—1934	1935—1936	1937—1938	1939—1942
	1943—1944	1945—1946	1947—1949	1950—1952
	1953—1954	1955	1956—1960	1961—1962
	1963—1965	1966—1967	1968—1970	1971—1974
	1975—1977	1978	1979—1982	1983—1984
	1985—1987	1988	1989—1992	1993—1994
	1995—1997	1998	1999—2002	2003—2004
	2005—2010	2011—2012	2013—2014	2015—2016
	2017 至今			
历史大洪水年	2010 双 $m+2$		1957 单 M	1951 双 $M+4$
	1995 双 $m-1$		1960 单 $M+3$	1909 双 $M+4$
	1953 双 $m-1$		1991 双 $M+2$	
	1856 双 m			
	1923 双 m			
特丰水年	2010 双 $m+2$		2013 双 $M-1$	
	1954 单 m		1956 单 $M-1$	
	1986 双 m		1960 单 $M+3$	
	1953 双 $m-1$			
	1995 双 $m-1$			
	1964 双 m			
丰水年	1987	1935	1957	1971
	2005	1936	1938	1941
	1934		1937	1951
			1981	1994
			1991	1939
				1973
偏丰水年	1944	1966	1947	
	1975			
	1963			
	2017			
平水年	1943	1945	1980	1961
	1996		1959	1972
	1985		2001	1983
	1933	1988	1990	1940

续表

	谷 期	增强期	峰 期	衰减期
平水年	1965			2016
				1962
				1974
				1942
偏枯水年		2012	1969	2004
		1998	1948	1950
		1955		
枯水年	2007	1967	1968	1952
	1977	2011	1979	1993
	2006	1946	2000	1984
	2009		2014	
	1976		1949	
	2008		1999	
特枯水年	1997 单 $m+1$	1978 单 $M-1$	2002 单 $M+2$	2015 双 $M+3$
			1982 单 $M+3$	2003 单 $M+3$
			1970 双 $M+2$	
			1989 双 M	
			1958 单 $M+1$	
			1992 双 $M+3$	
备注	表中年份后的单、双表示单周、双周，m 为相位；每列按由大到小顺序排列			

综合分析图 5.2.1、表 5.2.1、表 5.2.2，得出以下规律。

(1)"双湿单干"规律。即双周湿润、单周干旱。双周和单周又称为湿周和干周。受太阳黑子的调制作用，丰满水库来水在单周、双周有着不同的规律。双周特丰水年明显集中，出现频率远大于单周。丰满 9 个特丰水年中，双周有 6 个，占 2/3；单周有 3 个，占 1/3。20 周（1976 年）以后，"双湿单干"规律更加明显。

(2)"峰谷集中、双谷集中"规律。丰满 9 个特丰水年均出现在峰期和谷期，峰期占 1/3；谷期占 2/3；同时又集中发生在双周谷期，占 5/9。

(3)"连续丰水年、连续枯水年、丰枯交替"规律。年来水异常、偏常变化并不是均匀出现，在某些年份，出现连续丰水年，而另一些年份，极少或没有丰水年。这与太阳黑子活动强弱变化的特点有着密切的关系。双周易出现连续丰水年，单周易出现连续枯水年。

(4)"十年周期"规律。即丰满水库来水具有平均十年的周期规律（图 5.2.2）。这一周期与太阳黑子活动 11 年周期比较接近，与太阳黑子活动有关。

十年周期中，丰满水库来水的总趋势是：谷期丰水段 3～4 年；增强期枯水段 3～4

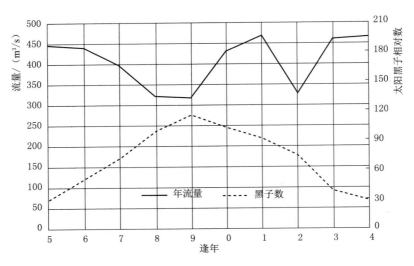

图 5.2.2　丰满水库来水十年周期过程线

年；峰期平水段 1～2 年；衰减期枯水段 1～2 年。归纳起来是"三峰三谷走十年"，即逢 0、3、6 附近的年份为丰水年，逢 2、8 为枯水年，逢 4、5 为变动枯水年。

"逢 0、3、6 附近为丰水年"，这是丰水年的高发期。

"逢 8 必枯、一枯 3 年"，1933 年以来，逢 8 的年份除 1938 年以外均为枯水年，同时逢 7、9 的年份也以枯水年居多。

"逢 2 多枯"，逢 2 的年份以枯水年居多。

"逢 4、5 为变动枯水年"，逢 4、5 的年份丰枯不确定，丰枯交替出现。

"逢 1 的年份多出现连续洪水"，逢 1 的年份雨季来水集中，多出现连续洪水，这一规律比较明显。

（5）特枯水年单周出现的概率为 3/5，双周出现的概率为 2/5。同时集中在峰期，占 3/5。

（6）历史大洪水。丰满水库前 10 位大洪水依次为：2010 年（双周、$m+2$）、1995 年（双周、$m-1$）、1953 年（双周、$m-1$）、1957 年（单周、M）、1856 年（双周、m）、1960 年（单周、$M+3$）、1909 年（双周、$M+4$）、1991 年（双周、$M+2$）、1951 年（双周、$M+4$）和 1923 年（双周、m）。其中双周谷期占 5 年（2010 年、1995 年、1953 年、1856 年和 1923 年）；单周峰期 2 年（1957 年、1960 年）；双周峰期 1 年（1991 年）；双周衰减期 2 年（1951 年，1909 年）。

前 10 位大洪水中，双周占 8 位（包含了前 3 位特大洪水），单周只占 2 位。"双湿单干"规律对于大洪水同样适用。可以一句话总结为："丰满大洪水集中在双周和单周峰期，双周谷期是特大洪水的高发期"。

太阳活动是大旱大涝出现的最重要背景因素，但其影响机制十分复杂。由于在同一相位上，丰水年、平水年、枯水年均可出现，所以太阳黑子活动可以作为背景及趋势预报的指标。太阳黑子活动也在对 2010 年、2013 年特丰水年，2017 年偏丰水年以及

2015 年特枯水年的预报过程中，发挥了重要作用。

2008 年太阳黑子活动进入到 24 周双周谷期，是特丰水年高发期。在 2008 年、2009 年连续两个枯水年之后，2010 年发生特丰水年、大洪水的概率明显增大；2013 年进入峰期（严格来说 24 周没有峰期，R 值均在 100 以下，但是从黑子相位排列和发展过程来看，2013 年已经进入峰期），又是特丰水年高发期；2017 年又进入 24 周双周谷期，从"双湿单干"规律来看，发生丰水年的概率较高；2015 年进入衰减期，发生平水年及以下来水的概率增大。

5.2.4　掌握预报因子、预报要素规律的重要意义

预报因子的正确选择，是做好极端来水超长期预报的关键。对预报因子、预报要素运动规律的掌握，是做好极端来水超长期预报的重要因素。

预报因子、预报要素资料系列的完整、连续、准确是做好极端来水预报的基础。掌握太阳黑子与丰满水库来水的关系，是做好丰满水库极端来水预报的重要方法。

预报的本质是预报要素出现预报结果的可能性最大。不排除出现其他概率较小的预报结果。

5.3　太阳运动预报技术

5.3.1　基本原理

太阳是大气环流能量的源泉，是地球上某一地区或某河流水文站旱涝变化的决定因素之一。我国预报宗师翁文波院士曾讲过："每一种学科都可以对自然灾害研究，但单一学科都有局限性，而对灾害研究，月亮和太阳是最佳状态可以例外"。[108]

地球自转绕太阳运行，地轴与地球运动轨道面呈 60 多度角，即地球的赤道面与其运行轨道椭圆面有 20 多度的角。太阳光直射在地球的地方不再总是处在赤道上，而是不断地在南北纬 20 多度之间变化。太阳光直射在南回归线时就是我国的冬至时节了。此时地球运行到了它轨道的近日点上，距太阳最近，但最冷，冬至时节太阳光更"斜"地（小角度）照射着北半球，更"直"地（大角度）照射着南半球，才使得北半球比南半球冷。过了冬至，地球经过其轨道近日点后，节气"小寒"就到来了。再经过 12 个 15°的变化，经历 12 个节气，就到了"夏至"（15°×12＝180°），地球将运行到其轨道的远日点。

地球绕太阳运动的 2 个极端状态是近日点和远日点。我们选取这两个点的发生时间作为研究对象。在节气配合上，从小暑、大暑、处暑、小寒、大寒等反映气温变化的节气中，选择小寒阴历时间（近日点附近）代表近日点发生时间、小暑阴历时间（远日点附近）代表远日点发生时间。

近日点、远日点反映了引潮力的影响。作用于地球大气海洋，体现为温度大气异常，导致大气环流系统突变，水汽来源对流加强，致使旱、涝极端事件发生。大气环流系统的副高脊线、副高强度和副高面积指数的加大和缩小，使得水汽来源充足，对流加强，产生巨大旱灾和涝灾等异常现象。

5.3.2　近日点预报法——小寒阴历时间

5.3.2.1　基本原理

将小寒阴历时间与丰满水库年来水、汛期各月来水建立关系，点绘"小寒阴历时间与丰满水库年平均来水散点图"，见图 5.3.1。

对图 5.3.1 进一步分析，根据小寒阴历时间，将丰满水库年来水划分为枯水区、特丰水区、特枯水区、大变幅区、平水区 5 个来水区，其中枯水区、特丰水区、特枯水区、平水区 4 区具有明确的来水定性功能，可对水库来水定性预报。大变幅区来水变动幅度大，处于该区域时，特丰、特枯、丰水、枯水变化极端，平水少，因此需要通过其他方式判定。

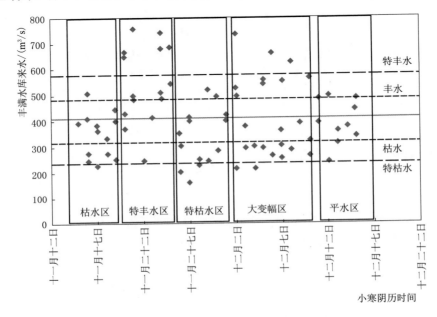

图 5.3.1　小寒阴历时间与丰满水库年平均来水散点图

1. 枯水区研究分析

枯水区小寒阴历时间段：阴历十一月十五日到十一月十九日，见表 5.3.1。处于该区域 12 年，小于水库多年平均来水的有 9 年，等于多年平均来水的有 1 年，大于多年平均来水的有 2 年，其中特枯 1 年、枯水 3 年、偏枯 2 年、平水 5 年、丰水 1 年。

表 5.3.1　　　　　　　　小寒阴历时间与丰满水库年平均来水枯水区统计表

年份	小寒阴历	6 月来水量 /(m³/s)	7 月来水量 /(m³/s)	8 月来水量 /(m³/s)	9 月来水量 /(m³/s)	年平均来水量 /(m³/s)	与多年平均 百分比/%	定性
1985	十一月十五日	251	969	1945	245	394	96.3	平水
1939	十一月十六日	933	689	354	2240	505	123.5	丰水
1977	十一月十六日	590	871	358	94	277	67.7	枯水
1996	十一月十六日	298	1318	1639	185	411	100.5	平水

续表

年份	小寒阴历	6月来水量/(m³/s)	7月来水量/(m³/s)	8月来水量/(m³/s)	9月来水量/(m³/s)	年平均来水量/(m³/s)	与多年平均百分比/%	定性
2015	十一月十六日							
1958	十一月十七日	444	290	195	164	225	55.0	特枯
1969	十一月十七日	978	845	738	315	365	89.2	偏枯
1988	十一月十七日	514	715	539	497	382	93.4	平水
1950	十一月十八日	378	1162	200	109	331	80.9	偏枯
2007	十一月十八日	175	294	465	154	274	67.0	枯水
1961	十一月十九日	324	1178	1139	899	444	108.6	平水
1980	十一月十九日	599	1063	457	239	403	98.5	平水
1999	十一月十九日	652	207	218	150	250	61.1	枯水
2018	十一月十九日							

2. 特丰水区研究分析

特丰水区小寒阴历时间段：阴历十一月二十日到十一月二十五日，见表5.3.2。处于该区域16年，大于水库多年平均来水的有14年，小于水库多年平均来水的有2年；其中特丰5年、丰水5年、偏丰1年、平水3年、偏枯1年、特枯1年。在80年资料里，总计8个特丰水，特丰水出现概率为10%；本区占了5个，特丰水出现概率为31%，是正常出现概率的3倍。在80年资料里，16个丰水、8个特丰，丰水以上出现概率为30%；本区占了11个，丰水以上出现概率为69%，是正常出现概率的2.2倍。

表5.3.2　　　　　　　小寒阴历时间与丰满水库年平均来水特丰水区统计表

年份	小寒阴历	6月来水量/(m³/s)	7月来水量/(m³/s)	8月来水量/(m³/s)	9月来水量/(m³/s)	年平均来水量/(m³/s)	与多年平均百分比/%	定性
1942	十一月二十日	179	1080	1290	334	370	90.5	偏枯
1953	十一月二十日	1469	1971	2662	271	665	162.6	特丰
1972	十一月二十日	293	513	1579	333	428	104.6	平水
1934	十一月二十一日	690	2500	800	461	494	120.8	丰水
1991	十一月二十一日	217	2050	1042	120	488	119.3	偏丰
2010	十一月二十一日	463	1794	2825	805	757	185.1	特丰
1964	十一月二十二日	551	939	3214	732	649	158.7	特丰
2002	十一月二十二日	333	333	579	111	245	59.9	特枯
1945	十一月二十三日	982	815	898	480	413	101.0	平水
1983	十一月二十三日	782	1902	1023	178	416	101.7	平水
1937	十一月二十四日	477	371	2240	346	505	123.5	丰水
1956	十一月二十四日	1662	2605	1104	815	676	165.3	特丰

续表

年份	小寒阴历	6月来水量/(m³/s)	7月来水量/(m³/s)	8月来水量/(m³/s)	9月来水量/(m³/s)	年平均来水量/(m³/s)	与多年平均百分比/%	定性
1975	十一月二十四日	579	1948	1576	364	484	118.3	偏丰
1994	十一月二十四日	404	1738	1385	284	507	124.0	丰水
2013	十一月二十四日							
1986	十一月二十五日	666	1632	2007	1342	683	167.0	特丰
2005	十一月二十五日	568	1698	1428	269	544	133.0	丰水

3. 特枯水区研究分析

特枯水区小寒阴历时间段：阴历十一月二十六日到十一月三十日，见表5.3.3。处于该区域12年，小于水库多年平均来水的有9年，等于多年平均来水的有2年，大于水库多年平均来水的有1年；其中特枯4年、枯水3年、偏枯1年、平水2年、丰水1年、特丰1年。在80年资料里，总计9个特枯水，特枯水出现概率为11.25%；本区占了4个，特枯水出现概率为33.3%，是正常出现概率的2.96倍。在80年资料里，18个枯水、9个特枯，枯水以下出现概率为26.25%；本区占了7个，枯水以下出现概率为58.3%，是正常出现概率的2.22倍。

表 5.3.3　　　　小寒阴历时间与丰满水库年平均来水特枯水区统计表

年份	小寒阴历	6月来水量/(m³/s)	7月来水量/(m³/s)	8月来水量/(m³/s)	9月来水量/(m³/s)	年平均来水量/(m³/s)	与多年平均百分比/%	定性
1948	十一月二十六日	825	489	185	171	353	86.3	偏枯
1967	十一月二十六日	520	877	579	124	306	74.8	枯水
1997	十一月二十六日	736	127	213	196	204	49.9	特枯
1940	十一月二十七日	1210	849	1070	460	410	100.2	平水
1959	十一月二十七日	304	1013	765	858	400	97.8	平水
1978	十一月二十七日	259	140	379	127	164	40.1	特枯
2016	十一月二十七日							
1989	十一月二十八日	306	999	241	202	231	56.5	特枯
2008	十一月二十八日	260	525	537	180	251	61.4	枯水
1951	十一月二十九日	746	622	2748	461	514	125.7	丰水
1970	十一月二十九日	169	395	547	175	242	59.2	特枯
1981	十一月三十日	1220	1375	670	314	493	120.5	丰水
2000	十一月三十日	346	391	484	554	283	69.2	枯水
2019	十一月三十日							

4. 大变幅区研究分析

大变幅区小寒阴历时间段：阴历十二月一日到十二月十日。处于该区域 27 年，3 年特丰、7 年丰水、4 年平水、1 年偏枯、10 年枯水、2 年特枯，变幅大，不易用来定性预报。

5. 平水区研究分析

平水区小寒阴历时间段：阴历十二月十一日到十二月十五日，见表 5.3.4。处于该区域 13 年，来水在 −20%～20% 之间，少极端年份；其中平水 4 年、偏丰 3 年、偏枯 2 年、1 年丰水、2 年枯水、1 年特枯，13 年平均来水量为 398m³/s，与多年平均值 409 m³/s 基本一致。

表 5.3.4　　　　小寒阴历时间与丰满水库年平均来水平水区统计表

年份	小寒阴历	6月来水量 /(m³/s)	7月来水量 /(m³/s)	8月来水量 /(m³/s)	9月来水量 /(m³/s)	年平均来水量 /(m³/s)	与多年平均 百分比/%	定性
1933	十二月十一日	388	1260	961	316	393	96.1	平水
1944	十二月十一日	859	1898	613	546	484	118.3	偏丰
1963	十二月十一日	195	1925	955	1002	479	117.1	偏丰
2001	十二月十一日	256	838	1382	119	397	97.1	平水
1936	十二月十二日	1140	450	1070	830	492	120.3	丰水
1982	十二月十二日	463	222	746	371	244	59.7	特枯
2020	十二月十二日							
1955	十二月十三日	514	1355	246	178	360	88.0	偏枯
1993	十二月十三日	771	453	660	217	311	76.0	枯水
2012	十二月十三日	650	878	695	362	363	88.8	偏枯
1974	十二月十四日	1129	559	671	529	378	92.4	平水
1947	十二月十五日	336	1658	1080	628	447	109.3	平水
1966	十二月十五日	421	877	1556	463	486	118.8	偏丰
2004	十二月十五日	277	1204	629	120	341	83.4	枯水

5.3.2.2　预报实例

基于上述小寒阴历时间所在年份的丰枯统计表，对 2013—2017 年的丰枯状况进行预报。

1. 2013 年丰枯状况预报

查"小寒阴历时间与丰满水库年平均来水散点图"，2013 年小寒阴历为十一月二十四日，处于特丰水区，已发生特丰水 5 年，丰水 4 年，2 年偏丰，3 年平水，1 年偏枯，1 年特枯。2013 年相似年为 1956 年、1994 年、1937 年、1975 年，见表 5.3.5，定性预报为丰水，年平均流量为 543m³/s。

表 5.3.5　　　　小寒阴历时间与丰满水库年平均来水特丰水区统计表

序号	年份	小寒阴历	6 月来水量 /(m³/s)	7 月来水量 /(m³/s)	8 月来水量 /(m³/s)	9 月来水量 /(m³/s)	年平均来水量 /(m³/s)	与多年平均 百分比/%	定性
1	2010	十一月二十一日	463	1794	2825	805	757	185.1	特丰
2	1986	十一月二十五日	666	1632	2007	1342	683	167.0	特丰
3	1956	十一月二十四日	1662	2605	1104	815	676	165.3	特丰
4	1953	十一月二十日	1469	1971	2662	271	665	162.6	特丰
5	1964	十一月二十二日	551	939	3214	732	649	158.7	特丰
6	2005	十一月二十五日	568	1698	1428	269	544	133.0	丰水
7	1994	十一月二十四日	404	1738	1385	284	507	124.0	丰水
8	1937	十一月二十四日	477	371	2240	346	505	123.5	丰水
9	1934	十一月二十一日	690	2500	800	461	494	120.8	丰水
10	1991	十一月二十一日	217	2050	1042	120	488	119.3	偏丰
11	1975	十一月二十四日	579	1948	1576	364	484	118.3	偏丰
12	1972	十一月二十日	293	513	1579	333	428	104.6	平水
13	1983	十一月二十三日	782	1902	1023	178	416	101.7	平水
14	1945	十一月二十三日	982	815	898	480	413	101.0	平水
15	1942	十一月二十日	179	1080	1290	334	370	90.5	偏枯
16	2002	十一月二十二日	333	333	579	111	245	59.9	特枯
17	2013	十一月二十四日							

2. 2014 年丰枯状况预报

查 "小寒阴历时间与丰满水库年平均来水散点图"，2014 年小寒阴历为十二月五日，处于大变幅区，见表 5.3.6，无法判断。

表 5.3.6　　　　小寒阴历时间与丰满水库年平均来水大变幅区统计表

序号	年份	小寒阴历	6 月来水量 /(m³/s)	7 月来水量 /(m³/s)	8 月来水量 /(m³/s)	9 月来水量 /(m³/s)	年平均来水量 /(m³/s)	与多年平均 百分比/%	定性
1	1935	十二月二日	770	1900	1340	354	522	127.6	丰水
2	1938	十二月五日	604	1370	1160	1030	539	131.8	丰水
3	1941	十二月九日	1030	589	915	443	555	135.7	丰水
4	1943	十二月一日	527	254	1019	867	421	102.9	平水
5	1946	十二月四日	186	359	552	194	281	68.7	枯水
6	1949	十二月七日	243	328	223	154	254	62.1	枯水
7	1952	十二月十日	512	507	574	312	324	79.2	枯水
8	1954	十二月二日	1350	1096	2548	1548	733	179.2	特丰
9	1957	十二月五日	389	532	2681	521	558	136.4	丰水

续表

序号	年份	小寒阴历	6月来水量/(m³/s)	7月来水量/(m³/s)	8月来水量/(m³/s)	9月来水量/(m³/s)	年平均来水量/(m³/s)	与多年平均百分比/%	定性
10	1960	十二月八日	1241	859	2869	668	629	153.8	特丰
11	1962	十二月一日	169	525	1029	942	402	98.3	平水
12	1965	十二月三日	183	209	1419	597	378	92.4	平水
13	1968	十二月七日	692	673	483	460	305	74.6	枯水
14	1971	十二月十日	1005	1794	1499	835	565	138.1	丰水
15	1973	十二月二日	788	666	1395	506	495	121.0	丰水
16	1976	十二月六日	256	193	413	248	259	63.3	枯水
17	1979	十二月八日	234	950	741	169	287	70.2	枯水
18	1984	十二月四日	467	776	523	133	303	74.1	枯水
19	1987	十二月七日	343	1093	1670	700	552	135.0	丰水
20	1990	十二月九日	806	1053	698	272	392	95.8	平水
21	1992	十二月二日	552	363	263	198	216	52.8	特枯
22	1995	十二月六日	697	1866	2888	366	664	162.3	特丰
23	1998	十二月七日	225	764	1382	367	361	88.3	偏枯
24	2003	十二月四日	227	527	371	102	212	51.8	特枯
25	2006	十二月六日	789	406	650	181	264	64.5	枯水
26	2009	十二月十日	421	659	294	137	263	64.3	枯水
27	2011	十二月三日	907	291	195	137	299	73.1	枯水
28	2014	十二月五日							

3. 2015年丰枯状况预报

由小寒阴历时间与丰满水库年平均来水散点图可知，枯水区小寒阴历时间段：阴历十一月十五日到十一月十九日。处于该区域12年，小于水库多年平均来水的9年，大于3年，其中特枯1年、枯水3年、偏枯2年、平水5年、丰水1年。平水及以下出现的概率为91.7%，枯水出现的概率为33.3%。见表5.3.7，小寒阴历时间与丰满水库年平均来水枯水区统计表。

表 5.3.7　　　　　　　小寒阴历时间与丰满水库年平均来水枯水区统计表

序号	年份	小寒阴历	6月来水量/(m³/s)	7月来水量/(m³/s)	8月来水量/(m³/s)	9月来水量/(m³/s)	年平均来水量/(m³/s)	与多年平均百分比/%	定性
1	1939	十一月十六日	933	689	354	2240	505	123.5	丰水
2	1961	十一月十九日	324	1178	1139	899	444	108.6	平水
3	1996	十一月十六日	298	1318	1639	185	411	100.5	平水
4	1980	十一月十九日	599	1063	457	239	403	98.5	平水
5	1985	十一月十五日	251	969	1945	245	394	96.3	平水
6	1988	十一月十七日	514	715	539	497	382	93.4	平水

序号	年份	小寒阴历	6月来水量 /(m³/s)	7月来水量 /(m³/s)	8月来水量 /(m³/s)	9月来水量 /(m³/s)	年平均来水量 /(m³/s)	与多年平均 百分比/%	定性
7	1969	十一月十七日	978	845	738	315	365	89.2	偏枯
8	1950	十一月十八日	378	1162	200	109	331	80.9	偏枯
9	1977	十一月十六日	590	871	358	94	277	67.7	枯水
10	2007	十一月十八日	175	294	465	154	274	67.0	枯水
11	1999	十一月十九日	652	207	218	150	250	61.1	枯水
12	1958	十一月十七日	444	290	195	164	225	55.0	特枯
13	2015	十一月十六日							

查"小寒阴历时间与丰满水库年平均来水散点图",2015年处于枯水区。其中 2015年小寒阴历为十一月十六日,但处于枯水区,预报定性偏枯,来水均值为 355.1m³/s。

4. 2016 年丰枯状况预报

由小寒阴历时间与丰满水库年平均来水散点图可知,特枯水区小寒阴历时间段:阴历十一月二十六日到十一月三十日。处于该区域12年,小于水库多年平均来水的8年,等于多年平均来水2年,大于水库多年平均来水的2年;其中特枯4年、枯水3年、偏枯1年、平水2年、丰水2年。

平水及以下出现的概率为83.3%;特枯水出现概率为33.3%,是正常出现概率的 2.96倍。枯水以下出现概率为58.3%,是正常出现概率的2.22倍。见表5.3.8,小寒阴历时间与丰满水库年平均来水特枯水区统计表。

表 5.3.8　　　　小寒阴历时间与丰满水库年平均来水特枯水区统计表

序号	年份	小寒阴历	6月来水量 /(m³/s)	7月来水量 /(m³/s)	8月来水量 /(m³/s)	9月来水量 /(m³/s)	年平均来水量 /(m³/s)	与多年平均 百分比/%	定性
1	1951	十一月二十九日	746	622	2748	461	514	125.7	丰水
2	1981	十一月三十日	1220	1375	670	314	493	120.5	丰水
3	1940	十一月二十七日	1210	849	1070	460	410	100.2	平水
4	1959	十一月二十七日	304	1013	765	858	400	97.8	平水
5	1948	十一月二十六日	825	489	185	171	353	86.3	偏枯
6	1967	十一月二十六日	520	877	579	124	306	74.8	枯水
7	2000	十一月三十日	346	391	484	554	283	69.2	枯水
8	2008	十一月二十八日	260	525	537	180	251	61.4	枯水
9	1970	十一月二十九日	169	395	547	175	242	59.2	特枯
10	1989	十一月二十八日	306	999	241	202	231	56.5	特枯
11	1997	十一月二十六日	736	127	213	196	204	49.9	特枯
12	1978	十一月二十七日	259	140	379	127	164	40.1	特枯
13	2016	十一月二十七日							

查"小寒阴历时间与丰满水库年平均来水散点图",2016 年处于特枯水区。预报定性枯水,相似年 1940 年、1959 年、1978 年,来水均值为 324m³/s。

5. 2017 年丰枯状况预报

小寒阴历时间与丰满水库年平均来水大变幅区统计表见表 5.3.9。

表 5.3.9 小寒阴历时间与丰满水库年平均来水大变幅区统计表

序号	年份	小寒阴历	6月来水量 /(m³/s)	7月来水量 /(m³/s)	8月来水量 /(m³/s)	9月来水量 /(m³/s)	年平均来水量 /(m³/s)	与多年平均 百分比/%	定性
1	1935	十二月二日	770	1900	1340	354	522	127.6	丰水
2	1938	十二月五日	604	1370	1160	1030	539	131.8	丰水
3	1941	十二月九日	1030	589	915	443	555	135.7	丰水
4	1943	十二月一日	527	254	1019	867	421	102.9	平水
5	1946	十二月四日	186	359	552	194	281	68.7	枯水
6	1949	十二月七日	243	328	223	154	254	62.1	枯水
7	1952	十二月十日	512	507	574	312	324	79.2	枯水
8	1954	十二月二日	1350	1096	2548	1548	733	179.2	特丰
9	1957	十二月五日	389	532	2681	521	558	136.4	丰水
10	1960	十二月八日	1241	859	2869	668	629	153.8	特丰
11	1962	十二月一日	169	525	1029	942	402	98.3	平水
12	1965	十二月三日	183	209	1419	597	378	92.4	平水
13	1968	十二月七日	692	673	483	460	305	74.6	枯水
14	1971	十二月十日	1005	1794	1499	835	565	138.1	丰水
15	1973	十二月二日	788	666	1395	506	495	121.0	丰水
16	1976	十二月六日	256	193	413	248	259	63.3	枯水
17	1979	十二月八日	234	950	741	169	287	70.2	枯水
18	1984	十二月四日	467	776	523	133	303	74.1	枯水
19	1987	十二月七日	343	1093	1670	700	552	135.0	丰水
20	1990	十二月九日	806	1053	698	272	392	95.8	平水
21	1992	十二月二日	552	363	263	198	216	52.8	特枯
22	1995	十二月六日	697	1866	2888	366	664	162.3	特丰
23	1998	十二月七日	225	764	1382	367	361	88.3	偏枯
24	2003	十二月四日	227	527	371	102	212	51.8	特枯
25	2006	十二月六日	789	406	650	181	264	64.5	枯水
26	2009	十二月十日	421	659	294	137	263	64.3	枯水
27	2011	十二月三日	907	291	195	137	299	73.1	枯水
28	2017	十二月八日							

2017 年小寒阴历时间是十二月八日，由小寒阴历时间与丰满水库年平均来水散点图可知，2017 年处于大变幅区，小寒阴历时间段：阴历十二月二日到十二月十日，无法判断。

6. 预报结果评价

基于小寒阴历时间与丰满水库年来水、汛期各月来水建立关系，点绘"小寒阴历时间与丰满水库年平均来水散点图"。基于来水量的大小将其分为特枯水区、枯水区、平水区、特丰水区、大变幅区。基于已有的统计分布关系，对待预报年的丰枯情况进行预报，可得预报的准确率为 66.7%，预报结果与实际结果对比统计见表 5.3.10。说明该方法能够有效预报出当年的丰枯状况，具有较好的应用价值。

表 5.3.10　　　　　　　　2013—2017 年的预报结果与实际结果比较

预　报　值			实　际　值			预报结果评价
序　号	年　份	丰枯状况	序　号	年　份	丰枯状况	
1	2013	丰	6	2013	特丰	√
2	2014	无法判断	7	2014	枯水	—
3	2015	偏枯	8	2015	特枯	√
4	2016	枯水	9	2016	平水	×
5	2017	无法判断	10	2017	偏丰	—

5.3.3　近日点、远日点综合预报技术

5.3.3.1　基本原理

以小寒阴历时间、小暑阴历时间与丰满水库年来水特丰水、丰水年建立关系，点绘"近日点、远日点-丰满水库特丰、丰水年来水点聚图"，见图 5.3.2。

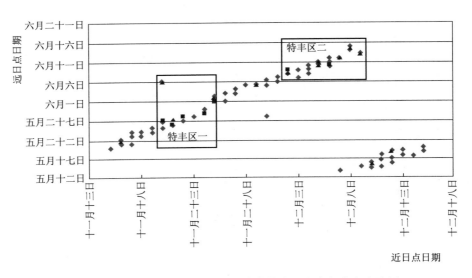

图 5.3.2　近日点、远日点-丰满水库特丰、丰水年来水点聚图

从图 5.3.2 中可以清晰地看到丰满水库特丰水年在近日点时间、远日点时间上呈现明确的时间分布。

特丰水区一：小寒阴历时间十一月二十日至十一月二十五日，小暑阴历时间五月二十七日至六月一日；该区域 12 年，4 个特丰、4 个丰水、3 个平水，1 个特枯，具体统计年份见表 5.3.11。

表 5.3.11　　　　　　　　　　"特丰水区一"点统计表

年　份	近日点阴历时间	远日点阴历时间	丰满与多年平均百分比/%	丰满定性
1953	十一月二十日	五月二十七日	162.6	特丰
1972	十一月二十日	五月二十七日	104.6	平水
1934	十一月二十一日	五月二十七日	120.8	丰水
2002	十一月二十二日	五月二十七日	158.7	特枯
1964	十一月二十二日	五月二十八日	59.9	特丰
1945	十一月二十三日	五月二十八日	101.0	平水
1983	十一月二十三日	五月二十八日	101.7	平水
1937	十一月二十四日	五月二十九日	123.5	丰水
1956	十一月二十四日	五月二十九日	165.3	特丰
1975	十一月二十四日	五月二十九日	118.3	丰水
1994	十一月二十四日	五月二十九日	124.0	丰水
1986	十一月二十五日	六月一日	167.0	特丰

特丰水区二：小寒阴历时间十二月二日至十二月九日，小暑阴历时间六月九日至六月十四日；该区域 15 年，3 个特丰、4 个丰水、1 个平水、6 个枯水、1 个偏枯，具体统计结果见表 5.3.12。

表 5.3.12　　　　　　　　　　"特丰水区二"点统计表

年　份	近日点阴历时间	远日点阴历时间	丰满与多年平均百分比/%	丰满定性
1954	十二月二日	六月九日	179.2	特丰
1965	十二月三日	六月九日	92.4	平水
1984	十二月四日	六月九日	74.1	枯水
1946	十二月四日	六月十日	68.7	枯水
1957	十二月五日	六月十日	136.4	丰水
1938	十二月五日	六月十一日	131.8	丰水
1995	十二月六日	六月十日	162.3	特丰
1976	十二月六日	六月十一日	63.3	枯水

续表

年　份	近日点阴历时间	远日点阴历时间	丰满与多年平均百分比/%	丰满定性
2006	十二月六日	六月十二日	64.5	枯水
1998	十二月七日	五月十四日	88.3	偏枯
1949	十二月七日	六月十二日	62.1	枯水
1968	十二月七日	六月十二日	74.6	枯水
1987	十二月七日	六月十二日	135	丰水
1960	十二月八日	六月十四日	153.8	特丰
1941	十二月九日	六月十三日	135.7	丰水

5.3.3.2　预报实例

将 2013—2017 年小寒阴历时间、小暑阴历时间点绘在"近日点-远日点-丰满水库特丰、丰水年来水点聚图"上，得出：2013 年、2014 年、2017 年处于丰水、特丰水区。

（1）2013 年，小寒阴历时间十一月二十四日，小暑阴历时间五月三十日，处于特丰水区一，见表 5.3.13。

（2）2014 年，小寒阴历时间十二月五日，小暑阴历时间六月十一日，处于特丰水区二，见表 5.3.14。

（3）2017 年，小寒阴历时间十二月八日，小暑阴历时间六月十四日，处于特丰水区二，见表 5.3.15。

表 5.3.13　　　　　　　　　　　2013 年特丰水、丰水年预报

年　份	近日点阴历时间	远日点阴历时间	丰满与多年平均百分比/%	丰满定性
1937	十一月二十四日	五月二十九日	123.5	丰水
1956	十一月二十四日	五月二十九日	165.3	特丰
1975	十一月二十四日	五月二十九日	118.3	丰水
1994	十一月二十四日	五月二十九日	124	丰水
2013	十一月二十四日	五月三十日		

表 5.3.14　　　　　　　　　　　2014 年特丰水、丰水年预报

年　份	近日点阴历时间	远日点阴历时间	丰满与多年平均百分比/%	丰满定性
1957	十二月五日	六月十日	136.4	丰水
1938	十二月五日	六月十一日	131.8	丰水
2014	十二月五日	六月十一日		

表 5.3.15　　　　　　　　　**2017 年特丰水、丰水年预报**

年　份	近日点阴历时间	远日点阴历时间	丰满与多年平均百分比/%	丰满定性
1960	十二月八日	六月十四日	153.8	特丰
2017	十二月八日	六月十四日		

5.3.3.3　预报评价

基于上述方法，将预报结果统计值列于表 5.3.16，对预报结果进行评价。

表 5.3.16　　　　　　**2013—2017 年的预报结果与实际结果比较**

预　报　值			实　际　值			预报结果评价
序　号	年　份	丰枯状况	序　号	年　份	丰枯状况	
1	2013	特丰	6	2013	特丰	√
2	2014	丰	7	2014	枯	×
3	2015	—	8	2015	特枯	—
4	2016	—	9	2016	平	—
5	2017	特丰	10	2017	偏丰	√

基于小寒阴历时间、小暑阴历时间与丰满水库年来水特丰水、丰水年建立关系，点绘"近日点-远日点-丰满水库特丰、丰水年来水点聚图"。对 2013—2017 年的丰水年和特丰水年进行预报，基于已有的统计分布关系，可得预报的准确率为 66.7%。说明该方法能够预报松花江丰满流域的丰枯状况。成功预报出了 2013 年的特丰水年，2017 年大洪水年。

5.4　月球赤纬角运行轨迹、相位、角度综合分析预报技术

5.4.1　基本原理

月球视运动轨道（白道）面与地球（天球）赤道面之间的夹角称为月亮赤纬角（亦称白赤交角）。这个角度是不断变化的，最小为 18.50°，最大为 28.50°，运动周期为 18.6 年。这个周期与日月食的沙罗周期（18 年 11 天 8 小时）接近。另外，潮汐周期中一个重要的周期也是 18.6 年。数据显示，月球赤纬角最大时产生的地壳容积变化是最小时的 2.3 倍。因此，月球运动引起的潮汐周期变化及地壳形变不仅是地震的重要成因，也是强降水（或干旱）的主要成因。

另据天文资料可知：1918 年是日月同纬之年（日月同纬的含义是月球赤纬角等于23.5°，其直下点在北纬 23.5°，因太阳每年直下点也可达北纬 23.5°，所以称此年为日月同纬年），北回归线附近的地壳受到日月引力叠加的影响，可引起北回归线附近处于

不稳定状态的地壳产生比以前更剧烈的变动，从而使地下放出携热水汽和二氧化碳等气体，使大气底层热量增加而形成低压，有利于台风登陆，并会使台风加强，从而形成巨大风暴及严重水灾。这种日月同纬现象在 1954—2000 年之间有 6 次，详见月球赤纬角变化年表 5.4.1。

表 5.4.1　　　　　　　　　　　　　　　月球赤纬角年最大值表

年　份	最大赤纬角/(°)	年　份	最大赤纬角/(°)	年　份	最大赤纬角/(°)
1940	18.58	1967	28.13	1994	20.01
1941	18.09	1968	28.39	1995	18.5
1942	19.24	1969	28.43	1996	18.12
1943	20.41	1970	27.45	1997	18.08
1944	22.19 *	1971	26.46	1998	19.31
1945	24	1972	25.26	1999	20.57
1946	25.34	1973	23.52	2000	22.34
1947	26.54	1974	22.11 *	2001	24.14
1948	27.56	1975	20.34	2002	25.48
1949	28.33	1976	19.14	2003	27.06
1950	28.43	1977	18.23	2004	28.02
1951	28.01	1978	18.09	2005	28.35
1952	27.12	1979	19.06	2006	28.43
1953	25.59	1980	20.22	2007	27.85
1954	24.29	1981	21.56	2008	27.01
1955	22.5 *	1982	23.36 *	2009	25.46
1956	21.11	1983	25.13	2010	24.14
1957	19.42	1984	26.38	2011	22.33
1958	18.38	1985	27.44	2012	20.55
1959	18.1	1986	28.26	2013	19.3
1960	18.48	1987	28.43	2014	18.31
1961	19.5	1988	28.09	2015	18.08
1962	21.17	1989	27.25	2016	18.56
1963	22.58	1990	26.17 *	2017	20
1964	24.37 *	1991	24.52	2018	21.33
1965	26.06	1992	23.13	2019	23.13
1966	27.21	1993	21.32	2020	24.53

注　表中数据旁带有 * 者为日月同纬年。

（1）基本定义。月球赤纬角相位定义：以月球赤纬角最大值年下行第一年为 $m1$，第二年为 $m2$，依此类推，至月球赤纬角最小值年截止；以年月球赤纬角最小值年上行第一年为 $M1$，第二年为 $M2$，依此类推，至月球赤纬角最大值年截止，形成月球赤纬角年相位。

月球赤纬角运行轨迹相关分析：各年月球赤纬角最大值连接成线，形成运行轨迹；以预报年份月球赤纬角所在轨迹段与历史片段进行相关性分析，挑选最相似的历史轨迹段，以此研究丰满水库来水的变化规律。如 2007—2020 年月球赤纬角运行轨迹与 1951—1964 年轨迹段最为相似，丰满水库 2010 年第一位丰水年是 1954 年第二位丰水年的重演。

（2）基本预报思想。

1）在月球赤纬角运行轨迹线上，以线上的每个最高点的下一年为起始年，一直到下一个高点作为一条完整的运行轨迹，一个完整的周期。

2）以预报年份月球赤纬角所在轨迹段与历史片段进行相关性分析，挑选最相似的历史轨迹段。

3）以预报年份的月球赤纬角年相位在最相似历史轨迹段中找相似年。

4）比较相似年月球赤纬角数值，相差不大，采用相似年定性预报；差异较大，以最相似轨迹段、相位接近、月球赤纬角数值接近的年份作为相似年，采用相似年定性预报。

5.4.2　预报方法

2007 年是月球赤纬角最大值年下行的开始，以 2007—2020 年在 1930—2020 年月球赤纬角系列中进行历史相似性分析，具体见表 5.4.2 和表 5.4.3。2007—2020 年月球赤纬角相似性分析图见图 5.4.1。

表 5.4.2　　　　　**2007—2020 年月球赤纬角相似性对比表 （一）**

年 份	最大赤纬角/(°)	相 位	年 份	最大赤纬角/(°)	相 位	年 份	最大赤纬角/(°)	相 位
2007	27.85	$m1$	1988	28.09	$m1$	1970	27.45	$m1$
2008	27.01	$m2$	1989	27.25	$m2$	1971	26.46	$m2$
2009	25.46	$m3$	1990	26.17	$m3$	1972	25.26	$m3$
2010	24.14	$m4$	1991	24.52	$m4$	1973	23.52	$m4$
2011	22.33	$m5$	1992	23.13	$m5$	1974	22.11	$m5$
2012	20.55	$m6$	1993	21.32	$m6$	1975	20.34	$m6$
2013	19.30	$m7$	1994	20.01	$m7$	1976	19.14	$m7$
2014	18.31	$m8$	1995	18.5	$m8$	1977	18.23	$m8$
2015	18.08	$m9$	1996	18.12	$m9$	1978	18.09	$m9$
2016	18.56	$M1$	1997	18.08	$m10$	1979	19.06	$M1$

续表

年　份	最大赤纬角/(°)	相　位	年　份	最大赤纬角/(°)	相　位	年　份	最大赤纬角/(°)	相　位
2017	20.00	M2	1998	19.31	M1	1980	20.22	M2
2018	21.33	M3	1999	20.57	M2	1981	21.56	M3
2019	23.13	M4	2000	22.34	M3	1982	23.36	M4
2020	24.53	M5	2001	24.14	M4	1983	25.13	M5

表 5.4.3　　　　　　　　2007—2020 年月球赤纬角相似性对比表（二）

年　份	最大赤纬角/(°)	相　位	年　份	最大赤纬角/(°)	相　位	年　份	最大赤纬角/(°)	相　位
2007	27.85	m1	1951	28.01	m1	1933	27.8	m1
2008	27.01	m2	1952	27.12	m2	1934	26.5	m2
2009	25.46	m3	1953	25.59	m3	1935	25.3	m3
2010	24.14	m4	1954	24.29	m4	1936	23.5	m4
2011	22.33	m5	1955	22.50	m5	1937	22.1	m5
2012	20.55	m6	1956	21.11	m6	1938	20.3	m6
2013	19.30	m7	1957	19.42	m7	1939	19.1	m7
2014	18.31	m8	1958	18.38	m8	1940	18.6	m8
2015	18.08	m9	1959	18.10	m9	1941	18.1	m9
2016	18.56	M1	1960	18.48	M1	1942	19.2	M1
2017	20.00	M2	1961	19.50	M2	1943	20.4	M2
2018	21.33	M3	1962	21.17	M3	1944	22.2	M3
2019	23.13	M4	1963	22.58	M4	1945	24.0	M4
2020	24.53	M5	1964	24.37	M5	1946	25.34	M5

　　由表 5.4.2、表 5.4.3 和图 5.4.1 可知，有四段相似段，分别为 1933—1946 年、1951—1964 年、1970—1983 年、1988—2001 年，具体包括：①2007—2020 年与 1933—1946 年相似度较高；②2007—2020 年与 1951—1964 年相似度最高；③2007—2020 年与 1970—1983 年偏离最大；④2007—2020 年与 1988—2001 年相似度较高。

　　2007—2020 年与 1951—1964 年相似度最高，可用来做相关分析。

　　其中，2007—2020 年段与 1951—1964 年段，存在 56 年的周期关系，这种关系的天文机理，实质上是地球运行轨道对气候产生影响，国内天灾预报委员会的多位资深专家均有研究。韩延本教授分析了美国宇航局公布的自 19 世纪中期起的全球及南北半球的温度异常变化资料，得到它们存在约 60 年的准周期性波动。该周期是它们中周期波动的主要周期分量之一，它对调制温度的总体变化趋势可起到重要作用。分析表明，该

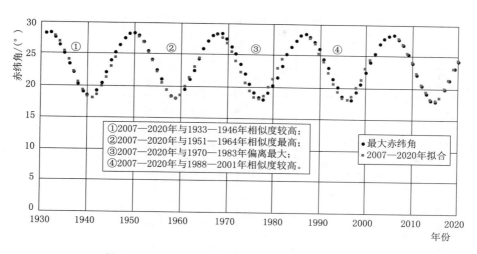

图 5.4.1　2007—2020 年月球赤纬角相似性分析图

周期分量是时变的，周期长度在 19 世纪略超过 60 年，之后缓慢变短。到 20 世纪后期，其长度介于 55～60 年之间。所谓的由于人类活动而造成的温室效应加剧似乎并未打乱这一周期分量的存在。

　　显然，地球轨道的变化改变了日、地、月间的距离，使到达地球的太阳能数量发生变化，也使地球的潮汐发生变化，从而影响地球的气候。2010 年丰满流域第一位特丰水年与 1954 年第二位特丰水年，具有相同的天文条件、相同的天文条件产生相同的流域来水情况，进而产生相同的灾害。

5.4.3　丰满水库流域 2010 年特大洪水分析

　　（1）2010 年月球赤纬角历史相似分析。2010 年，月球赤纬角年最大值为 24.1，相位为 m4，处于 2007—2020 年月球赤纬角轨迹段，历史最相似于 1951—1964 年月球赤纬角轨迹段。详见"2007—2020 年月球赤纬角相似性分析图"。

　　（2）丰满水库 2010 年入库流量月球赤纬角运行轨迹、相位、角度综合分析。

　　1）2007—2020 年与 1951—1964 年月球赤纬角运行轨迹相似度最高（图 5.4.2）；对丰满流域年来水影响存在明确的相关关系；

　　2）2007—2020 年轨迹线上的 2010 年为有资料记录的 1933 年以来的第 1 位特丰水年。在 1951—1964 年轨迹线上，找到相同相位、年最大月球赤纬角接近的 1954 年为相似年，1954 年为 1933 年以来第 2 位特丰水年。2010 年、1954 年分别为多年平均来水 409 m^3/s 的 185％、179％，来水数据基本一致。可见 2010 年、1954 年，水库来水物理成因关系一致，均为月-地关系，月球运行导致丰满流域特丰来水。2007—2020 年与 1951—1964 年月球赤纬角、相位、丰满水库入流关系见表 5.4.4。2007—2020 年月球赤纬角与丰满水库特丰水年对应关系图见图 5.4.2，与丰满水库大兴水对应关系图见图 5.4.3。

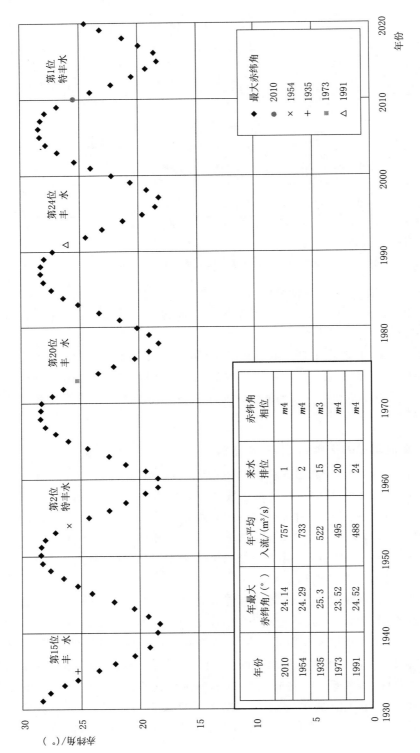

图 5.4.2　2007—2020 年月球赤纬角与丰满水库特丰水年对应关系图 1

年份	年最大赤纬角/(°)	年平均入流/(m³/s)	来水排位	赤纬角相位
2010	24.14	757	1	m4
1954	24.29	733	2	m4
1935	25.3	522	15	m3
1973	23.52	495	20	m4
1991	24.52	488	24	m4

分析结论：2007—2020 年与 1951—1964 年月球赤纬角运行轨迹相似度最高；对丰满水库来水影响存在明确的相关关系，2007—2020 年轨迹线上的 2010 年第 1 位特丰水年，在 1951—1964 年轨迹线上，找到相同相位，年最大赤纬角接近的 1954 年，为第 2 位特丰水年。

两者来水分别为多年平均来水的 185%，179%，来水数据基本一致。

108

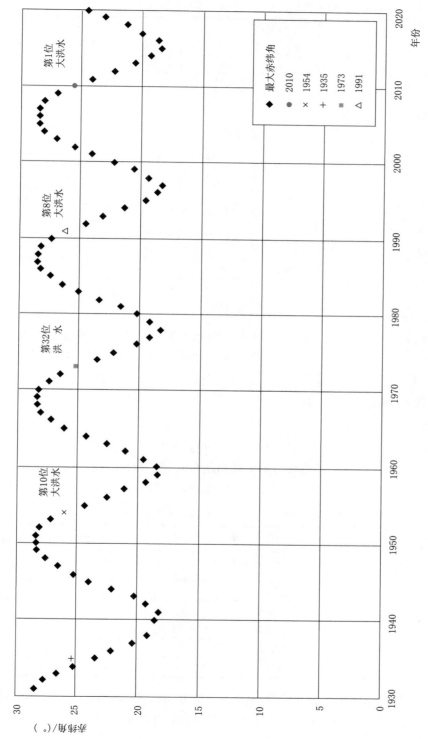

图 5.4.3 2007—2020 年月球赤纬角与丰满水库大洪水对应关系图 1

分析结论：2007—2020 年与 1951—1964 年月球赤纬角运行轨迹相似度最高；对丰满水库流域来水影响存在明确的相关关系，2007—2020 年轨迹线上的 2010 年第 1 位最大洪水，在 1951—1964 年轨迹线上，找到相同相位、年最大赤纬角接近的 1954 年，为第 10 位洪水。

表 5.4.4　　　　　　2010 年月球赤纬角、相位、丰满水库年入流关系表

年　份	最大赤纬角/(°)	赤纬角相位	丰满水库年入流	年　份	最大赤纬角/(°)	赤纬角相位	丰满水库年入流
1951	28.01	$m1$	514	2007	27.85	$m1$	274
1952	27.12	$m2$	324	2008	27.01	$m2$	251
1953	25.59	$m3$	665	2009	25.46	$m3$	263
1954	24.29	$m4$	733	2010	24.14	$m4$	757
1955	22.5	$m5$	360	2011	22.33	$m5$	299
1956	21.11	$m6$	676	2012	20.55	$m6$	363
1957	19.42	$m7$	558	2013	19.3	$m7$	
1958	18.38	$m8$	225	2014	18.31	$m8$	
1959	18.1	$m9$	400	2015	18.08	$m9$	
1960	18.48	$M1$	629	2016	18.56	$M1$	
1961	19.5	$M2$	444	2017	20	$M2$	
1962	21.17	$M3$	401	2018	21.33	$M3$	
1963	22.58	$M4$	479	2019	23.13	$M4$	
1964	24.37	$M5$	649	2020	24.53	$M5$	

（3）根据丰满水库 2010 年大洪水月球赤纬角运行轨迹、相位、角度，综合分析 2010 年相似于 1954 年及 1991 年。其中，1954 年为第 10 位最大日入库、1991 年为第 8 位最大日入库，2010 年为第 1 位大洪水。

5.4.4　丰满流域预报实例应用

5.4.4.1　2013 年预报实例

基于上述的预报原理，以 2013 年为具体实例进行预报。

（1）丰满水库 2013 年入库流量与月球赤纬角运行轨迹、相位、角度综合分析预报。2013 年月球赤纬角、相位与丰满水库年入流关系见表 5.4.5。

表 5.4.5　　　　2013 年月球赤纬角、相位与丰满水库年入流关系表

年　份	最大赤纬角/(°)	赤纬角相位	与 2013 年赤纬角相似度	年来水/(m³/s)	为多年平均值的百分比/%	年来水排位
2013	19.30	$m7$	预报年份			
1957	19.42	$m7$	最高	558	136	10
1994	20.01	$m7$	比较高	507	124	17
1995	18.5	$m8$	比较高	664	162	6
1976	19.14	$m7$	偏离较大	259	63	
1939	19.1	$m7$	比较高	505	123	18

1）2013 年，月球赤纬角年最大值为 19.3，相位为 $m7$，处于 2007—2020 年月球赤纬角轨迹段，历史最相似于 1951—1964 年月球赤纬角轨迹段的 1957 年。1957 年丰满水库丰水，来水为多年平均的 136%。

2）2013 年，与 1932—1945 年的 1939 年、1988—2001 年的 1994 年的月球赤纬角运行轨迹、相位比较接近，来水为多年平均 409m³/s 的 124％、123％。

3）2013 年，与 1988—2001 年的 1994 年、1995 年，月球赤纬角运行轨迹接近，角度取二者均值（18.5＋20.01）/2＝19.26，与 2013 年的 19.3 一致。这两年来水的均值为（507＋664）/2＝586，来水为多年平均的 143％，与最相似年的 1957 年预报值接近。

2013 年来水预报：根据月球赤纬角运行轨迹、相位、角度综合分析，丰满水库 2013 年入库定性为丰水年。丰水四成，相似于 1957 年。

（2）丰满水库 2013 年大洪水月球赤纬角运行轨迹、相位、角度综合分析预报。2013 年与相似月球赤纬角轨迹、相位以及水库流量关系对应年份的对比结果见表 5.4.6。

表 5.4.6 　　　2013 年月球赤纬角、相位、丰满水库最大日入库流量关系表

年　份	最大赤纬角/(°)	赤纬角相位	与 2013 年赤纬角相似度	最大日入库流量/(m³/s)	日入库洪水排位
2013	19.30	m7	预报年份		
1957	19.42	m7	最高	14450	2
1994	20.01	m7	比较高	5138	18
1995	18.5	m8	比较高	11978	4

2010 年月球赤纬角运行轨迹、相位、角度相似于 1957 年、1994 年，1957 年为第 2 位最大日入库、1994 年为第 18 位最大日入库，1995 年为第 4 位最大日入库洪水。

综合预报结论：根据月球赤纬角运行轨迹、相位、角度综合分析，丰满水库 2013 年入库定性为大洪水，相似于 1957 年。最大日入库流量应在 5000m³/s 以上，最大可能为 10000～15000m³/s。

5.4.4.2　2013—2017 年预报结果

根据图 5.4.4 与图 5.4.5 所示，选定 2007—2020 年与 1951—1964 年是相似度最高的序列并以此预报，基于 2007—2020 年与 1951—1964 年月球赤纬角、相位、丰满水库年入流关系表，可得 2013—2017 年的丰枯情况见表 5.4.7。

表 5.4.7 　　　　　　　2013—2017 年的预报结果与实际结果比较

预报值			实际值			预报结果评价
序　号	年　份	丰枯状况	序　号	年　份	丰枯状况	
1	2013	特丰	6	2013	特丰	√
2	2014	枯	7	2014	枯水	√
3	2015	平水	8	2015	特枯	×
4	2016	丰	9	2016	平水	×
5	2017	偏丰	10	2017	偏丰	√

由表 5.4.7 可得，该方法预报的准确率为 60％。这说明该方法能够通过月球赤纬角的相似性，对当年的丰枯状况进行预报。其结果准确率较高，能够有效地用于超长期径流预报中。

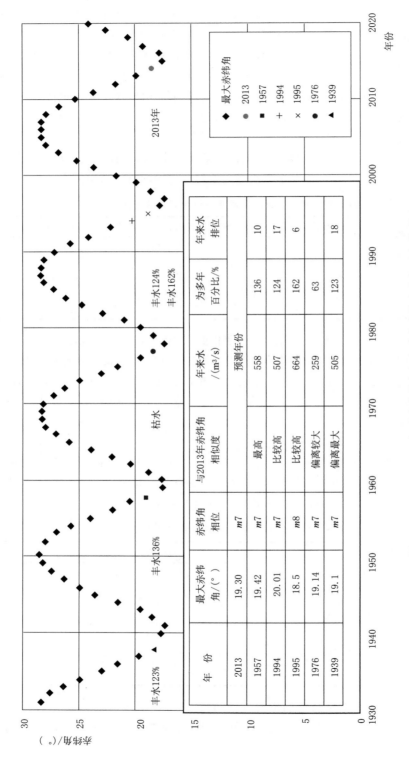

图 5.4.4　2007—2020 年月球赤纬角与丰满水库特丰水年对应关系图 2

预报结论： 2007—2020 年与 1951—1964 年月球赤纬角运行轨迹相似度高，对丰满水库流域来水影响存在明确的相关关系。2007—2020 年轨迹线上的 2013 年来水，在 1951—1964 年轨迹线上，找到相同相位，年最大赤纬角接近的 1957 年，丰水，为多年平均来水的 136%。

年 份	最大赤纬角/(°)	赤纬角相位	与2013年赤纬角相似度	年来水/(m³/s)预测年份	为多年百分比/%	年来水排位
2013	19.30	m7	最高			
1957	19.42	m7	比较高	558	136	10
1994	20.01	m7	比较高	507	124	17
1995	18.5	m8	偏离较大	664	162	6
1976	19.14	m7	偏离最大	259	63	
1939	19.1	m7		505	123	18

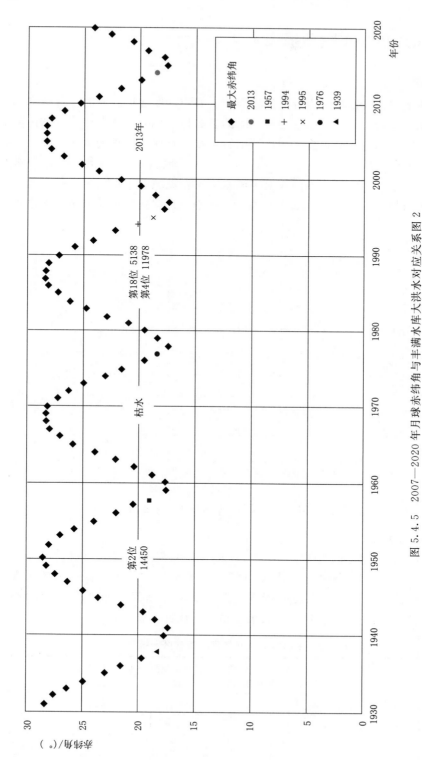

图 5.4.5　2007—2020 年月球赤纬角与丰满水库大洪水对应关系图 2

预报结论： 2007—2020 年与 1951—1964 年月球赤纬角运行轨迹相似度最高；对丰满水库流域年来水影响存在明确的相关关系，2007—2020 年轨迹线上找到相同相位，在 1951—1964 年轨迹线上，年最大赤纬角接近的 1957 年，特大洪水，为第二位且入库，14450m³/s。的 2013 年来水。

113

5.5　月球赤纬角分布图预报技术

5.5.1　基本原理及预报方法

月球赤纬角的变化周期与日月食的沙罗周期、潮汐周期接近。同时，月球赤纬角最大时产生的地壳容积变化是月球赤纬角最小时的 2.3 倍。地壳变化会使得地球内部的水汽溢出，从而形成局部地区的大洪水或流域的特丰水。月球赤纬角最大年或最小年我国都发生了较大的气候地质灾害（如洪水泛滥、大旱灾、地震等）。因此，通过分析月球运动与强降水（或干旱）的主要成因来对丰满水库所在流域的丰枯状况进行预报。

以月球赤纬角与丰满流域年来水建立关系，点绘"月球赤纬角与丰满水库来水分布图"，见图 5.5.1。

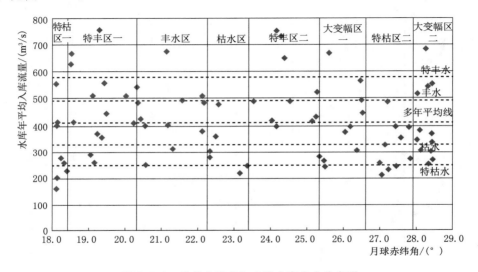

图 5.5.1　月球赤纬角与丰满水库来水分布图

1. 特枯区一研究分析

特枯区一月球赤纬角范围为 18.0～18.4。处于该区域共有 7 年，特枯 3 年、枯水 1 年、平水 2 年、丰水 1 年。特枯水年出现的概率为 42.9%；是正常特枯水年出现概率 10% 的 4.29 倍；枯水以下年份出现的概率为 57.1%；平水及以下年份出现的概率为 85.7%。月球赤纬角与丰满水库年平均来水特枯区一统计见表 5.5.1。

表 5.5.1　　　　　　月球赤纬角与丰满水库年平均来水特枯区一统计表

年　份	近日点阴历时间	远日点阴历时间	本年太阳黑子相对数	月球赤纬角/(°)	年平均入库流量/(m³/s)	来水定性
1997	十一月二十六日	六月三日	22.3	18.08	204	特枯
2015	十一月十六日	五月二十二日		18.08		
1941	十二月九日	六月十三日	47.5	18.09	555	丰水

续表

年　份	近日点阴历 时间	远日点阴历 时间	本年太阳 黑子相对数	月球赤纬角 /(°)	年平均入库流量 /(m³/s)	来水定性
1978	十一月二十七日	六月三日	92.7	18.09	164	特枯
1959	十一月二十七日	六月三日	158.8	18.10	400	平水
1996	十一月十六日	五月二十二日	8.9	18.12	411	平水
1977	十一月十六日	五月二十一日	27.5	18.23	277	枯水
2014	十二月五日	六月十一日		18.31		
1958	十一月十七日	五月二十一日	184.6	18.38	225	特枯

　　其中，考虑近日点、远日点特征及月球赤纬角特征，1997 年相似于 1978 年，两者都为特枯来水。处于该区的年份，具有连续性，如 1958 年、1959 年，1 特枯、1 平水；1977 年、1978 年，1 特枯、1 枯水；1996 年、1997 年，1 平水、1 特枯。这 3 个连续年份，均出现了特枯水年；依此类推，2014 年、2015 年，极可能出现连续特枯水。本区域内，唯一没有出现连续年份的是 1941 年，该年比较特殊，是丰水年，也是唯一一例外。

　　2. 特丰区一研究分析

　　特丰区一月球赤纬角范围为 18.4～20.4。处于该区域 14 年，特丰 2 年、丰水 5 年、平水 5 年、枯水 2 年。特丰水及以上年份出现的概率为 14.3%，是正常出现概率 10%的 1.43 倍；平水及以上年份出现的概率为 85.7%。月球赤纬角与丰满水库年平均来水特丰区一统计见表 5.5.2。

表 5.5.2　　　　　　　月球赤纬角与丰满水库年平均来水特丰区一统计表

年　份	近日点阴历 时间	远日点阴历 时间	本年太阳 黑子相对数	月球赤纬角 /(°)	年平均入库流量 /(m³/s)	来水定性
1960	十二月八日	六月十四日	112.3	18.48	629	特丰
1995	十二月六日	六月十日	20.7	18.50	664	特丰
2016	十一月二十七日	六月四日		18.56		
1940	十一月二十七日	六月三日	67.8	18.58	410	平
1979	十二月八日	六月十五日	155.3	19.06	287	枯
1939	十一月十六日	五月二十二日	88.8	19.10	505	丰
1976	十二月六日	六月十一日	12.6	19.14	259	枯
1942	十一月二十日	五月二十五日	30.4	19.24	370	偏枯
2013	十一月二十四日	五月三十日		19.3		
1998	十二月七日	五月十四日	70.0	19.31	361	偏枯
1957	十二月五日	六月十日	189.9	19.42	558	丰
1961	十一月十九日	五月二十五日	53.9	19.50	444	平
2017	十二月八日	六月十四日		20.00		
1994	十一月二十四日	五月二十九日	39.6	20.01	507	丰

续表

年　份	近日点阴历 时间	远日点阴历 时间	本年太阳 黑子相对数	月球赤纬角 /(°)	年平均入库流量 /(m³/s)	来水定性
1980	十一月十九日	五月二十五日	154.7	20.22	403	平
1938	十二月五日	六月十一日	109.6	20.30	539	丰
1975	十一月二十四日	五月二十九日	15.5	20.34	484	丰

本区域内，出现丰满水库前 10 位大洪水中的 3 位。1995 年排在第 2 位，1957 年排在第 5 位，1960 年排在第 7 位。出现特大洪水的概率是 26.7%，是正常出现概率 12.2% 的 2.2 倍。泄洪年份包括 1957 年、1960 年、1975 年、1980 年、1995 年等 5 年，泄洪概率为 40%，是正常泄洪年份出现概率的 1.5 倍。

3. 丰水区研究分析

丰水区月球赤纬角范围为 20.4～22.3。处于该区域 10 年，特丰 1 年、丰水 3 年、平水 4 年、枯水 2 年。丰水及以上出现的概率为 40%，是正常出现概率 28.75% 的 1.39 倍；平水及以上出现的概率为 80%。本区域内，出现大洪水的年份仅为 1956 年，而且 1956 年的大洪水排位在丰满前 10 位大洪水以外。月球赤纬角与丰满水库年平均来水丰水区统计见表 5.5.3。

表 5.5.3　　　　　　月球赤纬角与丰满水库年平均来水丰水区统计表

年　份	近日点阴历 时间	远日点阴历 时间	本年太阳 黑子相对数	月球赤纬角 /(°)	年平均入库流量 /(m³/s)	来水定性
1943	十二月一日	六月七日	16.3	20.41	421	平
2012	十二月十三日	五月十九日	57.6	20.55	363	偏枯
1999	十一月十九日	五月二十四日	108.3	20.57	250	枯
1956	十一月二十四日	五月二十九日	141.7	21.11	676	特丰
1962	十二月一日	六月六日	37.6	21.17	401	平
1993	十二月十三日	五月十八日	57.3	21.32	311	枯
2018	十一月十九日	五月二十四日		21.33		
1981	十一月三十日	六月六日	153.6	21.56	493	丰
1937	十一月二十四日	五月二十九日	114.4	22.10	505	丰
1974	十二月十四日	五月十八日	34.4	22.11	378	平
1944	十二月十一日	五月十七日	9.6	22.19	484	丰

4. 枯水区研究分析

枯水区月球赤纬角范围为 22.3～23.4。处于该区域 6 年，特枯 2 年、枯水 3 年、丰水 1 年。特枯水年份出现的概率为 33.3%，是正常出现特枯水年份概率 10% 的 3.33 倍；枯水以下年份出现的概率为 83.3%。月球赤纬角与丰满水库年平均来水枯水区统计见表 5.5.4。

表 5.5.4　　　　　　月球赤纬角与丰满水库年平均来水枯水区统计表

年　份	近日点阴历 时间	远日点阴历 时间	本年太阳 黑子相对数	月球赤纬角 /(°)	年平均入库流量 /(m³/s)	来水定性
2011	十二月三日	六月七日	55.6	22.33	300	枯
2000	十一月三十日	六月六日	134.0	22.34	283	枯
1955	十二月十三日	五月十九日	38.0	22.50	360	偏枯
1963	十二月十一日	五月十八日	27.9	22.58	479	偏丰
1992	十二月二日	六月八日	102.2	23.13	216	特枯
2019	十一月三十日	六月五日		23.13		
1982	十二月十二日	五月十七日	133.7	23.36	244	特枯

5. 特丰区二研究分析

特丰区二月球赤纬角范围为 23.4～25.3。处于该区域 11 年，特丰 3 年、丰水 4 年、平水 4 年。丰水及以上年份出现的概率为 63.64%，是正常丰水及以上年份出现概率 28.75% 的 2.2 倍；平水及以上年份出现的概率为 100%。月球赤纬角与丰满水库特丰区来水特丰区二统计见表 5.5.5。

表 5.5.5　　　　　　月球赤纬角与丰满水库年平均来水特丰区二统计表

年　份	近日点阴历 时间	远日点阴历 时间	本年太阳 黑子相对数	月球赤纬角 /(°)	年平均入库流量 /(m³/s)	来水定性
1936	十二月十二日	五月十九日	79.7	23.50	492	丰
1973	十二月二日	六月八日	37.7	23.52	495	丰
1945	十一月二十三日	五月二十八日	33.1	24.00	413	平
2010	十一月二十一日	五月二十六日	15.6	24.14	757	特丰
2001	十二月十一日	五月十七日	124.0	24.14	397	平
1954	十二月二日	六月九日	4.4	24.29	733	特丰
1964	十一月二十二日	五月二十八日	10.2	24.37	649	特丰
1991	十一月二十一日	五月二十六日	162.7	24.52	488	丰
2020	十二月十二日	五月十六日		24.53		
1983	十一月三十日	五月二十八日	68.0	25.13	415	平
1972	十一月二十日	五月二十七日	68.9	25.26	428	平
1935	十二月二日	六月八日	36.1	25.30	522	丰

本区域内，出现丰满水库前 10 位大洪水中的 2 位。2010 年排在第 1 位，1991 年排在第 9 位。泄洪年份包括 1954 年、1964 年、1983 年、1991 年、2010 年等 5 年，泄洪概率为 45.5%，是正常泄洪年份出现概率的 2 倍。

6. 特枯区二研究分析

特枯区二的月球赤纬角范围为 27.0～28.2。处于该区域 14 年，特枯 4 年、枯水 5

年、平水 3 年、丰水 2 年。特枯水年份出现的概率为 28.6%，是正常特枯水年份出现概率 10% 的 2.86 倍；枯水及以下年份出现的概率为 64.3%；平水及以下年份出现的概率为 85.7%。月球赤纬角与丰满水库年平均来水特枯区二统计见表 5.5.6。

表 5.5.6　　　　　　　月球赤纬角与丰满水库年平均来水特枯区二统计表

年　份	近日点阴历时间	远日点阴历时间	本年太阳黑子相对数	月球赤纬角/(°)	年平均入库流量/(m³/s)	来水定性
2008	十一月二十八日	六月五日	2.6	27.01	251	枯
2003	十二月四日	六月八日	59.9	27.06	212	特枯
1952	十二月十日	五月十六日	31.4	27.12	324	枯
1966	十二月十五日	五月十九日	46.9	27.21	486	偏丰
1989	十一月二十八日	六月五日	167.9	27.25	231	特枯
1985	十一月十五日	五月二十日	15.4	27.44	394	平
1970	十一月二十九日	六月五日	104.7	27.45	242	特枯
1948	十一月二十六日	六月一日	136.2	27.56	353	偏枯
1933	十二月十一日	五月十五日	5.7	27.80	393	平
2007	十一月十八日	五月二十三日	6.5	27.85	274	枯
1951	十一月二十九日	六月五日	69.4	28.01	514	丰
2004	十二月十五日	五月二十日	40.3	28.02	341	偏枯
1988	十一月十七日	五月二十四日	96.9	28.09	382	平
1967	十一月二十六日	六月一日	93.7	28.13	306	枯

5.5.2　丰满流域预报实例应用

由图 5.5.1 可知，根据月球赤纬角将丰满水库年来水划分为特枯区一、特丰区一、丰水区、枯水区、特丰区二、大变幅区一、特枯区二、大变幅区二 8 个来水区，其中特枯区一、特丰区一、丰水区、枯水区、特丰区二、特枯水区二 6 区，具有明确的来水定性功能，可用来对水库来水作定性预报。

1. 2013 年丰枯预报

2013 年月球赤纬角年最大值为 19.3。由"月球赤纬角与丰满水库来水分布图"可知，2013 年处于特丰区一。位于该区的 13 年中，2 年枯水、5 年平水、4 年丰水、2 年特丰水。平水及以上年份出现的概率为 84.6%；枯水年份出现的概率为 15.4%。具体见表 5.5.7，月球赤纬角与丰满水库年平均来水特丰区一统计表。

表 5.5.7　　　　　　　月球赤纬角与丰满水库年平均来水特丰区一统计表

年　份	近日点阴历时间	远日点阴历时间	太阳黑子相位	月球赤纬角/(°)	丰入流量/(m³/s)	定　性
1938	十二月五日	五月二十五日	峰后 1 年	20.3	539	丰水
1939	十一月十六日	五月六日	峰后 2 年	19.1	505	丰水

续表

年　份	近日点阴历时间	远日点阴历时间	太阳黑子相位	月球赤纬角/(°)	丰入流量/(m³/s)	定　性
1940	十一月二十七日	五月十六日	峰后3年	18.58	410	平水
1942	十一月二十日	五月九日	谷前2年	19.24	370	平水
1957	十二月五日	五月二十五日	峰值	19.42	558	丰水
1960	十二月八日	五月二十八日	峰后3年	18.48	629	特丰
1961	十一月十九日	五月九日	谷前3年	19.5	444	平水
1976	十二月六日	五月二十四日	谷	19.14	259	枯水
1979	十二月八日	五月二十八日	峰值	19.06	287	枯水
1980	十一月十九日	五月九日	峰后1年	20.22	403	平水
1994	十一月二十四日	五月十三日	谷前2年	20.01	507	丰水
1995	十二月六日	五月二十五日	谷前1年	18.5	664	特丰
1998	十二月七日	五月二十七日	峰前2年	19.31	361	偏枯
2013	十二月五日	五月十四日	峰前1年	19.3		

综合日地关系、月地关系及太阳黑子关系等，预报 2013 年为丰水年。2013 年相似于 1938 年和 1957 年，此二年均为丰水年，则 2013 年综合预报结果为丰水年。

2．2014 年丰枯预报

查"月球赤纬角与丰满水库来水分布图"，2014 年月球赤纬角最大值 18.31，为月球赤纬角最小值前一年，处于特枯水区一。位于该区 7 年，3 年特枯、1 年枯水、2 年平水、1 年丰水。平及以下出现 6 年具体见表 5.5.8，月球赤纬角与丰满水库年平均来水特枯水区一统计表。

表 5.5.8　　　　　月球赤纬角与丰满水库年平均来水特枯水区一统计表

序　号	年　份	近日点阴历时间	远日点阴历时间	太阳黑子相位	月球赤纬角/(°)	丰入流量/(m³/s)	定　性
1	1997	十一月二十六日	六月三日	谷后1年	18.08	204	特枯
2	1941	十二月九日	六月十三日	谷前3年	18.09	555	丰水
3	1978	十一月二十七日	六月三日	峰前1年	18.09	164	特枯
4	1959	十一月二十七日	六月三日	峰后2年	18.10	400	平水
5	1996	十一月十六日	五月二十二日	谷值	18.12	411	平水
6	1977	十一月十六日	五月二十一日	谷后1年	18.23	277	枯水
7	2014	十二月五日	六月十一日	峰值	18.31		
8	1958	十一月十七日	五月二十一日	峰后1年	18.38	225	特枯

由于 2014 年处于特枯水区，再综合考虑所在分区与日地关系、月地关系、太阳黑子关系及月球赤纬角等，可得该地区与 1978 年、1958 年相似。1978 年、1958 年均为

特枯水年，则综合预报 2014 年为特枯水年。

3．2015 年丰枯预报

查"月球赤纬角与丰满水库来水分布图"，2015 年月球赤纬角最大值 18.08，为月球赤纬角最小年，处于特枯区一。位于该区 7 年，3 年特枯、1 年枯水、2 年平水、1 年丰水。特枯水出现概率为 42.9%，是正常特枯水出现概率 10% 的 4.29 倍，具体见表5.5.9，月球赤纬角与丰满水库年平均来水特枯区一统计表。

表 5.5.9　　　　月球赤纬角与丰满水库年平均来水特枯区一统计表

序　号	年　份	近日点阴历时间	远日点阴历时间	太阳黑子相位	月球赤纬角/(°)	丰入流量/(m³/s)	定　性
1	1997	十一月二十六日	六月三日	谷后 1 年	18.08	204	特枯
2	2015	十一月十六日	五月二十二日	峰后 1 年	18.08		
3	1941	十二月九日	六月十三日	谷前 3 年	18.09	555	丰水
4	1978	十一月二十七日	六月三日	峰前 1 年	18.09	164	特枯
5	1959	十一月二十七日	六月三日	峰后 2 年	18.10	400	平水
6	1996	十一月十六日	五月二十二日	谷年	18.12	411	平水
7	1977	十一月十六日	五月二十一日	谷后 1 年	18.23	277	枯水
8	1958	十一月十七日	五月二十一日	峰后 1 年	18.38	225	特枯

综合日地关系、月地关系及太阳黑子关系等，预报 2015 年平水以下、枯水或特枯水，相似于 1958 年。而 1958 年为特枯水年，则综合预报 1958 年为特枯水年。

4．2016 年丰枯预报

2016 年月球赤纬角年最大值 18.56，由"月球赤纬角与丰满水库来水分布图"可知，处于特丰区一。位于该区 13 年，2 年枯水、5 年平水、4 年丰水、2 年特丰水。平水及以上年份出现的概率为 84.6%；枯水年份出现的概率为 15.4%。具体见表5.5.10，月球赤纬角与丰满水库年平均来水特丰区一统计表。

表 5.5.10　　　　月球赤纬角与丰满水库年平均来水特丰区一统计表

年　份	近日点阴历时间	远日点阴历时间	太阳黑子相位	月球赤纬角/(°)	丰入流量/(m³/s)	定　性
1938	十二月五日	五月二十五日	峰后 1 年	20.3	539	丰水
1939	十一月十六日	五月六日	峰后 2 年	19.1	505	丰水
1940	十一月二十七日	五月十六日	峰后 3 年	18.58	410	平水
1942	十一月二十日	五月九日	谷前 2 年	19.24	370	平水
1957	十二月五日	五月二十五日	峰年	19.42	558	丰水
1960	十二月八日	五月二十八日	峰后 3 年	18.48	629	特丰
1961	十一月十九日	五月九日	谷前 3 年	19.5	444	平水
1976	十二月六日	五月二十四日	谷年	19.14	259	枯水

续表

年　份	近日点阴历时间	远日点阴历时间	太阳黑子相位	月球赤纬角/(°)	丰入流量/(m³/s)	定　性
1979	十二月八日	五月二十八日	峰年	19.06	287	枯水
1980	十一月十九日	五月九日	峰后 1 年	20.22	403	平水
1994	十一月二十四日	五月十三日	谷前 2 年	20.01	507	丰水
1995	十二月六日	五月二十五日	谷前 1 年	18.5	664	特丰
1998	十二月七日	五月二十七日	峰前 2 年	19.31	361	偏枯
2016	十一月二十七日	五月十七日	峰后 2 年	18.56		

综合日地关系、月地关系及太阳黑子关系等预报，2016 年平偏丰水，相似于 1940 年。而 1940 年为平水年，因此综合预报 1940 年为平水年。

5. 2017 年丰枯预报

2017 年月球赤纬角年最大值为 20，由"月球赤纬角与丰满水库来水分布图"可知，处于特丰区一。位于该区 13 年，2 年枯水、5 年平水、4 年丰水、2 年特丰水。平水及以上年份出现的概率为 84.6%；枯水年份出现的概率为 15.4%。具体见表 5.5.11，月球赤纬角与丰满水库年平均来水特丰区一统计表。

表 5.5.11　　　　月球赤纬角与丰满水库年平均来水特丰区一统计表

年　份	近日点阴历时间	远日点阴历时间	太阳黑子相位	月球赤纬角/(°)	丰入流量/(m³/s)	定　性
1938	十二月五日	五月二十五日	峰后 1 年	20.3	539	丰水
1939	十一月十六日	五月六日	峰后 2 年	19.1	505	丰水
1940	十一月二十七日	五月十六日	峰后 3 年	18.58	410	平水
1942	十一月二十日	五月九日	谷前 2 年	19.24	370	平水
1957	十二月五日	五月二十五日	峰年	19.42	558	丰水
1960	十二月八日	五月二十八日	峰后 3 年	18.48	629	特丰
1961	十一月十九日	五月九日	谷前 3 年	19.5	444	平水
1976	十二月六日	五月二十四日	谷年	19.14	259	枯水
1979	十二月八日	五月二十八日	峰年	19.06	287	枯水
1980	十一月十九日	五月九日	峰后 1 年	20.22	403	平水
1994	十一月二十四日	五月十三日	谷前 2 年	20.01	507	丰水
1995	十二月六日	五月二十五日	谷前 1 年	18.5	664	特丰
1998	十二月七日	五月二十七日	峰前 2 年	19.31	361	偏枯
2017	十二月八日	五月二十七日	峰后 3 年	20		

综合日地关系、月地关系及太阳黑子关系等预报，2017 年丰水，相似 1938 年、1960 年。1938 年为丰水年，1960 年为特丰水年，二者均值为 584m³/s，因此 2017 年

综合预报结果为特丰水年。

6．综合预报结果评价

2013—2017 年的预报结果与实际结果比较见表 5.5.12。

表 5.5.12　　　　　　　　　　　　**2013—2017 年的预报结果与实际结果比较**

预　报　值			实　际　值			预报结果评价
序　号	年　份	丰枯状况	序　号	年　份	丰枯状况	
1	2013	特丰	6	2013	特丰	√
2	2014	特枯	7	2014	枯	√
3	2015	特枯	8	2015	特枯	√
4	2016	平偏丰	9	2016	平	√
5	2017	特丰	10	2017	偏丰	√

由表 5.5.12 可得，该方法预报的准确率为 100％，说明该方法能够通过月球赤纬角分布的规律性，寻找相似年，对当年的丰枯状况进行预报，结果准确率较高。月球赤纬角分布图法能够有效地用于超长期来水预报中。

5.6　月球赤纬角最小年预报技术

5.6.1　基本原理

典型的潮汐周期一般为 18.6 年。月球轨道与地球赤道之间的夹角称为月球赤纬角，最大值为 28.5°，最小值为 18.5°，其变化周期为 18.6 年。郭增建等在 1991 年提出月亮潮迫使地球放气的观点，当月球赤纬角最小时，它的直下点远离中国主大陆，所以在主大陆引起的地壳鼓起就小，因此地下放出的携热水汽就少，这样就不易诱使热带气团与高纬冷气团在中国大陆上相碰，因此雨量减少，会形成干旱。在月球赤纬角最小年或其前后一年，我国都发生了较大的气候地质灾害（如洪水泛滥、大旱灾、地震等）。历史上，月球赤纬角最小的年份如 1941—1943 年（河南大旱）、1959—1960 年（山西大旱）、1977—1978 年（山西、长江中下游大旱）、1995—1997 年（华北、辽宁、吉林等地连续 4～5 年大旱），中国北方都发生了大旱；月球赤纬角最大时的 1932 年（松花江大水）、1933 年和 1935 年（黄河特大水）、1951 年（辽河大水）、1969 年（松花江大水）、1986 年（辽河大水），中国北方都发生了大水。月球赤纬角最值导致的大气潮和海洋潮最大幅度的南北震荡可激发冷空气活动，从而增大降雨机会。

1998 年是最热的年份，1997—1998 年 20 世纪最强的厄尔尼诺事件和 1995—1997年月球赤纬角最小值产生的弱潮汐南北震荡是其主要原因。自 1998 年以后，全球气温呈波动下降趋势，2005—2007 年月球赤纬角最大值产生的强潮汐南北震荡、1998 年 6月至 2000 年 8 月的强拉尼娜事件（1999 年全球强震频发）和 2004—2007 年印尼苏门答腊 3 次 8.5 级以上地震是其主要原因。下一次月球赤纬角最小值 2014—2016 年产生的弱潮汐南北震荡有利于气温相对升高和中国北方的干旱；而 2009—2018 年特大地震集中爆发却可能使气温下降[116]。

5.6.2　预报方法及验证

由表 5.6.1 可知，丰满水库在月球赤纬角为谷底的 12 年的范围内，分析其丰枯状况可知，特丰水年为 1 年，占 8.3%；丰水年为 1 年，占 8.3%；平水年为 4 年，占 33.3%；偏枯年为 1 年，占 8.3%；枯水年为 2 年，占 16.7%；特枯年为 3 年，占 25%。

表 5.6.1　　　　　　　　月球赤纬角谷底年丰满流域丰枯状况分析

年　份	月球赤纬角/(°)	流量/(m³/s)	与多年平均百分比/%	来水定性
1940	18.58	410	100	正常
1941	18.09	555	136	丰水
1942	19.24	370	90	正常
1958	18.38	559	55	特枯
1959	18.1	225	98	正常
1960	18.48	401	154	特丰
1977	18.23	277	68	枯水
1978	18.09	164	40	特枯
1979	19.06	287	70	枯水
1996	18.12	412	101	正常
1997	18.08	204	50	特枯
1998	19.31	362	89	偏枯
2014	18.31			
2015	18.08			
2016	18.56			

对于 2015 年的预报，若单纯分析运动轨迹，可知该年为平水年。分析月球赤纬角的谷底年规律可知，从 1942 年以来，月球赤纬角为谷底年期间，丰满水库必有 1 年为特枯水年；且最近 2 次谷底 1978 年、1997 年为丰满水库第一位、第二位特枯水年。2015 年是月球赤纬角谷底年，基于此统计规律进一步判断预报 2015 年丰满流域来水为特枯水年。

5.7　二十四节气月相图预报技术

5.7.1　基本原理

5.7.1.1　二十四节气与气候

二十四节气（24 solar terms）是指中国农历中表示季节变迁的 24 个特定节令，是根据地球在黄道（即地球绕太阳公转的轨道）上的位置变化而制定的。每一个节气分别对应于地球在黄道上运动 15°所到达的位置。

二十四节气是先秦时期开始订立、汉代完全确立的用来指导农事的补充历法。是通过观察太阳周年运动，认知一年中时令、气候、物候等方面变化规律所形成的知识体系。它把太阳周年运动轨迹划分为 24 等份，每一等份为一个节气，始于立春，终于大寒，周而复始。它既是历代官府颁布的时间准绳，也是指导农业生产的指南针。在日常生活中，人们通过它来预知冷暖雪雨，是我国劳动人民长期经验的积累成果和智慧的结晶。

中国古代利用土圭实测日晷，将每年日影最长的日子定为"日至"（又称日长至、长至、冬至），将日影最短的日子定为"日短至"（又称短至、夏至）。在春秋两季各有一天的昼夜时间长短相等，便定为"春分"和"秋分"。在商朝时只有四个节气，到了周朝时发展到了八个。到秦汉年间，二十四节气已完全确立。公元前 104 年，由邓平等人制定的《太初历》，正式把二十四节气订于历法，明确了二十四节气的天文位置。

二十四节气名称首见于西汉《淮南子·天文训》。《史记·太史公自序》的"论六家要旨"中也有提到阴阳、四时、八位、十二度、二十四节气等概念。汉武帝时，落下闳将节气编入《太初历》之中，并规定无中气之月为上月的闰月。

现代二十四节气沿用定气，即以黄道升交点春分点为起点 0 度（但排序仍习惯上把立春列为首位），按黄经度数编排。因此二十四节气是 24 个时间点，"点"具体落在哪天，是天体运动的自然结果，一般由专家测算。以紫金山天文台颁发的《天文年历》为准。

农历实际年长为 12 个朔望月（平年）或 13 个朔望月（闰年），与多年平均年长回归年并不一致，故二十四节气无法与农历日期相对应，但与同属太阳历性质的公历日期基本对应（二者周期同为回归年）。二十四节气的公历日期每年大致相同：上半年在 6 日、21 日前后，下半年在 8 日、23 日前后。二十四节气的日期在阳历中是相对固定的，如立春总是在阳历的 2 月 3 日至 5 日之间。但在农历中，节气的日期却不大好确定。再以立春为例，它最早可在上一年的农历 12 月 15 日，最晚可在正月十五日。现在的农历既不是阴历也不是阳历，而是阴历与阳历结合的一种阴阳历。农历存在闰月，如按照正月初一至腊月除夕算作一年，则农历每一年的天数相差比很大（闰年 13 个月）。为了规范年的天数，农历纪年（天干地支）每年的第一天并不是正月初一，而是立春。即农历的一年是从当年的立春到次年立春的前一天。例如 2008 年是农历戊子年，戊子年的第一天不是公历 2008 年 2 月 7 日（农历正月初一），而是公历 2008 年 2 月 5 日。

从二十四节气的命名可以看出，节气的划分充分考虑了季节、气候、物候等自然现象的变化。其中，立春、立夏、立秋、立冬是用来反映季节的，是一年四个季节的开始。将一年划分为春、夏、秋、冬四个季节，春分、秋分、夏至、冬至是从天文角度来划分的，反映了太阳高度变化的转折点。由于中国地域辽阔，具有非常明显的季风性和大陆性气候，各地天气气候差异巨大，因此不同地区的四季变化也有很大差异。

小暑、大暑、处暑、小寒、大寒等五个节气反映气温的变化，用来表示一年中不同时期寒热程度；雨水、谷雨、小雪、大雪四个节气反映了降水现象，表明降雨、降雪的时间和强度；白露、寒露、霜降三个节气表面上反映的是水汽凝结、凝华现象，但实质上反映出了气温逐渐下降的过程和程度：气温下降到一定程度，水汽出现凝露现象；气温继续下降，不仅凝露增多，而且越来越凉；当温度降至摄氏零度以下，水汽凝华为霜。

5.7.1.2 月球的影响及月相

月球对地球的重要影响是引起潮汐。月球的引力对地球的海水流动是有影响的，这被称为天文潮汐。一般每月有两次潮汐，在农历每月的初一，即朔点时刻处，太阳和月球在地球的一侧，所以就有了最大的引潮力，所以会引起"大潮"。在农历每月的十五或十六附近，太阳和月球在地球的两侧，太阳和月球的引潮力也会引起"大潮"。

太阳和月球引力对地球上的水（液体）的作用巨大。它对地壳中的固体大陆也起作用，即引发"陆潮"。"陆潮"可能会引发地震，所以在做地震预报时应考虑月相。太阳和月球引力对地球上的大气（气体）也会发生很大的作用，发生"大气潮"。引起大气对流和大气运动上的变化，会引起气候上的变化。故气象专家建议在做天气预报时应考虑月相。现代科学发现，太阳和月球引力还可能对人体或生物体中的液体发生作用，形成神秘的"生物潮"和"人体潮"。日本科学家正在对此问题进行研究。我国古代有一句谚语："逃过初一，也逃不过十五"。这正是对生物潮和人体潮可能会引发人或其他生物病情加重或精神变化的生动写照。

由于二十四节气的公历日期每年大致相同，无法进行分类预报，因而引入月相的分析方法。节气的阴历时间（月相）前后可持续30天左右，因而可以用来聚类分析，建立二十四节气相图法进行预报。该种方法综合反映了太阳、月球运动对预报对象的综合影响。

5.7.2 预报方法

构建丰满水库月相图来水预报技术：将水库来水与24节气发生时间的月相建立相关关系，画水库来水节气月相分布图，见图5.7.1～图5.7.24。

运用月相图法预报1995—2012年的18年丰满水库流域来水，具体预报结果见表5.7.1。预报18年中正确的年份有11年，正确率为61.1%。预报错误的年份中有6年为枯水年，1年平水年。这说明用月相图预报技术在进行丰满水库来水预报时，对枯水年预报需要增加其他预报因子。

表 5.7.1　　　　　　　　1995—2012 年月相图结果统计表

年　份	月相图样本及丰平枯概率						预报定性	实测来水及定性 /(m³/s)	预报结论
1995	丰水	26 个 63%	平水	0 个 0	枯水	15 个 37%	丰水	664/特丰	√

续表

年份	月相图样本及丰平枯概率						预报定性	实测来水及定性 /(m³/s)	预报结论
1996	丰水	10 个 24%	平水	7 个 17%	枯水	24 个 59%	枯水	411/平	×
1997	丰水	2 个 4%	平水	28 个 58%	枯水	18 个 38%	平偏枯	204/特枯	√
1998	丰水	22 个 50%	平水	3 个 7%	枯水	19 个 43%	丰水	361/枯	×
1999	丰水	2 个 5%	平水	41 个 95%	枯水	0 个 0	平水	250/枯	×
2000	丰水	15 个 38%	平水	21 个 53%	枯水	4 个 10%	平偏丰	283/枯	×
2001	丰水	5 个 10%	平水	29 个 58%	枯水	16 个 32%	平水	397/平	√
2002	丰水	19 个 46%	平水	22 个 54%	枯水	0 个 0%	平偏丰	245/特枯	×
2003	丰水	14 个 28%	平水	13 个 26%	枯水	23 个 46%	枯水	212/特枯	√
2004	丰水	4 个 10%	平水	35 个 83%	枯水	3 个 7%	平	341/平	√
2005	丰水	19 个 39%	平水	19 个 39%	枯水	11 个 22%	丰水	544/丰	√
2006	丰水	24 个 41%	平水	0 个 0	枯水	35 个 59%	枯水	264/枯	√
2007	丰水	3 个 7%	平水	33 个 80%	枯水	5 个 12%	平	274/枯	×
2008	丰水	11 个 20%	平水	14 个 26%	枯水	29 个 54%	枯水	251/枯	√
2009	丰水	16 个 28%	平水	22 个 38%	枯水	20 个 34%	平偏枯	263/枯	√
2010	丰水	21 个 36%	平水	34 个 59%	枯水	3 个 5%	平偏丰	757/特丰	√
2011	丰水	43 个 62%	平水	9 个 13%	枯水	17 个 25%	丰水	299/枯	×

续表

年　份	月相图样本及丰平枯概率						预报定性	实测来水及定性 /(m³/s)	预报结论
2012	丰水	16 个	平水	35 个	枯水	13 个	平水	363/平	√
		25%		55%		21%			
		40%		23.3%		36.7%			

5.7.3　丰满水库流域预报实例应用

从丰满水库来水二十四节气月相分布图上，可以看出水库来水具有类似潮汐的特征，尤其特丰水年、特枯水年，聚类效果明显。1995—2012 年月相图结果具体统计见表 5.7.2。

表 5.7.2　　　　　　　　　　　1995—2012 年月相图结果统计表

年　份	月相图样本及丰平枯概率						预报定性	实测来水及定性 /(m³/s)	预报结论
2013	丰水	35 个	平水	20 个	枯水	0 个	丰水	737/特丰	√
		64%		36%		0			
2014	丰水	36 个	平水	2 个	枯水	21 个	丰水	300/枯	×
		61%		3%		36%			
2015	丰水	8 个	平水	24 个	枯水	27 个	特枯	242/特枯	√
		14%		41%		46%			
2016	丰水	5 个	平水	31 个	枯水	25 个	平水	409/平	√
		8.2%		50.8%		41%			
2017	丰水	24 个	平水	14 个	枯水	22 个	平偏丰水	444/平偏丰	√
		40%		23.3%		36.7%			

从 2013 年月相图统计看，样本出现 55 年，2013 年来水平水及以上，出现概率为 100%，预报 2013 年丰满水库来水定性为丰水，实际来水为特丰水，预报正确。

从 2014 年月相图统计看，样本出现 59 年，2014 年来水平水及以上，出现概率为 64%；来水枯水及以下，出现概率为 36%；平水到枯水出现的概率为 39%，预报 2014 年丰满水库来水定性为丰水，实际来水为枯水，预报错误。

从 2015 年月相图统计看，样本出现 59 年，2015 年来水平水及以上，出现概率为 55%；来水枯水及以下，出现概率为 46%；平水到枯水出现的概率为 87%，预报 2015 年丰满水库来水定性为枯水，实际来水为特枯水，预报正确。

从 2016 年月相图统计看，样本出现 61 年，2016 年来水平水及以上，出现概率为 59%；来水枯水及以下，出现概率为 41%；平水到枯水出现的概率为 50.8%，预报 2016 年丰满水库来水定性为平水，实际来水为平水，预报正确。

从 2017 年月相图统计看，样本出现 60 年，2017 年来水平水及以上，出现概率为 63.3%；来水枯水及以下，出现概率为 36.7%；平水到枯水出现的概率为 23.3%，预报 2017 年丰满水库来水定性为丰水，实际来水为偏丰水，预报正确。

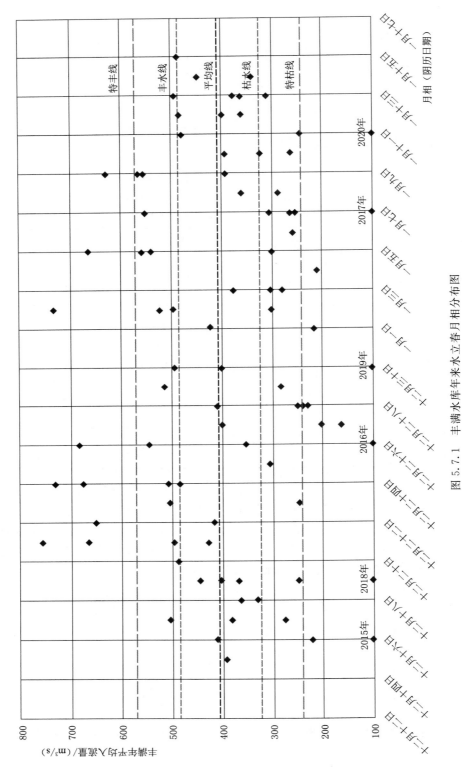

图 5.7.1 丰满水库年来水立春月相分布图

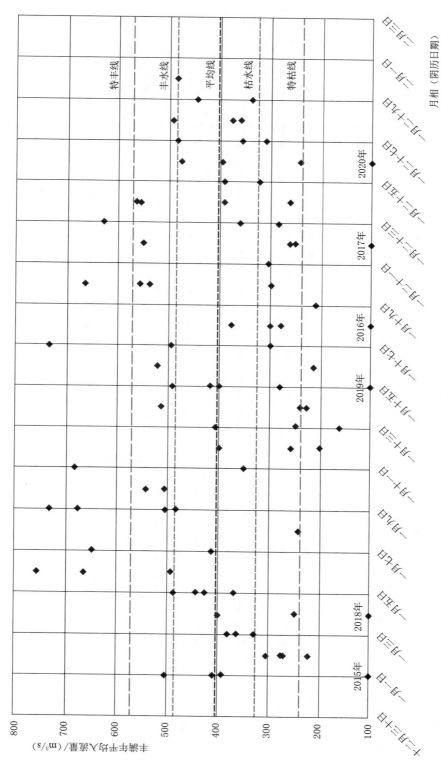

图 5.7.2 丰满水库年来水雨水月相分布图

129

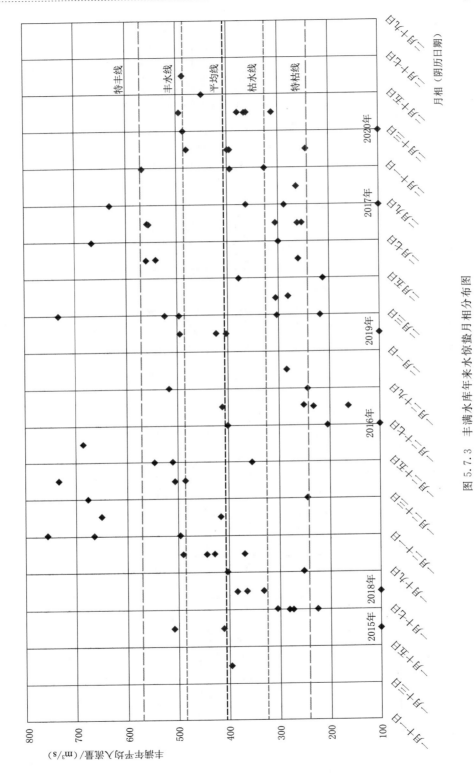

图 5.7.3　丰满水库年来水惊蛰月相分布图

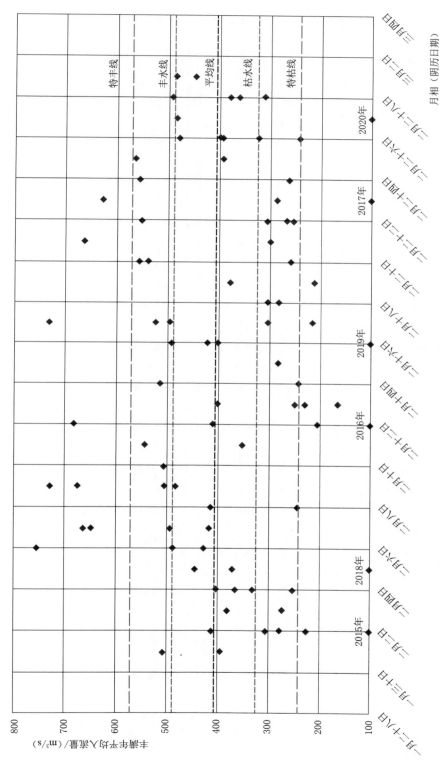

图 5.7.4 丰满水库年来水春分月相分布图

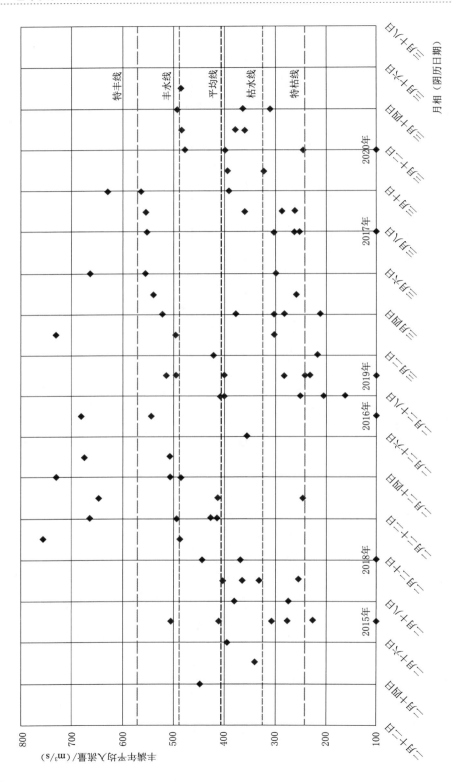

图 5.7.5　丰满水库年来水清明月相分布图

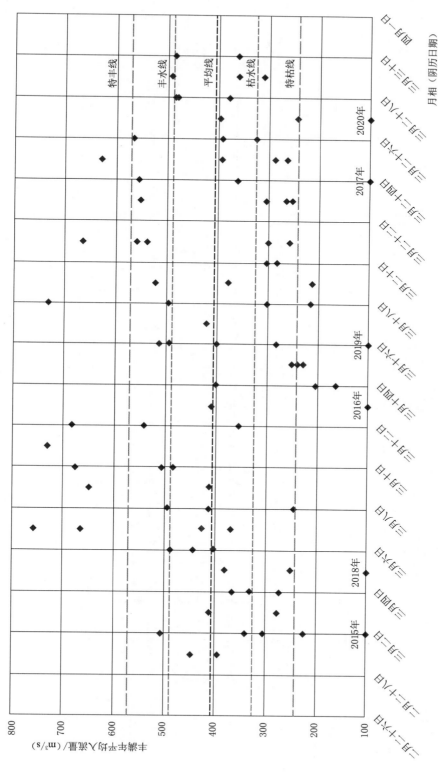

图 5.7.6　丰满水库年来水谷雨相月分布图

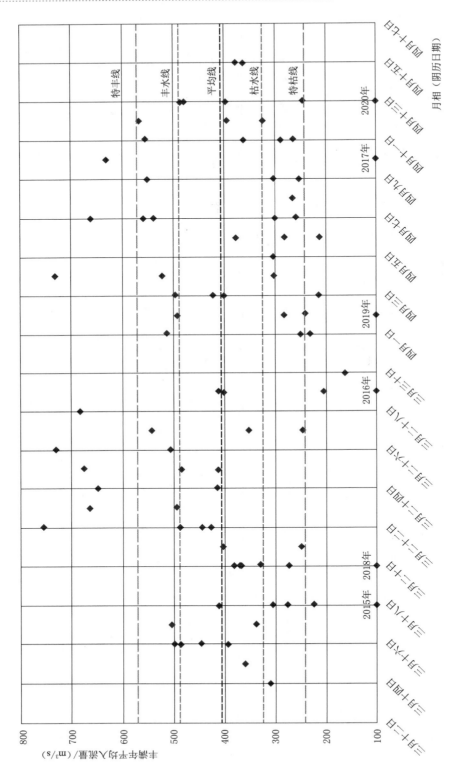

图 5.7.7　丰满水库年来水立夏月相分布图

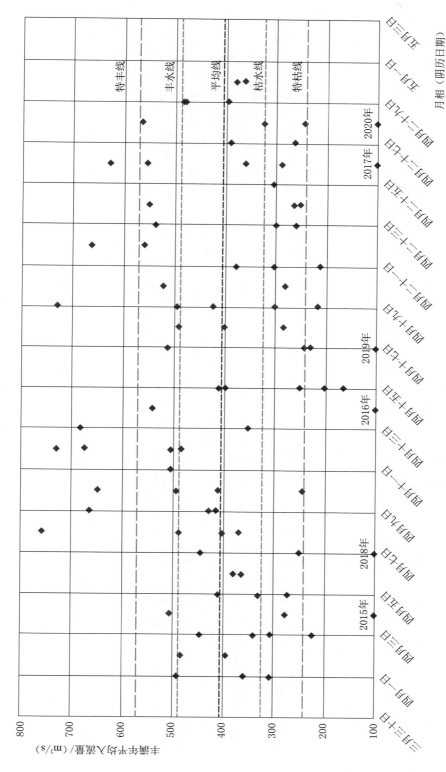

图 5.7.8 丰满水库年来水小满月相分布图

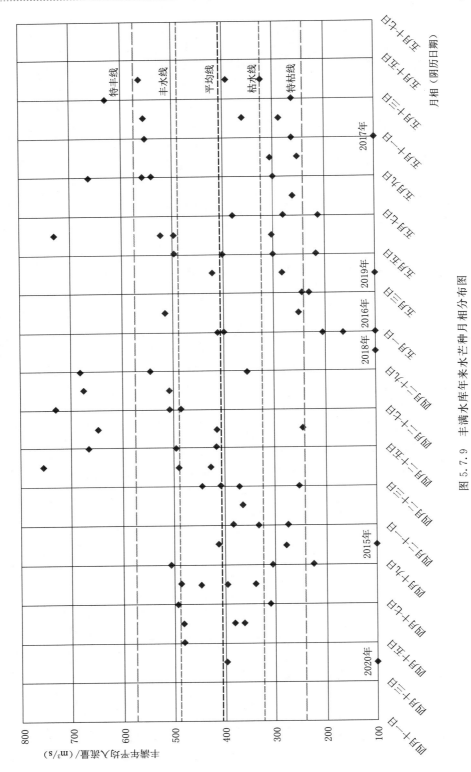

图 5.7.9　丰满水库年来水芒种月相分布图

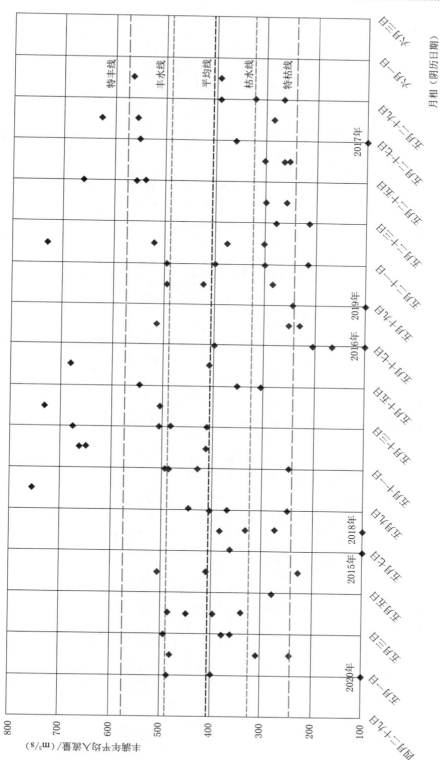

图 5.7.10　丰满水库年来水夏至月相分布图

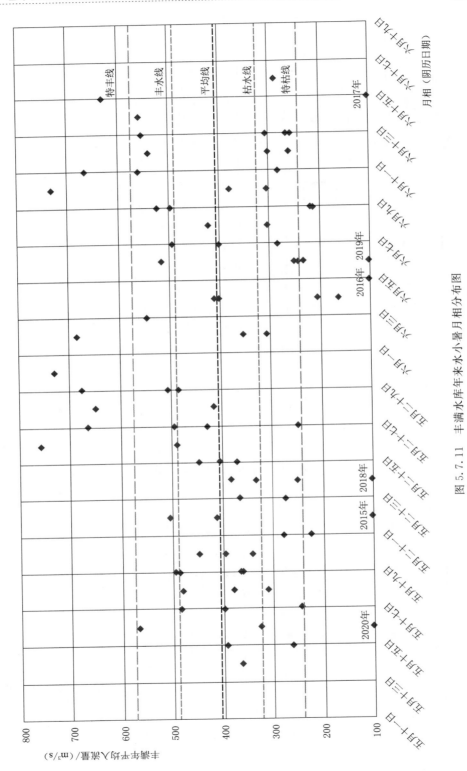

图 5.7.11　丰满水库年来水小暑月相分布图

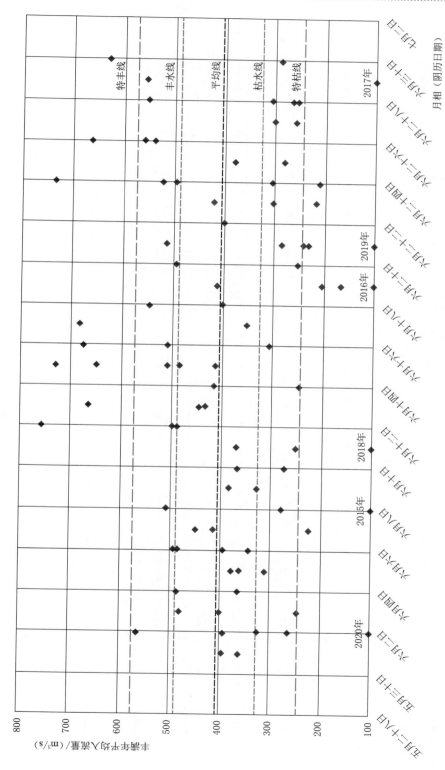

图 5.7.12 丰满水库来水大暑月相分布图

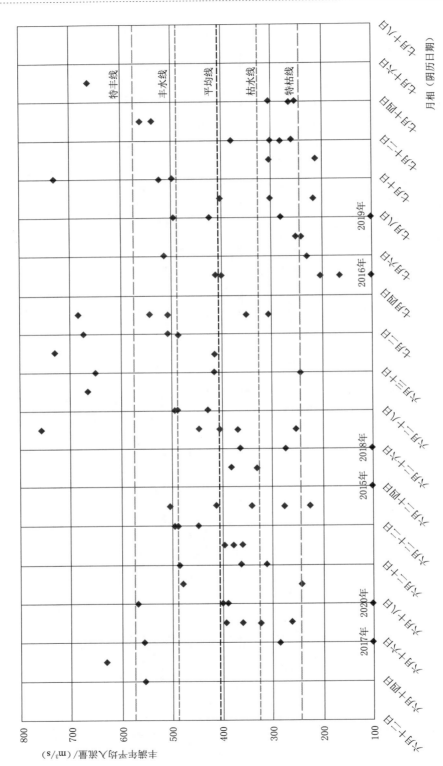

图 5.7.13　丰满水库年来水立秋月相分布图

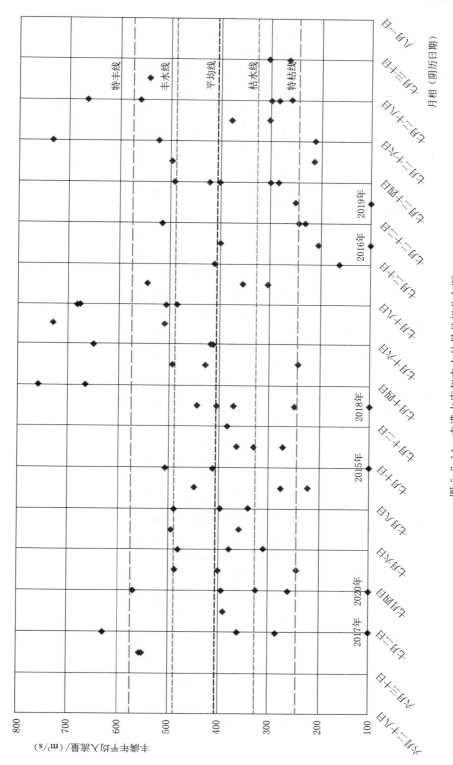

图 5.7.14　丰满水库来水处暑月相分布图

141

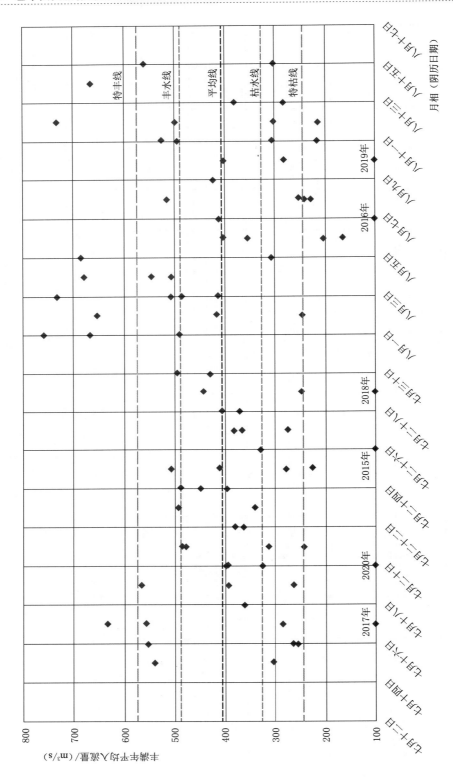

图 5.7.15　丰满水库年来水白露月相分布图

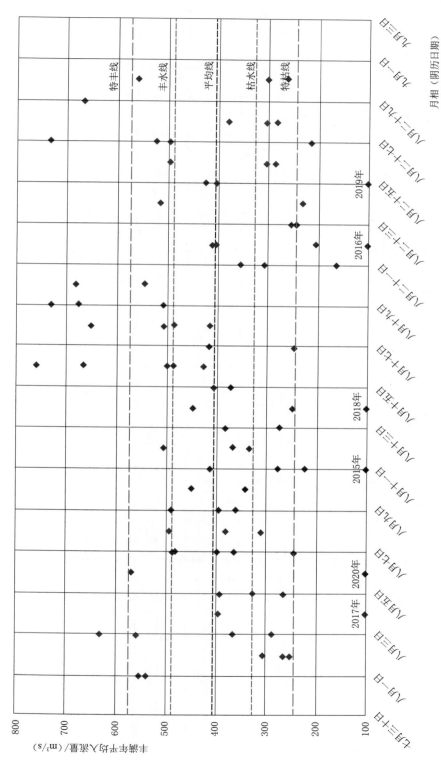

图 5.7.16 丰满水库年来水秋分月相分布图

143

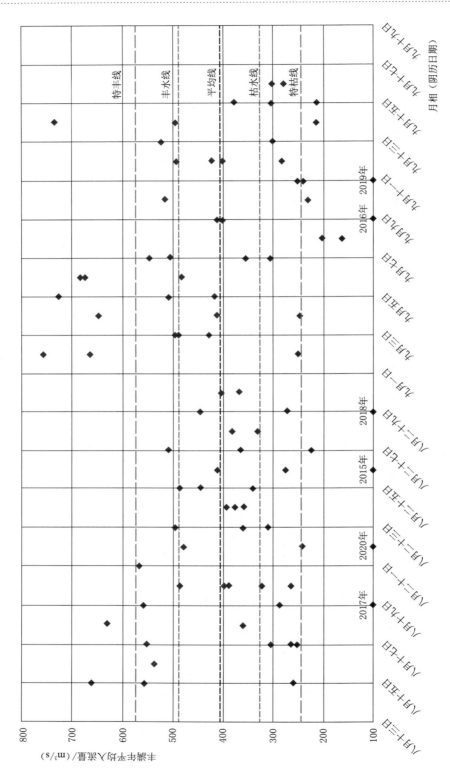

图 5.7.17　丰满水库年来水离露月相分布图

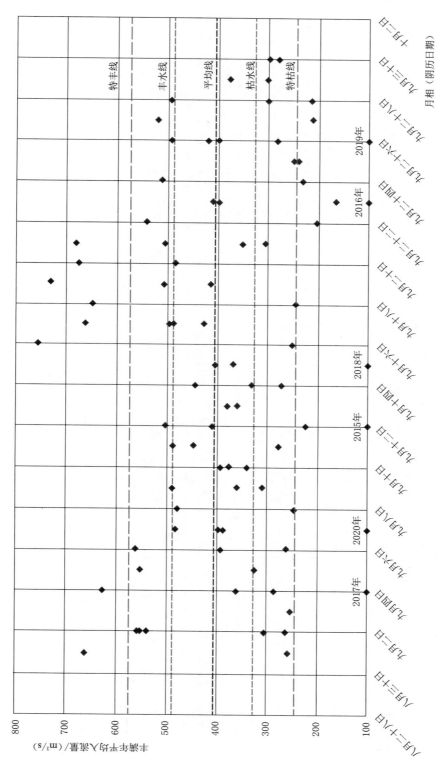

图 5.7.18 丰满水库年来水霜降月相分布图

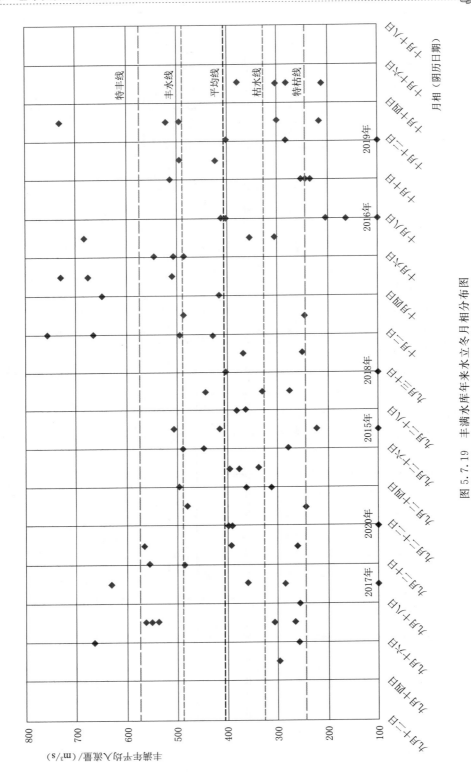

图 5.7.19 丰满水库年来水立冬月相分布图

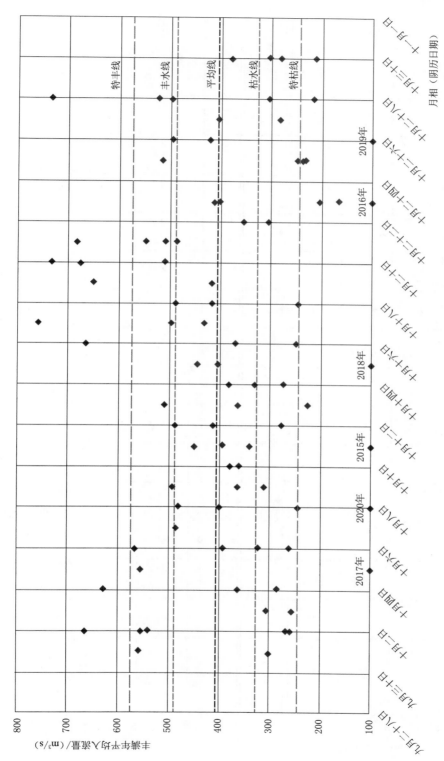

图 5.7.20 丰满水库年来水小雪月相分布图

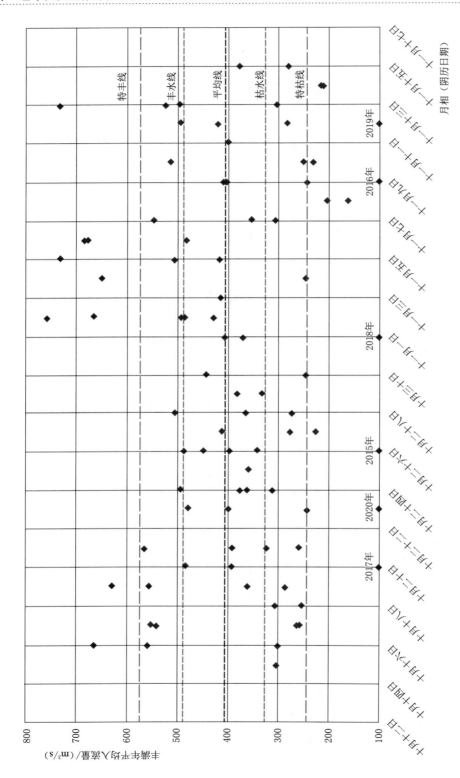

图 5.7.21　丰满水库来水年来水大雪月相分布图

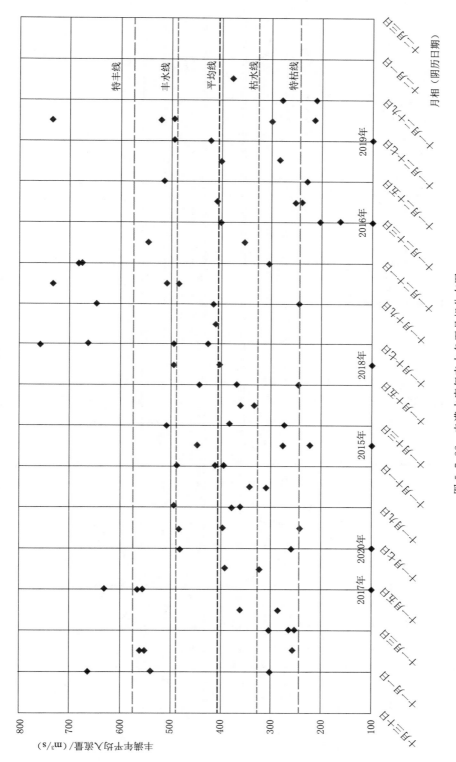

图 5.7.22 丰满水库年来水冬至月相分布图

149

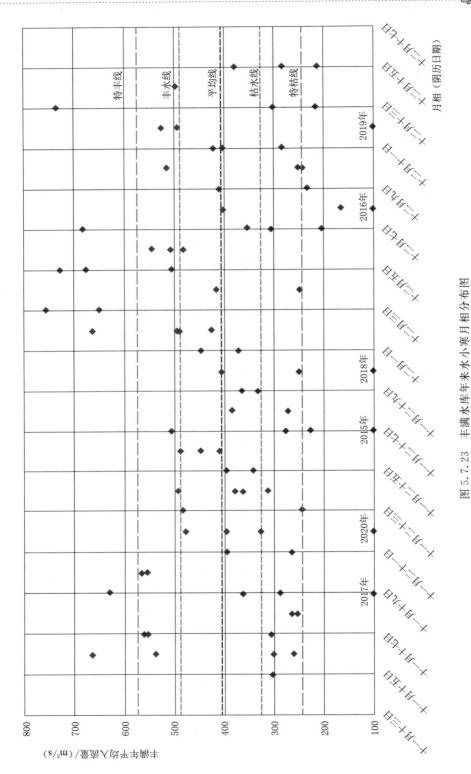

图 5.7.23　丰满水库年来水小寒月相分布图

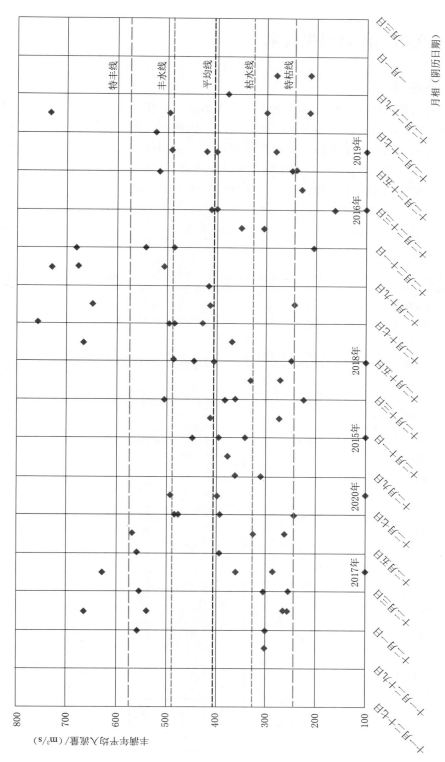

图 5.7.24 丰满水库年来水大寒月相分布图

5.8　天文指标比对预报技术

5.8.1　基本原理

运用天文指标比对预报技术对丰满水库来水进行预报。天文指标包括：①日、地、月运行轨迹特征指标：二十四节气时间、闰月、立春日类型；②月球引潮力指标：月球赤纬角；③太阳辐射能量指标：太阳黑子相对数。运用以上 28 个指标，以预报年份为基准，将历史资料年份的 28 个指标与基准年份的 28 个指标进行比对，从而选出历史相似年组，再从相似年组中，进行进一步判断筛选作出定性预报。

在丰满水库 1995—2012 年 18 年拟合预报中，运用这种方法获得 77.8% 以上的定性预报成功率；且 1995 年、2005 年、2010 年 3 个特丰水年均成功报出。具体见表 5.8.1。

表 5.8.1　　丰满水库 1995—2012 年天文特征比对预报技术拟合预报成果表　　单位：m³/s

预报年份	预报年份数据	样本年份	样本数据	样本年份	样本数据	样本年份	样本数据	数据融合	预报定性	实况	来水性质	预报正确与否
1995	664	1957	558	1938	539	1976	259	558	特丰	664	特丰	√
1996	411	1977	277	1939	505	1958	225	336	偏枯	411	正常	×
1997	204	1959	400	1978	164	1940	410	282	枯水	204	特枯	√
1998	361	1979	287	1941	555	1960	629	287	枯水	361	偏枯	√
1999	250	1980	403	1942	370	1961	444	403	平水	250	枯水	√
2000	283	1981	493	1943	421	1962	401	493	丰水	283	枯水	×
2001	397	1982	244	1963	479	1944	484	244	特枯	397	平水	×
2002	245	1983	415	1945	413	1964	649	415	平水	245	特枯	×
2003	212	1984	303	1946	281	1965	378	303	枯水	212	特枯	√
2004	341	1985	394	1947	447	1966	486	394	平水	341	偏枯	√
2005	544	1986	683	1948	353	1967	306	683	特丰	544	特丰	√
2006	264	1949	254	1968	305	1987	552	254	枯水	264	枯水	√
2007	274	1988	382	1950	331	1969	365	382	偏枯	274	枯水	√
2008	251	1970	242	1951	514	1989	231	242	枯水	251	枯水	√
2009	263	1990	392	1933	393	1952	324	392	偏枯	263	枯水	√
2010	757	1991	488	1953	665	1934	494	577	特丰	757	特丰	√

续表

预报年份	预报年份数据	样本年份	样本数据	样本年份	样本数据	样本年份	样本数据	数据融合	预报定性	实况	来水性质	预报正确与否
2011	299	1992	216	1935	522	1954	733	216	特枯	299	枯水	√
2012	363	1974	378	1936	492	1955	360	378	偏枯	363	偏枯	√

5.8.2　预报方法

1. 二十四节气特征指标比对技术

二十四节气是根据太阳在黄道（即地球绕太阳公转的轨道）上的位置来划分的。太阳从春分点（黄经零度，此刻太阳垂直照射赤道）出发，每前进15°为一个节气；运行一周又回到春分点，为一回归年，共360°。因此分为24个节气。二十四节气反映了太阳的周期运动，从小暑、大暑、处暑、小寒、大寒等反映气温变化的节气中，选择小寒阴历（近日点附近）代表近日点发生时间，小暑阴历（远日点附近）代表远日点发生时间。近日点、远日点反映了引潮力的影响，引潮力作用于地球大气海洋，使得温度大气异常，导致大气环流系统突变，水汽来源对流加强，导致旱、涝极端事件发生。

二十四节气比对技术即比对所有样本年份24个节气的阴历"日"期，从而找出相似年。出现的阴历月份不同时，只要保证日期相同，即判断该年为相似年。如1936年小寒阴历日期为十一月十四日，1973年为十二月十四日，则1936年与1973年为相似年。依此类推，得到与预报年份二十四节气相似的年组。预报的样本年二十四节气中有一个节气日期相同，对应的年份就相似，节气相同的越多，相似度就越高。

闰月类型即当年是否有闰月，都有或都无皆为相似。立春类型就是该年的立春在春节前或春节后，都在春节前即相似，都在春节后也为相似。闰月类型和立春类型都作为辅助判断，从而加强预报的可靠性。

2. 月球赤纬角比对技术

月球视运动轨道（白道）面与地球（天球）赤道面之间的夹角称为月球赤纬角（亦称白赤交角）。当月球赤纬角最小时，月球的直下点远离中国主大陆，故而在主大陆内引起地壳鼓起就小，地下放出携热水汽就相应减少，热带气团与高纬度冷气团就不易在中国大陆相碰，所以雨量减少，易形成干旱。反之，月球赤纬角最大时，其直下点在我国纬度的范围就大，遇到地壳不稳定的机会较多，所以影响气候的变化就大。如东北松花江1932年大洪水的原因之一就是当年月球赤纬角最大。

以月球赤纬角最大值年下行第一年为$m1$，第二年为$m2$。依此类推，至月球赤纬角最小值年截止；以月球赤纬角最小值年上行第一年为$M1$，第二年为$M2$。依此类推，至月球赤纬角最大值年截止，形成月球赤纬角年相位。相位相似的年份即为相似年，见表5.8.2，2007年、1988年和1970年均为月球赤纬角最大值年，故3个年份为相似年。

表 5.8.2 月球赤纬角对比表

年份	最大赤纬角/(°)	相位	年份	最大赤纬角/(°)	相位	年份	最大赤纬角/(°)	相位
2007	27.85	$m1$	1988	28.09	$m1$	1970	27.45	$m1$
2008	27.01	$m2$	1989	27.25	$m2$	1971	26.46	$m2$
2009	25.46	$m3$	1990	26.17	$m3$	1972	25.26	$m3$
2010	24.14	$m4$	1991	24.52	$m4$	1973	23.52	$m4$
2011	22.33	$m5$	1992	23.13	$m5$	1974	22.11	$m5$
2012	20.55	$m6$	1993	21.32	$m6$	1975	20.34	$m6$
2013	19.3	$m7$	1994	20.01	$m7$	1976	19.14	$m7$
2014	18.31	$m8$	1995	18.5	$m8$	1977	18.23	$m8$
2015	18.08	$m9$	1996	18.12	$m9$	1978	18.09	$m9$
2016	18.56	$M1$	1997	18.08	$m10$	1979	19.06	$M1$
2017	20	$M2$	1998	19.31	$M1$	1980	20.22	$M2$
2018	21.33	$M3$	1999	20.57	$M2$	1981	21.56	$M3$
2019	23.13	$M4$	2000	22.34	$M3$	1982	23.36	$M4$
2020	24.53	$M5$	2001	24.14	$M4$	1983	25.13	$M5$

3. 太阳黑子比对技术

太阳黑子是在太阳的光球层上发生的一种太阳活动，是太阳活动中最基本、最明显的活动现象。人类发现太阳黑子活动已经有几千年了。研究认为，在太阳活动峰年期间，一方面太阳给大气转入的能量增多，导致大气热功能加强；另一方面，地壳因磁致伸缩效应和磁卡效应产生变形和松动，地壳内的携热水汽易于泄出，并与大气相配合，会造成天气异常导致发生大洪水，反之亦然。一般情况下，其他大水与黑子中位相基本是固定的。

5.8.3 丰满水库流域预报实例应用

由于天文指标包括：①日、地、月运行轨迹特征指标：二十四节气、闰月、立春日类型；②月球引潮力指标：月球赤纬角；③太阳辐射能量指标：太阳黑子相对数。分别以三大类指标的相似为主要指标，分别选出各自的相似年，对 28 个指标进行比较分析，以相似指标个数最大的作为相似年，最终筛选出相似年组。丰满流域 2013 年日、地、月运行轨迹特征指标对比方法对特征表见表 5.8.3～表 5.8.8。

1. 2013 年丰枯状况预报

表 5.8.9 为丰满流域 2013 年天文特征比对技术相似年组比对特征表。

表 5.8.3　丰满流域 2013 年日、地、月运行轨迹特征指标对比方法对特征表（一）

年份	立春	雨水	惊蛰	春分	清明	谷雨	立夏	小满	芒种	夏至	小暑	大暑	立秋	处暑	白露	秋分	寒露	霜降	立冬	小雪	大雪	冬至	小寒	大寒	立春性质	闰月	月球赤纬角	太阳黑子相对数均值
(1)	(2)	(3)	(4)	(5)	(6)	(7)	(8)	(9)	(10)	(11)	(12)	(13)	(14)	(15)	(16)	(17)	(18)	(19)	(20)	(21)	(22)	(23)	(24)	(25)	(26)	(27)	(28)	(29)
1937	23	9	24	9	24	10	26	12	28	14	29	16	3	18	4	19	6	20	6	21	5	20	24	8	前	无	m5	114.4
1956	24	9	23	9	25	10	25	12	28	13	29	16	2	18	4	19	5	20	5	20	6	21	24	9	前	无	m5	141.7
1975	24	9	24	9	24	10	25	12	27	13	29	15	2	18	3	18	5	19	6	21	6	20	24	10	前	无	m6	15.5
1994	24	10	25	10	25	10	26	11	27	13	29	15	2	17	4	18	5	19	5	20	5	20	24	9	前	有	m7	39.6
2013	24	9	24	9	24	11	26	12	27	14	30	15	1	17	3	19	4	19	5	20	5	20	24	9	前	无	m7	64.6

注　表中数值为各时节的阴历日期。

表 5.8.4　丰满流域 2013 年日、地、月运行轨迹特征指标对比方法对特征表（二）

年份	立春	雨水	惊蛰	春分	清明	谷雨	立夏	小满	芒种	夏至	小暑	大暑	立秋	处暑	白露	秋分	寒露	霜降	立冬	小雪	大雪	冬至	小寒	大寒	立春性质	闰月	月球赤纬角	太阳黑子相对数均值	相似个数
(1)	(2)	(3)	(4)	(5)	(6)	(7)	(8)	(9)	(10)	(11)	(12)	(13)	(14)	(15)	(16)	(17)	(18)	(19)	(20)	(21)	(22)	(23)	(24)	(25)	(26)	(27)	(28)	(29)	(30)
1937	1	0	0	0	0	1	0	0	-1	0	1	-1	-2	-1	-1	0	-2	-1	-1	-1	0	0	0	1	0	0	1	114.4	13
1956	0	0	1	0	-1	1	1	0	-1	1	1	-1	-1	-1	-1	0	-1	-1	0	0	-1	-1	0	0	0	0	1	141.7	11
1975	0	0	0	0	0	1	1	0	0	1	1	0	-1	-1	0	1	-1	0	-1	-1	-1	0	0	-1	0	0	1	15.5	14
1994	0	-1	-1	-1	-1	1	0	1	0	1	1	0	-1	0	-1	1	-1	0	0	0	0	0	0	0	0	1	0	39.6	16
2013	0	0	0	0	0	0	0	0	0	0	0	0	0	0	0	0	0	0	0	0	0	0	0	0	0	0	0	64.6	

表 5.8.5　丰满流域 2014 年日、地、月运行轨迹特征指标对比方法对特征表

年份(1)	立春(2)	雨水(3)	惊蛰(4)	春分(5)	清明(6)	谷雨(7)	立夏(8)	小满(9)	芒种(10)	夏至(11)	小暑(12)	大暑(13)	立秋(14)	处暑(15)	白露(16)	秋分(17)	寒露(18)	霜降(19)	立冬(20)	小雪(21)	大雪(22)	冬至(23)	小寒(24)	大寒(25)	立春性质(26)	闰月(27)	月球赤纬角(28)	太阳黑子相对数均值(29)	相似个数(30)
1938	0	0	1	1	1	0	0	0	0	−1	0	1	−1	−1	−1	29	−1	28	−2	−1	−1	0	0	0	0	0	1	109.6	13
1957	0	0	1	1	0	0	0	0	0	−1	1	1	−1	0	0	0	0	29	−2	0	0	−1	0	0	0	0	1	189.9	16
1976	−1	0	1	0	0	0	0	0	0	0	0	0	0	0	0	0	0	29	−1	−1	−1	0	−1	−1	1	0	1	12.6	13
1995	0	0	0	0	0	0	0	0	0	−1	0	0	−1	0	0	1	1	1	−1	0	0	0	−1	0	0	0	0	20.7	16
2014	0	0	0	0	0	0	0	0	0	0	0	0	0	0	0	0	0	0	0	0	0	0	0	0	0	0	0	75	

表 5.8.6　丰满流域 2015 年日、地、月运行轨迹特征指标对比方法对特征表

年份(1)	立春(2)	雨水(3)	惊蛰(4)	春分(5)	清明(6)	谷雨(7)	立夏(8)	小满(9)	芒种(10)	夏至(11)	小暑(12)	大暑(13)	立秋(14)	处暑(15)	白露(16)	秋分(17)	寒露(18)	霜降(19)	立冬(20)	小雪(21)	大雪(22)	冬至(23)	小寒(24)	大寒(25)	立春性质(26)	闰月(27)	月球赤纬角(28)	太阳黑子相对数均值(29)	相似个数(30)
1939	−1	0	0	1	0	0	1	0	1	1	0	0	1	0	1	−1	−1	0	0	−2	−2	−1	0	−1	0	0	1	88.8	13
1958	0	−1	−1	0	1	0	0	1	1	1	1	1	1	1	1	0	0	0	0	−2	−2	−2	−1	0	0	0	1	184.6	12
1977	−1	−1	−1	0	0	−1	0	−1	0	2	1	1	0	1	0	0	0	0	0	−1	−1	0	0	−1	0	0	1	27.5	13
1996	0	0	0	0	0	−1	0	0	0	0	0	0	0	0	0	0	0	0	0	0	−1	0	0	−1	0	0	0	8.9	16
2015	0	0	0	0	0	0	0	0	0	0	0	0	0	0	0	0	0	0	0	0	0	0	0	0	0	0	0	62	

表 5.8.7　丰满流域 2016 年日、地、月运行轨迹特征指标对比方法对特征表

年份	立春	雨水	惊蛰	春分	清明	谷雨	立夏	小满	芒种	夏至	小暑	大暑	立秋	处暑	白露	秋分	寒露	霜降	立冬	小雪	大雪	冬至	小寒	大寒	立春性质	闰月	月球赤纬角	太阳黑子相对数均值	相似个数
(1)	(2)	(3)	(4)	(5)	(6)	(7)	(8)	(9)	(10)	(11)	(12)	(13)	(14)	(15)	(16)	(17)	(18)	(19)	(20)	(21)	(22)	(23)	(24)	(25)	(26)	(27)	(28)	(29)	(30)
1940	-2	-1	-1	-1	-1	0	0	-1	0	1	1	0	0	1	0	2	0	0	0	0	0	-1	0	-2	0	0	1	67.8	14
1959	-1	0	-1	-1	-1	-1	0	-1	0	1	1	1	0	0	1	1	1	1	0	0	0	0	0	-2	0	0	1	158.8	16
1978	-1	-1	-1	-1	-1	-1	-1	-1	0	1	0	0	0	0	1	1	1	1	0	0	1	0	0	-1	0	0	1	92.7	10
1997	-1	0	0	0	-1	-1	0	-1	0	1	0	0	0	0	1	1	1	1	0	0	1	0	0	-1	0	0	1	22.3	15
2016	0	0	0	0	0	0	0	0	0	0	0	0	0	0	0	0	0	0	0	0	0	0	0	0	0	0	1	46.9	

表 5.8.8　丰满流域 2017 年日、地、月运行轨迹特征指标对比方法对特征表

年份	立春	雨水	惊蛰	春分	清明	谷雨	立夏	小满	芒种	夏至	小暑	大暑	立秋	处暑	白露	秋分	寒露	霜降	立冬	小雪	大雪	冬至	小寒	大寒	立春性质	闰月	月球赤纬角	太阳黑子相对数均值	相似个数
(1)	(2)	(3)	(4)	(5)	(6)	(7)	(8)	(9)	(10)	(11)	(12)	(13)	(14)	(15)	(16)	(17)	(18)	(19)	(20)	(21)	(22)	(23)	(24)	(25)	(26)	(27)	(28)	(29)	(30)
1941	-2	-2	-1	-1	-1	0	-1	0	-1	-1	1	0	1	1	0	0	0	-1	-1	0	1	1	-1	0	0	0	1	47.5	11
1960	-2	-1	-1	0	-2	-1	0	0	-2	-1	-1	-1	1	0	0	0	0	0	-1	0	1	1	0	0	0	0	1	112.3	14
1979	-1	-1	-1	0	-1	0	-1	0	-1	0	0	-1	-1	0	-1	0	0	0	0	0	1	1	1	1	0	0	1	155.3	12
1998	-1	-1	0	0	-1	-5	-1	0	0	0	0	28	-1	0	-1	0	0	0	0	0	0	0	1	1	0	0	0	70	10
2017	0	0	0	0	0	0	0	0	0	0	0	0	0	0	0	0	0	0	0	0	0	0	0	0	0	0	0	20	

表 5.8.9　　　　　　　丰满流域 2013 年天文特征比对技术相似年组比对特征表

年　份	汛期误差/%	全年误差/%	汛期节气一致个数	年度节气一致个数	年平均/(m³/s)	丰枯状况
1937	−5	−6	2	13	505	丰水
1956	−3	−4	1	11	676	特丰
1975	1	−1	3	14	484	偏丰
1994	2	1	4	16	507	丰水

由表 5.8.3 和表 5.8.9 天文指标特征对比结果如下：

从二十四节气相似度及立春性质、闰月性质来看，最相似的年份为 1994 年，其次是 1937 年；从太阳黑子相对数来看：1937 年峰值，1956 年是峰后第 4 年，1975 年是谷前 1 年，1994 年是谷前 2 年，2013 年是峰前 1 年。因而最为相似的是 1937 年；从月球赤纬角特征看：最相似的是 1994 年。

从误差综合指标分析，1975 年汛期误差最小；全年误差 1975 年、1994 年最小；1994 年汛期相同个数最多，其次是 1975 年和 1937 年；1994 年相同个数最大。

综合考虑，预报 2013 年与 1994 年、1937 年相似，判定 2013 年为丰水年。

2. 2014 年丰枯状况预报

表 5.8.10 为丰满流域 2014 年天文特征比对法相似年组比对特征表。

表 5.8.10　　　　　　　丰满流域 2014 年天文特征比对法相似年组比对特征表

年　份	汛期误差/%	全年误差/%	汛期节气一致个数	年度节气一致个数	年平均/(m³/s)	丰枯状况
1938	27	54	3	13	539	丰水
1957	0	30	4	16	558	丰水
1976	2	28	6	13	259	枯水
1995	2	1	2	16	664	特丰

由表 5.8.4 和表 5.8.10 天文指标特征对比结果如下：

从二十四节气相似度及立春性质、闰月性质来看，最相似的年份为 1957 年和 1995 年；从太阳黑子相对数来看：1938 年是谷前 2 年，1957 年是峰值，1976 年是峰后第 1 年，1995 年是谷值年，2014 年是峰值，则最为相似的是 1957 年，其次是 1976 年；从月球赤纬角的特征看：最相似的是 1995 年。

从误差综合指标分析，1957 年汛期误差最小；全年误差 1995 年最小；1976 年汛期相同个数最多，其次是 1938 年和 1957 年；1995 年、1957 年相同个数并列最大。

综合考虑，预报 2014 年与 1995 年、1957 年相似，判定 2014 年为丰水年。

3. 2015 年丰枯状况预报

表 5.8.11 为丰满流域 2015 年天文特征比对技术相似年组比对特征表。

表 5.8.11　　　　丰满流域 2015 年天文特征比对技术相似年组比对特征表

年　份	汛期误差/%	全年误差/%	汛期节气个数	年度个数	年平均/(m³/s)	丰枯状况
1939	3	−2	3	13	505	丰水
1958	7	2	1	12	225	特枯
1977	6	1	3	13	277	枯水
1996	4	1	4	16	411	平水

由表 5.8.5 和表 5.8.11 天文指标特征比对结果如下：

从二十四节气相似度及立春性质、闰月性质来看，最相似的年份为 1996 年；从太阳黑子相对数来看：1939 年峰后第 2 年，1958 年是峰后第 1 年，1977 年是谷后第 1 年，1996 年是谷值，2015 年是峰后第 1 年，则最为相似的是 1958 年；从月球赤纬角特征看：最相似的是 1996、1958 年，是谷前 1 年（太阳黑子相对数和月球赤纬角这两个特征是 1958 年独自有的值），与 1958 年最为相似。

从误差综合指标分析，1939 年汛期误差最小；全年误差 1977、1996 年最小；1996 年汛期相同个数最多，其次是 1939 年和 1977 年；1996 年相同个数最大。

综合考虑，预报 2015 年与 1958 年相近，太阳黑子数相位相同、月球赤纬角相位相同、二十四节气也较接近，判定 2015 年相似于 1958 年，为特枯水年。

4. 2016 年丰枯状况预报

表 5.8.12 为丰满流域 2016 年天文特征比对技术相似年组比对特征表。

表 5.8.12　　　　丰满流域 2016 年天文特征比对技术相似年组比对特征表

年　份	汛期误差/%	全年误差/%	汛期节气一致个数	年度节气一致个数	年平均/(m³/s)	丰枯状况
1940	5	−4	4	14	410	平水
1959	3	−2	5	16	400	平水
1978	4	−1	4	10	164	特枯
1997	2	2	6	15	204	特枯

由表 5.8.6 和表 5.8.12 天文指标特征对比结果如下：

从二十四节气相似度及立春性质、闰月性质来看，最相似的年份为 1959 年，其次是 1997 年；从太阳黑子相对数来看：1940 年峰后第 3 年，1959 年是峰后第 2 年，1978 年是峰前第 1 年，1997 年是峰前第 1 年，2016 年是峰后第 2 年，则最为相似的是 1959 年，其次是 1940 年；从月球赤纬角特征看：月球赤纬角的相位均不相同。

从误差综合指标分析，1997 年汛期误差最小；全年误差 1978 年最小；1997 年汛期相同个数最多，其次是 1959 年；1959 年相同个数并列最大。

综合考虑，预报 2016 年与 1959 年、1978 年相似，判定 2016 年为平水年，与 1959 年最相似。

5. 2017 年丰枯状况预报

表 5.8.13 为丰满流域 2017 年天文特征比对法相似年组比对特征表。

表 5.8.13　　　　　　丰满流域 2017 年天文特征比对法相似年组比对特征表

年　份	汛期误差/%	全年误差/%	汛期节气一致个数	年度节气一致个数	年平均/(m³/s)	丰枯状况
1941	1	−8	3	11	555	丰水
1960	−2	−4	3	14	629	特丰
1979	−3	−3	3	12	287	枯水
1998	26	24	3	10	361	偏枯

由表 5.8.7 和表 5.8.13 天文指标特征对比结果如下：

从二十四节气相似度及立春性质、闰月性质来看，最相似的年份为 1960 年，其次是 1979 年；从太阳黑子相对数来看：1941 年峰后第 4 年，1960 年是峰后第 3 年，1979 年是峰值，1998 年是峰前第 2 年，2017 年是峰后第 3 年，则最为相似的是 1960 年；从月球赤纬角特征看：没有完全相似的年份。

从误差综合指标分析，1941 年汛期误差最小；全年误差 1979 年最小，其次是 1960 年；汛期相同个数各年相同；1960 年相同个数最大。

综合考虑，预报 2017 年与 1960 年相似，为大洪水特丰水年。

6. 预报结果评价

基于二十四节气相似度及立春性质、闰月性质、太阳黑子数、月球赤纬角等因素，寻找待预报年的相似年。以汛期误差、全年误差、汛期个数及年度个数为指标计算待预报年份的相似年，从而基于相似年的丰枯状况进行预报，可得预报的准确率为 80%，具体预报结果与实测结果对比见表 5.8.14。说明该方法能够有效预报出当年的丰枯状况，具有较好的应用价值。图 5.8.1 为 1920—2015 年太阳黑子相对数趋势图。

表 5.8.14　　　　　　　　2013—2017 年的预报结果与实测结果比较

预　报　值			实　际　值			预报结果评价
序　号	年　份	丰枯状况	序　号	年　份	丰枯状况	
1	2013	丰	6	2013	特丰	√
2	2014	丰	7	2014	枯	×
3	2015	特枯	8	2015	特枯	√
4	2016	平	9	2016	平	√
5	2017	特丰	10	2017	偏丰	√

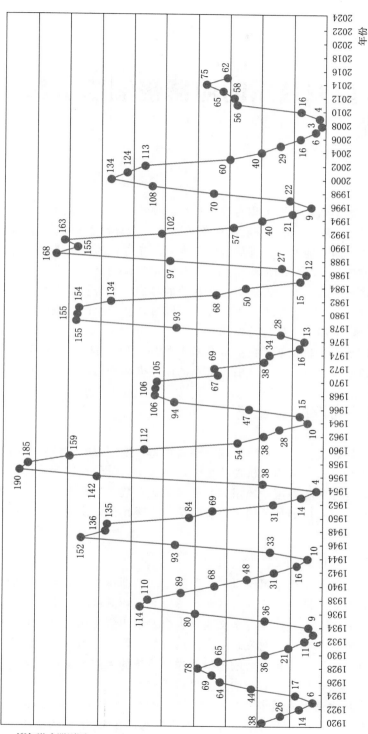

图 5.8.1　1920—2015 年太阳黑子相对数趋势图

第6章
基于深度挖掘技术的流域极端来水超长期预报技术

流域的极端来水受到太阳黑子相对数、月球赤纬角、日月地的位置（二十四节气时间）、拉马德雷效应、厄尔尼诺、拉尼娜现象等天文、全球尺度影响因素的影响。太阳黑子相对数、月球赤纬角能够从物理成因的角度对极端进行的来水进行分析，而日月地的位置（二十四节气）、洋流循环运动等因子不能有效说明其对极端来水的影响机理。本章采用神经网络、机器学习的方法对众多相关的影响因子与极端来水的丰枯状况关系进行挖掘，从定量的角度对极端来水进行预报。同时，基于生产实践中的经验松花江流域大水前特有的柳树下雨的现象进行论述。

本章介绍的极端来水超长期预报技术有基于 BP 神经网络模型的预报技术，基于支持向量机的预报技术，以及基于宏观前兆信息的流域极端来水超长期预报技术。

6.1 预报因子的选取与处理

基于天文、全球、流域尺度上对流域极端来水超长期预报的方法的介绍，对其预报所用的相关因子进行分析，从物理机理的角度，对影响因子的选用和处理进行分析。主要从太阳、月球和地球的相对运动选用如太阳黑子相对数、月球赤纬角、二十四节气为预报因子；大气环流所对应的气象因子如拉马德雷冷暖相位以及厄尔尼诺和拉尼娜现象为预报因子。

6.1.1 太阳黑子相对数

太阳黑子是太阳光球上的暗黑斑点，太阳黑子活动即指太阳黑子的大小和数量随时间发生变化的过程。太阳活动的增强与减弱，不但大气环流将随之增强与减弱，而且大气环流形式也发生相应的改变，各种水文要素也会发生相应变化。黑子的多少基本上代表了整个日面辐射能量的变化，它反映了太阳活动的强弱。因而选择太阳黑子相对数为预报因子之一。即以太阳黑子相对数的预报值作为该年的太阳黑子相对数的值。因而该方法的选用，需要对太阳黑子相对数的预报进行研究。

全球近 300 年特大洪水典型年中有 13 次特大洪水，发生在不同黑子位相中，其中有 6 次是在位相 $m-1\sim m+1$ 中发生的，发生大洪水的位相为 m 的概率大约占 75%，这 6 年太阳黑子相对平均数绝对值为 16.9。以当年太阳黑子相对数的均值为指标，作为丰枯状况的预报因子。

6.1.2　月球赤纬角

月球视运动轨道（白道）面与地球（天球）赤道面之间的夹角称为月球赤纬角（亦称白赤交角）。这个角度是不断变化的，具有一定的周期性，该周期与日月食的沙罗周期以及潮汐相近。月亮赤纬角的变化会使得地壳容积变化，引起潮汐周期变化及地壳形变，使得地球上区域的水汽含量发生变化，因而可用于对强降水（或干旱）进行预报。月亮赤纬角最大或最小年份，或前后一年，我国都发生了较大的气候地质灾害（如洪水泛滥、大旱灾、地震等）。

6.1.3　二十四节气

一年有 24 个节气，共 12 个节和 12 个气。即一个月之内有一节一气，每两节气相距，平均约三十天又十分之四，而阴历每月之日数则为二十九天半，故约每三十四个月，必遇有两月仅有节而无气及仅有气而无节者。有节无气之月，即农历之闰月，有气无节之月不为闰月，节气与农历月份的关系见表 6.1.1。

二十四节气的阴历时间具有以下意义：①二十四节气能够有效表征地球和太阳的相对位置；②阴历时间能够有效表征地球和月球的相对位置。因而选用二十四节气的阴历时间为指标能够有效从太阳、地球、月亮的相对位置方面对全年的丰枯情况进行评判。

表 6.1.1　　　　　　　　　　　　节气与农历月份的关系

季	春			夏			秋			冬		
月	正月	二月	三月	四月	五月	六月	七月	八月	九月	十月	冬月	腊月
节	立春	惊蛰	清明	立夏	芒种	大暑	立秋	白露	寒露	立冬	大雪	小寒
气	雨水	春分	谷雨	小满	夏至	小暑	处暑	秋分	霜降	小雪	冬至	大寒

二十四节气反映了太阳的周年式运动，所以节气在现行的公历中日期基本固定，上半年在 6 日、21 日，下半年在 8 日、23 日，前后相差 1～2 天。

然而我国天文学家用旧历计算有 24 个节气，一个节气相差时间很长，从 1561—2050 年间的 490 年中，从我国天文学家计算实际数字可知：近日点时间（节气小寒附近）最早是 1737 年 5 月 4 日，最晚是 1946 年 6 月 23 日，相差变幅 40 天，远日点时间（节气小暑附近）最早是 1594 年 11 月 10 日，最晚是 1575 年 12 月 20 日，相差变幅 50 天。这种时间变幅为分析研究探讨节气同灾害之间的相关关系提供了可能。

选用 24 节气发生时间（阴历），作为反映太阳对气候变化的 24 个因子，来研究水库、流域来水是可行的。

6.1.4　拉马德雷与厄尔尼诺、拉尼娜现象

拉马德雷（La Madre）现象被称为"太平洋十年涛动"（简称 PDO），是一种高空气压流，分别以"暖位相"和"冷位相"两种形式在太平洋上空交替出现，每种现象持续 20 年至 30 年的时间，呈周期性存在。由于"拉马德雷"的冷暖交替，促使太平洋高

空气流由美洲和亚洲两大陆向太平洋中央移动，使得中太平洋海面升高或降低，而中太平洋海面反复升降导致地壳的跷板运动，从而引发强烈的地震活动。

厄尔尼诺现象（西班牙语：El Nino）发生时，对于中国地区来说，易导致暖冬的出现。南方地区易出现暴雨洪涝，北方地区易出现高温干旱，东北地区易出现冷夏。

拉尼娜现象（La Nina）出现时，我国易出现冷冬热夏的现象，登陆我国的热带气旋个数较常年增多，易导致出现"南旱北涝"的现象。

因而以拉马德雷的冷暖位相以及厄尔尼诺或拉尼娜现象是否发生作为预报因子，可以对丰满流域的年来水的丰枯状况进行预报。

6.1.5　预报因子选定和处理

（1）太阳黑子相对数：将每年的太阳黑子数作为样本因子。

（2）月球赤纬角：将每年的月球赤纬角最大值作为样本因子。

（3）二十四节气：将每年的二十四节气的日期作为样本因子。

（4）拉马德雷：若为冷位相，则为-1；若为暖位相，则为$+1$。

（5）厄尔尼诺和拉尼娜：若为厄尔尼诺，则为$+1$；若为拉尼娜，则为-1。

6.2　基于 BP 神经网络模型的预报技术

6.2.1　BP 神经网络模型

人工神经网络是模仿人脑的结构和功能所构成的一种智能信息处理系统，具有很强的自适应学习能力、并行信息处理能力、容错能力和非线性函数逼近能力，为解决具有多因素性、复杂性、随机性及非线性的问题提供了一种新的途径。误差逆传播算法（error back propagation neural network），即 BP 算法，是神经网络中最重要的网络之一，它具有很强的非线性动态处理能力，无需知道输入与输出之间的关系，即可实现高度的非线性映射，适用于从样本数据中提取特征，能够较好地表达各输入与输出的隐式非线性对应关系。

BP 神经网络是由 Rumelhart 等[110-113]提出的一种多层前馈神经网络，其主要特点是信号前向传递，误差反向传播。其神经元的激励函数为 S 形函数，即输出值为 $0\sim1$，可以实现从输入到输出的任意非线性映射，网络输入值和预报值分别为该函数的自变量和因变量，当输入节点数为 n、输出节点数为 m 时，BP 神经网络就表达了从 n 个自变量到 m 个因变量的函数映射关系。BP 神经网络在向前传递中，输入信号从输入层经隐含层逐层处理，直至输出层。每一层的神经元状态只影响下一层神经元状态。若输出层得不到期望输出，则转入反向传播，利用输出层的误差来计算更前一层的误差，按照这样的方式逐层反向传播下去可以得到所有各层的误差估计。根据预报误差调整网络权值和阈值，从而使 BP 神经网络预报输出不断逼近期望输出。BP 神经网络的拓扑结构包括输入层、隐含层和输出层，能够在事先不知道输入输出具体数学表达式的情况下，通过学习存储该复杂关系，运用误差反向传播和最速梯度信息寻找网络误差最小化的参数组合。然而该方法存在误差函数为非凸函数、传递函数调整停顿、网络优化速度较慢的问题。

其中 X_1，X_2，$\cdots$，X_k 为神经网络的输入变量值，ω_{ij} 为连接输入层与隐含层的权值，ω_{jk} 为连接隐含层与输出层的权值，Y 为神经网络的预报输出值。

若输出有 m 个神经元，实际输出为 y_k，而第 k 个神经元的期望输出为 y_k^*，则网络的平方型误差函数为

$$E = \frac{1}{2} \sum_{k=1}^{m} e_k^2 = \frac{1}{2} (y_k - y_k^*)^2 \qquad (6.2.1)$$

权值的更新按照误差函数的负梯度修改：

$$\omega^{t+1} = \omega^t + \Delta \omega^t = \omega^t - \eta g^t \qquad (6.2.2)$$

式中：t 表示迭代次数，$g^t = \left. \dfrac{\partial E}{\partial \omega} \right|_{\omega = \omega^t}$。

输出层神经元权值的更新公式为

$$\omega_{jk}^{t+1} = \omega_{jk}^t - \eta \left. \frac{\partial E}{\partial \omega} \right|_{\omega = \omega^t} = \omega_{jk}^t + \eta \hat{\delta}_k Y_k \qquad (6.2.3)$$

式中：δ_k 为输出层第 k 个神经元的学习误差。

隐含层神经元权值的更新公式为

$$\omega_{ij}^{t+1} = \omega_{ij}^t - \eta \left. \frac{\partial E}{\partial Y_j} \frac{\partial Y_j}{\partial \omega_{ij}} \right|_{\omega = \omega^t} = \omega_{ij}^t + \eta \hat{\delta}_j Y_j \qquad (6.2.4)$$

式中：δ_j 为输出层第 j 个神经元的学习误差。

6.2.2　SSO－BP 神经网络模型

6.2.2.1　SSO 算法简介[114]

1. 设定种群个体的初始值

（1）设定蜘蛛个体数量的初始值：利用公式（6.2.5）计算雌性蜘蛛个体的数量 N_f；利用公式（6.2.6）计算雄性蜘蛛个体的数量 N_m：

$$N_f = floor[(0.9 - rand\,0.25)N] \qquad (6.2.5)$$

$$N_m = N - N_f \qquad (6.2.6)$$

式中：$rand$ 为区间 $[0，1]$ 的随机数；$floor$ 为取整函数。

（2）设定蜘蛛个体的初始向量值：向量值即为所求值的序列，利用随机数确定初始值：

$$s(i) = lb + rand(ub - lb) \qquad (6.2.7)$$

式中：lb 为向量分量取值的下限；ub 为向量分量取值的上限；$rand$ 为区间 $[0，1]$ 的随机数。

（3）计算蜘蛛个体的适应度值：在确定了目标函数 $J(\cdot)$ 后计算个体的适应度值。

（4）计算蜘蛛个体的权重。蜘蛛个体的权重越大表示蜘蛛个体解决问题的能力越强，权重计算公式如下：

$$w_i = \frac{J(s_i) - worst_s}{best_s - worst_s} \qquad (6.2.8)$$

式中：$J(s_i)$ 为蜘蛛 s_i 个体的适应度值，上述公式中的 $worst_s$ 表示最劣适应度值，$best_s$ 表示最优的适应度值：

$$best_s = \max_{k \in \{1,2,\cdots,N\}} (J(s_k)) \text{，} worst_s = \min_{k \in \{1,2,\cdots,N\}} (J(s_k)) \tag{6.2.9}$$

2. 雌雄蜘蛛个体的相互作用

（1）蜘蛛个体之间信息的传递取决于蜘蛛个体间的距离，计算雌雄蜘蛛最优个体与最差个体之间的距离，$d_{i,j}$ 是蜘蛛 i 和蜘蛛 j 之间的距离，即

$$d_{i,j} = \| s_i - s_j \| \tag{6.2.10}$$

式中：s_i，s_j 为蜘蛛个体的向量值。

（2）蜘蛛个体信息传递的基本形式是蜘蛛在蛛网上发出振动，是基于判定个体性别的基础上对外界发出的振动。

1）震动 $Vibc_i$ 表示的是个体 i 与个体 c 之间的信息交流，个体 c 距离个体 i 最近，它比个体 i 权重大（$w_c > w_i$）。

$$Vibc_i = w_c \mathrm{e}^{-d_{i,c}^2} \tag{6.2.11}$$

2）震动 $Vibb_i$ 表示的是个体 i 与个体 b 的信息交流，个体 b 权重最大。

$$Vibb_i = w_b \mathrm{e}^{-d_{i,b}^2} \tag{6.2.12}$$

3）震动 $Vibf_i$ 表示的是个体 i 与个体 f 信息交流，个体 f 是距离个体 i 最近的雌性个体。

$$Vibf_i = w_f \mathrm{e}^{-d_{i,f}^2} \tag{6.2.13}$$

3. 雌雄蜘蛛对外界的振动作出反应

（1）雌性蜘蛛对外界的反应。雌性蜘蛛对外界的反应分为对其他蜘蛛的吸引或排斥。确定阈值 PF，随机生成 $[0,1]$ 之间的数 r_m，分别比较 r_m 与 PF 的大小，对外界的反应的数学模拟如下式：

$$f_i^{k+1} = \begin{cases} f_i^k + \alpha Vibc_i(s_c - f_i^k) + \beta Vibb_i(s_b - f_i^k) + \delta\left(rand - \dfrac{1}{2}\right), (r_m < PF) \\ f_i^k - \alpha Vibc_i(s_c - f_i^k) - \beta Vibb_i(s_b - f_i^k) + \delta\left(rand - \dfrac{1}{2}\right), (r_m \geqslant PF) \end{cases}$$
$$\tag{6.2.14}$$

α，β，δ 和 $rand$ 是随机数，k 为迭代次数。s_c 代表与个体 i 距离最小的个体，s_b 代表群体最优值。

（2）雄性蜘蛛对外界的反应。雄性蜘蛛群 M 依据权重的降序排列进行分类。权重值在中间的如 $w_{N_{f+m}}$ 所代表的蜘蛛被称为中级雄性蜘蛛。雄蜘蛛对外界的反应，即蜘蛛个体的进化运动过程，由式（6.2.15）模拟：

$$m_i^{k+1} = \begin{cases} m_i^k + \alpha\left(\dfrac{\sum_{h=1}^{N_m} m_h^k \cdot w_{N_f+h}}{\sum_{h=1}^{N_m} w_{N_f+h}} - m_i^k\right), w_{N_f+i} \leqslant w_{N_f+m} \\ m_i^k + \alpha Vibf_i(s_f - m_i^k) + \delta\left(rand - \dfrac{1}{2}\right), w_{N_f+i} > w_{N_f+m} \end{cases} \tag{6.2.15}$$

个体 s_f 代表了距离雄蜘蛛 i 最近的雌蜘蛛，$(\sum_{h=1}^{N_m} m_h^k \cdot w_{N_f+h} / \sum_{h=1}^{N_m} w_{N_f+h})$ 代表了雄蜘蛛个体权重的平均值大小。

4. 交配生成新个体与新个体进化选择

（1）雌雄个体在交配范围内即可发生交配行为，交配范围用交配半径表示，可采用式（6.2.16）计算：

$$r = \frac{\sum_{j=1}^{n}(p_j^{high} - p_j^{low})}{2n} \tag{6.2.16}$$

式中：p_j^{high} 表示蜘蛛个体分量的最大值；p_j^{low} 表示蜘蛛个体分量的最小值。

（2）通过交配行为生成新的蜘蛛个体。雌性蜘蛛 S_f 与中级以上的雄性蜘蛛 S_{mm} 在交配半径范围内发生交配行为。

1）选择交配的雌雄蜘蛛个体：将能够发生交配行为的蜘蛛个体放在一起形成矩阵 S_1：

$S_1 = \{S_{mm1}; S_{mm2}; \cdots; S_{mmi}; S_{f1}; S_{f2}; \cdots; S_{fj}\}, i=1,2,\cdots,m; j=1,2,\cdots,n;$
$S = \{x_1, x_2, \cdots, x_d\}$。

2）新个体的生成。现对新生成的单个蜘蛛个体 $S = \{x_1, x_2, \cdots, x_d\}$ 加以说明。

$$x_j = S_1(x_{ij}), if(J(S_{1(i,:)}) > rand \cdot sum(S_2))$$

式中：$sum(S_2)$ 为适应度向量 S_2 的和；i 为矩阵 S_1 的行数；j 为矩阵 S_1 的列数。

根据以上交配机制新的蜘蛛个体生成。

（3）个体的选择机制：个体的选择依据轮盘赌的方法确定：

$$p_{s_i} = \frac{w_i}{\sum w_j} \tag{6.2.17}$$

新生成的蜘蛛则由式 $J(\cdot)$ 计算适应度后，与原有的蜘蛛种群进行比较，优势蜘蛛将取代原有的劣势蜘蛛，这样的机制保证了雄性和雌性蜘蛛在全部种群中的比例，同时能够使蜘蛛群体向优势蜘蛛发展。

6.2.2.2 SSO 算法优化 BP 神经网络

图 6.2.1 中的黑框内为神经网络算法部分，SSO 优化 BP 神经网络主要分为 BP 神经网络结构确定、遗传算法优化权值和阈值、BP 神经网络训练及预报。其中，BP 神经网络的拓扑结构是根据样本的输入/输出参数个数确定的。优化的是 BP 神经网络的初始权值和阈值，只要网络结构已知，权值和阈值的个数就已知。神经网络的权值和阈值一般是通过随机初始化为 $[-1, 1]$ 区间的随机数，这个初始化参数对网络训练的影响很大，通过优化算法求得最佳的初始权值和阈值。

6.2.3 模型运用

选取丰满流域水电站 1933—2017 年间共 85 年的年平均流量序列 $\{q_i, i=1,2,\cdots, 85\}$，应用前 80 年（1993—2012 年）训练 BP 神经网络预报模型，确定模型参数，用后

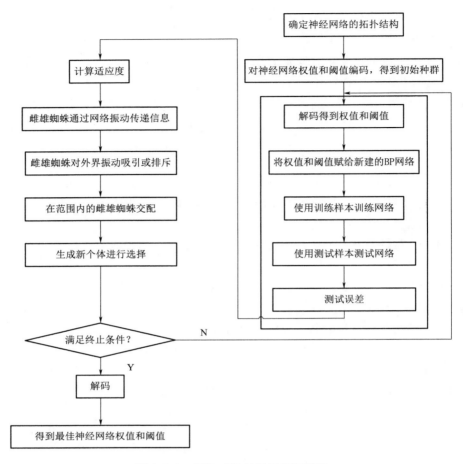

图 6.2.1　SSO - BP 神经网络流程图

5 年（2013—2017 年）的年均径流量进行检验。运用 Matlab 软件的 BP 神经网络工具箱进行计算，经过试算验证，输入层为 28，隐含层选用 28，输出层为 1，群居蜘蛛优化算法的种群规模 $N=50$，最大迭代次数 G_{max} 为 500。

　　根据得到的预报模型，计算 2013—2017 年的年最大洪峰流量预报值。图 6.2.2 给出了模型的（1933—2012 年）训练模拟值和（2013—2017 年）预报值与丰满流域年平均流量观测值的对比图。训练阶段和预报阶段相关误差统计分析结果见表 6.2.1。根据《水文情报预报规范》（GB/T 22482—2008），中长期水文预报的定量预报中，水量按多年变幅的 20% 作为合格标准，当一次预报误差小于许可误差时，为合格预报，因而首先对合格标准进行计算，统计计算 1933—2017 年每年水量的多年变化幅度，即可得该合格标准为 118.6m³/s。

　　合格率超过 85% 为预报等级的甲等。根据表 6.2.1 中统计的分析结果得出，在训练阶段的合格率为 100.0%，属于甲等；在检验阶段的合格率为 80%，预报结果较好，属于乙等。

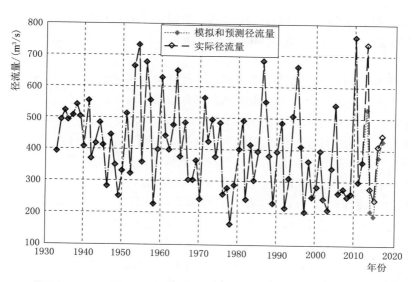

图 6.2.2 模型模拟值（1933—2012 年）和预报值（2013—2017 年）与观测值的对比图

表 6.2.1 预 报 值 的 相 对 误 差

年 份	2013	2014	2015	2016	2017
实测值/(m³/s)	737	277	242	409	444
预报值/(m³/s)	531	207	193	377	430
绝对误差	−206	−70	49	32	14
相对误差/%	−27.95	−25.27	20.25	7.82	3.15
定性预报	丰	枯	枯	平	平
定量预报是否合格	否	是	是	是	是
定性预报是否合格	是	是	是	是	是

6.3 基于支持向量机的预报技术

选用某类样本利用支持向量机，对未知年的来水值进行预报；利用全样本，构建对应关系，对需要预报的来水值进行预报。对两种样本方法的预报结果进行对比分析。SVM 是在统计学习理论基础上发展起来的一种新的机器学习方法，可以实现低维空间到高维空间的非线性映射，适合解决非线性回归问题。机器学习研究从观测数据出发寻找规律，利用这些规律对未来数据或无法观测的数据进行预报，其重要理论基础之一是统计学。

6.3.1 支持向量回归模型

支持向量机（support vector machine，SVM）是 Cortes 和 Vapnik 于 1995 年首先提出的一种线性分类器，在引入核技巧之后称为非线性分类器，可以良好解决小样本、非线性及高维模式的识别并能够推广应用到函数拟合等其他机器学习问题中。支持向量机又称支持向量网络，具有理论完备、适应性强、全局优化、训练时间短、泛化性能好等优点。

Vapink 等在 SVM 分类的基础上，将 ε 不敏感损失函数引入其中，建立回归型支持向量机，使其能够解决回归拟合方面的问题，并取得了较好的性能和效果。支持向量机用于时间序列函数回归时称为支持向量回归（support vector regression，SVR），对非线性时间序列存在优良且稳定的预报能力。支持向量机分类是为寻找一个最优分类面而使得两类样本分开，而支持向量回归是寻找一个最优分类面使得所有的训练样本距离该分类面的误差最小。SVR 基本思想示意图见图 6.3.1。

SVR 通过非线性函数变化，将样本影身到高维特征空间，在该高维特征空间里可以找到一个能准确表达输出与输入数据之间相关关系的线性函数 f，即 SVR 函数，函数式为

$$f(x) = \omega^{\mathrm{T}} \varphi(x) + b, \varphi : R^n \rightarrow F, \omega \in F \tag{6.3.1}$$

为了实现最小化实际风险，根据 SRM 准则优化后的结构风险目标函数为

$$R_{reg} = \frac{1}{2} \parallel \omega \parallel^2 + R_{emp} = \frac{1}{2} \parallel \omega \parallel^2 + \frac{C}{n} \sum_{i=1}^{n} | y_i - f(x_i) | \tag{6.3.2}$$

$$| y_i - f(x_i) | = \begin{cases} 0, | y_i - f(x_i) | \leqslant \varepsilon \\ | y_i - f(x_i) | - \varepsilon, | y_i - f(x_i) | > \varepsilon \end{cases} \tag{6.3.3}$$

式中：$\parallel \omega \parallel^2$ 为描述函数代表模型结构信息；C 为平衡系数；$| y_i - f(x_i) |$ 为 ε 不敏感损失函数，见图 6.3.2。

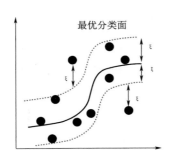

图 6.3.1　SVR 基本思想示意图

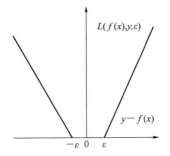

图 6.3.2　ε 线性不敏感损失函数

引入松弛变量 ξ_i、ξ_i^*，将 SVR 函数的参数 ω、b 的优化求解转化为以下优化问题：

$$\min \frac{1}{2} \parallel \omega \parallel^2 + C \sum_{i=1}^{n} (\xi_i + \xi_i^*) \tag{6.3.4}$$

$$\text{s. t. } y_i - \omega^{\mathrm{T}} \varPhi(x) - b \leqslant \varepsilon + \xi_i^* \tag{6.3.5}$$

$$- y_i + \omega^{\mathrm{T}} \varPhi(x) + b \leqslant \varepsilon + \xi_i \tag{6.3.6}$$

$$\xi_i^*, \xi_i \geqslant 0, i = 1, 2, \cdots, n$$

式中：ξ_i^*、ξ_i 为松弛变量，$y_i - \omega^{\mathrm{T}} \varPhi(x) - b = \varepsilon$ 和 $- y_i + \omega^{\mathrm{T}} \varPhi(x) + b = \varepsilon$ 之间的间隔为

回归间隔；C 为惩罚因子，C 取值的大小直接决定了训练误差大于 ε 的样本惩罚力度的大小；ε 为用来确定回归函数的误差的大小。

在公式的求解中引入 Lagrange 乘子 α,α^*，将二次规划问题转化为其对偶问题：

$$\max z = \sum_{i=1}^{n} y_i(\alpha_i^* - \alpha_i) - \varepsilon\sum_{i=1}^{n}(\alpha_i^* + \alpha_i) - \sum_{i=1}^{n}\sum_{j=1}^{n}(\alpha_i - \alpha_i^*)(\alpha_j - \alpha_j^*)K(x_i,x_j) \tag{6.3.7}$$

$$\text{s. t. } \sum_{i=1}^{n}(\alpha_i^* - \alpha_i) = 0, 0 \leqslant \alpha_i \leqslant C \tag{6.3.8}$$

求解该二次规划问题，可得到最优的引入 Lagrange 乘子 α、α^*，当 $(\alpha_i - \alpha_i^*)$ 非零时对应的训练样本为支持向量，同时利用 KKT 条件可计算出偏差 b。

$$\omega = \sum_{i=1}^{l}(\alpha_i - \alpha_i^*)\Phi(x_i) \tag{6.3.9}$$

$$b = \frac{1}{N_{nsv}}\left\{\sum_{0<\alpha_i<C}\left[y_i - \sum_{x_i \in SV}(\alpha_i - \alpha_i^*)K(x_i,x_j) - \varepsilon\right] + \sum_{0<\alpha_i<C}\left[y_i - \sum_{x_i \in SV}(\alpha_j - \alpha_j^*)K(x_i,x_j) + \varepsilon\right]\right\} \tag{6.3.10}$$

其中 N_{nsv} 为支持向量个数。

得到回归函数的表达式：

$$f(x) = \omega\Phi(x) + b = \sum_{i=1}^{l}(\alpha_i - \alpha_i^*)\Phi(x_i)\Phi(x) + b = \sum_{i=1}^{l}(\alpha_i - \alpha_i^*)K(x_i,x) + b \tag{6.3.11}$$

当参数 $(\alpha_i - \alpha_i^*)$ 不等于零时，参数对应的样本 x_i 才是样本中的支持向量。其中，$K(x_i,x) = \Phi(x_i)\Phi(x)$，为一个满足 Mercer 条件 [15] 的核函数。基本结构组成如图 6.3.3 所示。

根据模式识别理论，低维空间线性不可分的模式通过非线性映射到高维特征空间，则可能实现线性可分。若直接采取这种技术在高维空间进行分类或回归，容易存在较难确定的非线性映射函数的形式和参数、特征空间位数等问题，而采用核函数技术则可有效地解决此类问题。常用的核函数有以下几种类型：

（1）线性核函数：

$$K(x,x_i) = xx_i \tag{6.3.12}$$

（2）多项式核函数：

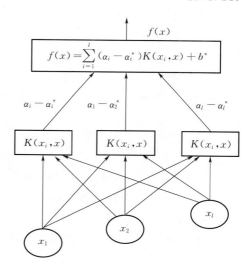

图 6.3.3　SVR 的结构

$$K(x,x_i) = \left[(x \cdot x_i) + 1\right]^d \tag{6.3.13}$$

（3）径向基核函数（RBF）：

$$K(x,x_i) = \exp\left(-\frac{\|x - x_i\|^2}{\sigma^2}\right) \tag{6.3.14}$$

（4）Sigmoid 核函数：

$$K(x, x_i) = \tanh(k(x, x_i) - \delta) \qquad (6.3.15)$$

6.3.2　libsvm 工具箱简介

本文采用 libsvm 工具箱完成对 SVM 模型的训练与预报，通过 MatlabR2014a 工具软件实现模型的仿真实验。

libsvm 是台湾大学林智仁教授等设计开发的 SVM 分类与回归软件包。该工具箱提供的函数对 SVM 建模所涉及的需调节参数相对较少，同时提供了默认参数。通常模型提供的默认参数可解决较多的问题，并且使用简便、快速、有效。它还提供了交叉检验（Cross Validation）功能。该工具箱可以解决 C – SVC（C – support vector classification）、nu – SVC（nu – support vector classification）、one – class SVM（distribution estimation）、epsilon – SVR（epsilon – support vector regression）、nu – SVR（nu – support vector regression）等问题。目前国际上未有统一公认的方法来解决 SVM 建模时的参数选择问题，通常凭借经验和实验对比进行最优 SVM 建模参数的选择。

工具箱主要函数如下：

训练函数：

Model＝svmtrain（train＿label，train＿matrix，［'libsvm＿options']）

输入：

– train＿label：训练集标签；

– train＿matrix：训练集属性；

– libsvm＿options：参数选项

输出：

– model：训练得到的模型

预报函数

［predicted＿label，mse]＝svmpredict(test＿label,test＿matrix,model,['libsvm＿options']）

输入：

– test＿label：测试集标签；

– test＿matrix：测试集属性；

– model：由 svmtrain 得到的模型；

– libsvm＿options：参数选项

输出：

– predicted＿label：预报得到的测试集的标签；

– mse：回归预报的均方误差

由于下文需要详细探讨研究参数选项中某几项的参数选取问题，并进行结果仿真分析，因此需对下文涉及的选项进行说明：– t 用来设置核函数的类型，0 表示线性核函数，1 表示多项式核函数，2 表示高斯径向基核函数；– d 用来设置多项式核函数的阶次；– g 用来设置高斯径向基核函数的核参数；– c 用来设置正则化参数；– p 用来设置不敏感损失函数值。

6.3.3　模型建立

1. 数据的预处理

建模时，选定预报因子作为模型的输入，将样本分为训练集和测试集，作为输入对支持向量机模型进行训练和验证。参数选取的不同，支持向量机模型会有较大的不同，在模型建立时以训练集作为输入，通过优化或人工试错选定最优的参数值，使得模型具有较好的预报值。

$$\begin{pmatrix} \mu_{11} & \mu_{12} & \cdots & \mu_{1m} \\ \mu_{21} & \mu_{22} & \cdots & \mu_{2m} \\ \vdots & \vdots & \cdots & \vdots \\ \mu_{n1} & \mu_{n2} & \cdots & \mu_{nm} \end{pmatrix} = \begin{bmatrix} v_1 \\ v_2 \\ \vdots \\ v_n \end{bmatrix} \qquad (6.3.16)$$

式中：n 为序列的长度；m 为预报因子的个数；μ_{nm} 为预报因子；v_n 为待预报值。

为了提高模型的训练速度，需要将训练的输入和输出数据进行处理。本方法采用的是在输入模型前对数据进行归一化处理，在模型给出输出数据后对其进行反归一化处理，以获得真实的输出值。

（1）[0，1] 区间内的归一化处理。所采用的函数映射如式（6.3.17）所示：

$$\mu'_{ij} = \frac{\mu_{ij} - \mu_{j\min}}{\mu_{j\max} - \mu_{j\min}} \qquad (6.3.17)$$

其中，$\mu_{ij}, \mu'_{ij} \in R^n$，$\mu_{j\min} = \min(\mu_j)$，$\mu_{j\max} = \max(\mu_j)$，$i = 1,2,\cdots,n$；$j = 1,2,\cdots,m$。归一化的效果是原始数据转化为 [0，1] 范围内的数值。

（2）[−1，1] 区间内的归一化处理。所采用的函数映射如下式所示：

$$\mu'_{ij} = 2 \times \frac{\mu_{ij} - \mu_{j\min}}{\mu_{j\max} - \mu_{j\min}} - 1 \qquad (6.3.18)$$

其中，$\mu_{ij}, \mu'_{ij} \in R^n$，$\mu_{j\min} = \min(\mu_j)$，$\mu_{j\max} = \max(\mu_j)$，$i = 1,2,\cdots,n$；$j = 1,2,\cdots,m$。归一化的效果是原始数据转化为 [−1，1] 范围内的数值。

Matlab 的内置函数 mapminmax（·）可以实现上述归一化。将训练集和测试集归结一起进行归一化处理，每一维度中的最大值和最小值从训练集和测试集中确定。

2. 核函数的选择

选取合适的核函数以及不敏感损失参数 ε、正则化参数 C 等，对于有效提高模型的预报和推广能力具有重要的意义和价值。

选择不同的核函数，优选核函数的参数，能够有效提高模型的预报和推广能力。为了便于对核函数的研究，其不敏感损失函数参数 ε、正则化参数 C 分别统一设定为 0.01、200。

（1）线性核函数。线性核函数没有核参数，不需要对参数的具体取值进行讨论。

（2）多项式核函数和高斯径向基核函数。选择多项式核函数作为模型的核函数，其核函数的参数是阶数 d。选择多项式核函数作为模型的核函数，其核函数的参数是 g。为了研究阶数 d 和参数 g 的取值，可采用试错法或优选方法进行选定。其中 $d = [0.1,$ 1，2，5，10]，$g = [0.0001，0.001，0.01，0.1，1]$，以建模后得到的模型预报输出结果与实测数据计算获得均方误差，均方误差最小的参数即为最优的参数值。

3．正则化参数的选择

建模预报时，由于训练数据自身存在干扰噪音缘故，使训练数据样本出现在不敏感区域以外。正则化参数代表了对不敏感区域外因子的惩罚力度大小，用以调节模型的精度和复杂度的关系。正则化参数又叫惩罚因子，当取值小时，表示对超出不敏感损失区域的样本惩罚小，即训练误差大，模型复杂度小，称模型为为欠学习状态；反之取值大时，表示对超出不敏感损失区域的样本惩罚大，即模型复杂度大，而训练误差小，称之为过学习状态。选择正则化参数应该避免模型的欠学习和过学习状态的出现，以有效提高模型的泛化能力。

正则化参数的选择是在模型选定核函数及相关参数后进行的选择。采用试错法或优选方法取 $C=[0.1，1，10，25，50，100，200]$ 分别建立模型，以预报值与输出值的均方误差为标准进行正则化参数的选择。

4．不敏感损失参数的选择

不敏感损失函数的参数 ε 可用于度量模拟误差的大小。不敏感损失区域的宽度是 2ε，ε 越大，不敏感损失区域的宽度就越大，支持向量就越少，模拟误差就越大；ε 越小，不敏感损失区域的宽度就越小，支持向量就越多，模拟误差就越小。ε 越大，易导致模型的"欠学习"状态；ε 越小，易导致模型的"过学习"状态。确定了核函数及其参数、正则化参数后，对不敏感系数进行试错或优选方法选择，$\varepsilon=[0.001,0.01,0.1,1]$，以预报值和实测值之间的均方误差作为标准选择最优的不敏感系数。

6.3.4　参数选择

6.3.4.1　人工鱼群算法概述

人工鱼群算法（artifical fish - swarm algorithm，AFSA）是由李晓磊[115]等在 2002 年提出的，其源于对鱼群运动行为的研究，是一种新型的智能仿生优化算法。它具有较强的鲁棒性、优良的分布式计算机制、易于和其他方法结合等优点。该算法用来解决仿生研究和优化等一系列的课题，并且其问题的解决模型由静态发展到动态，由一维发展到多维。

水域中，鱼群总是能自行或者尾随其他鱼找到营养物质丰富的地方并且在那里聚集，因此鱼群数目最多的水域一般就是营养物质最丰富的地方，人工鱼群算法就是模拟这一点来构造人工鱼，用以模仿鱼群的觅食、聚集、追尾及随游等行为，从而实现寻优。

人工鱼的 4 种行为模式介绍如下。

（1）随游行为：通常当鱼类监测到周围水域没有食物浓度增长点时会采取随游行为，向四周任一方向随机移动一步，可能达到的位置食物并不丰盛。

（2）追尾行为：当人工鱼群检测到四周某一区域鱼群集中时，它会朝这个方向移动，因为人工鱼默认为鱼群位置集中的地方就是食物丰富的地方。检测到鱼群集中水域的方法是以该人工鱼为圆心、以可视域为半径的固定领域内，计算它到可视域范围内的所有人工鱼的向量和除以 N，得到的结果向量即为鱼群中心位置。

（3）聚群行为：人工鱼虽然是单个鱼群中个体独立的按照算法策略进行选择的行为，但总体呈聚集趋势，算法收敛的最终结果就是几簇鱼群聚集地加部分零散鱼，但人工鱼的聚集不是无限制的，它们的聚集程度由拥挤因子确定，当鱼群之间过于拥挤时，拥挤度因子会增大，增大到一定程度，其他的人工鱼将不会再向此群的方向聚集，如此既能保证最多的人工鱼找到食物又不至于太拥挤而对整个鱼群造成不利的影响。

（4）觅食行为：当人工鱼感知到鱼群中心位置食物不如当前所在的位置丰富时，它就不会再执行追尾和聚群行为，而是采取觅食行为。

6.3.4.2 人工鱼群算法的步骤

1. 种群的初始化

假设 $[a_k, b_k]$ 为人工鱼群个体向量 $X = [x_1, x_2, \cdots, x_n]$ 中变量的上下限值。首先采用随机的方法产生一个初始可行的人工鱼 X_1^0，公式如下：

$$X_1^0 = a + rand(b-a) \tag{6.3.19}$$

进而判断 X_1^0 是否在可行域内，若不满足则继续生成；余下的 $N-1$ 条人工鱼按照同样的方法不断生成，直到满足计算要求。

2. 觅食行为

假设第 i 条鱼第 t 时刻状态为 X_i^t，在其感知距离 r 内随机产生一个新的状态 X_j^t，如果 $F(X_j^t) > F(X_i^t)$ 则前进一步；反之则重新随机产生 X_j^t，判断是否满足条件，经过 M 次后，如果仍不满足条件，则随机移动一步，其计算过程见式（6.3.20）：

$$prey(X_i^t) = \begin{cases} X_i^t + \lambda(X_j^t - X_i^t), F(X_j^t) > F(X_i^t) \\ X_i^t + r\lambda, F(X_j^t) \leqslant F(X_i^t) \end{cases} \tag{6.3.20}$$

式中：$F = f(X)$ 为某条鱼当前位置的食物浓度，其中 F 为目标函数；r 为人工鱼的感知距离，用符合均匀分布 $[0, 1]$ 之间的随机数表示，人工鱼只能在其感知距离范围内发生觅食行为；λ 为人工鱼移动的步长。

3. 群聚行为

假设第 i 条鱼第 t 时刻的状态为 X_i^t，在其感知距离 r 范围内的人工鱼群数目为 n_r，如果 $n_r < N\delta$ 表明伙伴中 X_c^t 有较多食物并且不拥挤，并且有 $F(X_c) > F(X_t)$，则 X_i^t 向伙伴中心 X_c^t 前进一步；否则继续执行觅食行为，其计算过程见式（6.3.21）：

$$swam(X_i^t) = \begin{cases} X_i^t + r\lambda(X_c^t - X_i^t), n_r < N\delta, F(X_c^t) > F(X_i^t) \\ prey(X_i^t), 其他 \end{cases} \tag{6.3.21}$$

式中：N 为鱼群的总数；δ 为拥挤因子。

4. 追尾行为

假设第 i 条鱼第 t 时刻状态为 X_i^t，在其感知距离 r 范围内的最优邻居状态为 X_{max}^t，并且在其感知距离范围内有 n_{max} 条鱼。如果 $F(X_{max}^t) > F(X_i^t)$ 且 $n_{max} < n\delta$，则说明 X_{max}^t 位置优于 X_i^t，并且在其附近有较多食物并且不拥挤，则向伙伴 X_{max}^t 前进一步；否则继续执行觅食行为，其计算过程见式（6.3.22）：

$$fllow(X_i^t) = \begin{cases} X_i^t + r\lambda(X_{\max}^t - X_i^t), n_r < N\delta, F(X_{\max}^t) > F(X_i^t) \\ prey(X_i^t), \text{其他} \end{cases} \tag{6.3.22}$$

5. 公告板设置

人工鱼群在优化寻优过程中，设置公告板，在公告板中记录鱼群的最优位置和每条鱼寻优过程中的最优位置。在每次觅食行为、群聚行为和追尾行为完毕后都要检查自身位置和公告板的位置，如果自身的位置位于公告板的位置，则更新公告板。

6.3.5　模型运用

选取丰满流域水电站 1933—2017 年共 85 年的年平均流量序列 $\{q_i, i = 1, 2, \cdots, 85\}$，应用前 80 年（1993—2012 年）训练支持向量机预报模型，确定模型参数，用后 5 年（2013—2017 年）的年均径流量进行检验。运用 Matlab 软件的 LibSvm 工具箱进行计算，经过试算验证，该模型中支持向量机选用 v-SVR，核函数选用 Sigmoid 函数，运用鱼群优化算法进行模型的参数优选。

经过计算可得参数 $c = 0.9977$，$g = 8.5277$。

根据得到的预报模型，计算 2013—2017 年的年最大洪峰流量预报值。图 6.3.4 给出了本文提出模型的（1933—2012 年）训练模拟值和（2013—2017 年）预报值与丰满流域年平均流量观测值的对比图（图 6.3.4）。训练阶段和预报阶段相关误差统计分析结果见表 6.3.1。

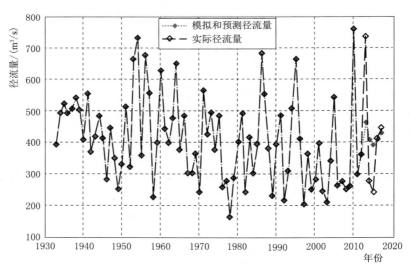

图 6.3.4　模型模拟值（1933—2012 年）和预报值（2013—2017 年）与观测值的对比图

根据《水文情报预报规范》（GB/T 22482—2008），水量按多年变幅的 20% 作为合格标准，统计计算 1933—2017 年水量的多年变化幅度，确定合格标准为 118.6m³/s。通过表 6.3.1 中统计分析结果表明，在训练阶段的合格率为 100.0%，属于甲等；在检验阶段的合格率为 60%，预报结果较差，属于丙等。

表 6.3.1		预 报 值 的 相 对 误 差			
年 份	2013	2014	2015	2016	2017
实测值/(m³/s)	737	277	242	409	444
预报值/(m³/s)	465	386	391	406	434
绝对误差	272	109	149	3	10
相对误差/%	36.91	39.35	61.57	0.73	2.25
定性预报	平偏丰	平水	平水	平	平
定量预报是否合格	否	是	否	是	是
定性预报是否合格	是	否	否	是	是

6.4 基于宏观前兆信息的流域极端来水超长期预报技术

6.4.1 基本原理

在自然界中，任何灾害事件的发生，都有一定的过程性。通常自然灾害的发生都要有能量的积累和释放的过程，在能量的积累过程中就会出现灾害发生前的征兆，即为前兆。前兆包括宏观前兆（在灾害发生前，人类能够感受到的前兆）和微观前兆（在灾害发生前，人类不能够感受到的，但是可以通过仪器、设备监测到的前兆）两大类。前兆是预报的可能性与预报实现的现实性之间的桥梁，当前已经被广泛地应用到预报实践当中。

利用前兆来指导预报的思想称为前兆理论，由前兆理论得出前兆方法。根据前兆的相似性，寻找相似年，按相似年做定量预报。或者根据预报因子的相似性找相似年，按相似年做定量预报。在前兆明显时用前兆相似的方法，前兆不明显时用预报因子寻找相似年。并用前兆对预报结果进行跟踪滚动修正。

6.4.2 前兆理论

用可公度网络结构图、太阳黑子相位与分期等方法进行预报，只能得出高发期的预报，但对于当年来水量的具体情况不能准确预报，仍需要依靠秋后降水量、春汛来水量等指标前兆来最后确定。

1. 丰满流域秋后降水量、春汛流量、年来水点聚图

丰满流域秋后 9—10 月的降水量对下一年的来水具有一定的指示作用，因此在当地有"秋后雨水多，来年淹山坡"的谚语。此外，当地"春寒夏涝"的谚语也表明，春季气温对当年的来水也具有一定的指示作用。春季气温选择流域内北岗站的 4 月气温距平值作为指标，点绘丰满流域秋后降水量、春季气温、年来水量点聚图，见图 6.4.1。

前 8 位的丰水年中有 7 年位于点聚图的右下方的丰水区内，占年数时间系列的 87.5%，只有 1 年在丰水区外。2013 年位于丰水区内，当年春季气温低，并且其上一

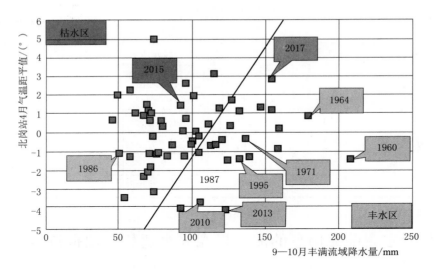

图 6.4.1　丰满流域 9—10 月降水量、4—5 月流量、年来水点聚图

年 2012 年的秋后雨水多，符合当地的谚语条件描述，所以 2013 年为特丰水年。2017 年位于丰水区内，虽然其上一年 2016 年秋后雨水多，但是由于当年春季温度偏高，综合影响下，2017 年只是偏丰水年；2015 年位于枯水区内，其上一年 2014 年秋后雨水少，春季温度偏高，与两条谚语条件描述相反，为特枯水年。

2. 春汛来水量指标法

根据长跑比赛的实际经验，在比赛过半时进行一次排序，这次排序位次与最终结果相差不大。丰满水库每年的来水量如同长跑比赛，从年初（1 月 1 日）开始起跑，到春汛末的 5 月，汛初的 6 月，跑在前面的年份，在主汛期 7—8 月以至全年也将跑在前面。这就是来水量的长跑原理。

在 5 月末进行一次排序（预报）、6 月末“长跑”比赛进行一半的时候，再进行一次排序（预报），根据这两次排序的结果就可以对全年来水量进行预报。这为主汛期和全年来水预报提供了重要的前兆和宝贵的预见期。

丰满流域春汛和夏汛在时间上前后相连，天气系统上前后承替，来水上存在着密切的联系。如果春汛流量大，则说明当年的水文循环有利于降水，另外前期土壤含水量大，径流系数大，夏汛在同样降雨的情况下来水要多。

水库的年径流按照自身的规律运行着，1—5 月的累计来水量是该时段内各种影响因素综合作用的结果，5 月的流量既反映了春汛期的来水情况，也代表了汛前土壤含水量情况。研究表明，在 1—5 月累计来水量、5 月流量相近的两个年份，其全年来水量也相似。

点绘丰满水库 1—5 月累计来水量、5 月平均流量、年来水点聚图，见图 6.4.2。

丰满水库 9 个特丰水年依次是：2010 年、2013 年、1954 年、1986 年、1956 年、1953 年、1995 年、1964 年和 1960 年；10 个特枯水年依次是（来水量由大到小顺序）：

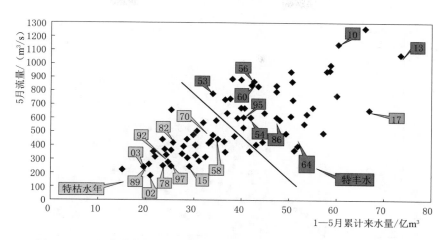

图 6.4.2 丰满水库 1—5 月累计来水量、5 月平均流量、年来水点聚图

2002 年、1982 年、2015 年、1970 年、1989 年、1958 年、1992 年、2003 年、1997 年和 1978 年。

9 个特丰水年均位于图中红线右上侧区域；10 个特枯水年均位于图中红线左下侧区域。使用时只要把新的数据点补充至图 6.4.2 的 1—5 月累计来水量、5 月平均流量、年来水点聚图中就可进行分析预报。这是按照年来水量自身演变规律来进行预报的方法，其优点是简单实用，对特丰水年、特枯水年的判断有效，并且物理意义明确，具有较高的预报精度。这种方法的可利用时间是在每年的 6 月 1 日，其是在 5 月春汛过后，对全年来水情况再做的一次修正预报。特丰水年区域内还存在的丰水年、偏丰水年等数据点的判别需要结合其他方法综合考虑。

3. 汛初来水量指标法

所谓汛初来水量指标就是利用 6 月以前的来水信息，预报方法是指基于春汛来水量对主汛期（7—8 月）的来水量再做一次修正预报的方法。

汛期通常在 6 月开始，6 月过后，丰满水库进入主汛期，其全年来水量趋势会逐渐明确。根据流量的自身演变规律，点绘丰满水库 1—6 月累计来水量、6 月平均流量、年径流点聚图，见图 6.4.3。

9 个特丰水年均位于图中红线右上侧区域；10 个特枯水年均位于图中红线左下侧区域。2013—2017 年验证情况：2013 年特丰水年、2017 年偏丰水年数据点落在特丰水年区域内，定性正确；2015 年特枯水年数据点落在特枯水年区域内，定性正确。

根据预报结果验证的实例情况认为，前期来水量指标结合图 6.4.2 "丰满水库 1—5 月累计来水量、5 月平均流量、年径流点聚图" 与图 6.4.3 "丰满水库 1—6 月累计来水量、6 月平均流量、年径流点聚图" 对全年来水量进行预报，预报结果定性准确，并且存在时间越靠后结果越准确的特性。

6.4.3 宏观异常现象

宏观异常现象一般指从去年秋季到今年夏初时间段内，流域内发生的与最近几年甚

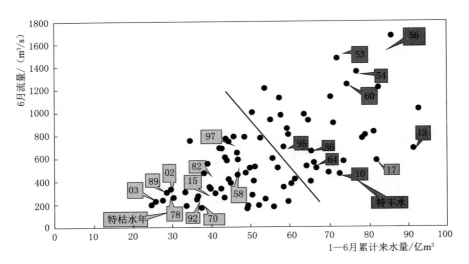

图 6.4.3　丰满水库 1—6 月累计来水量、6 月平均流量、年径流点聚图

至十几年来都不相同的水文气象异常现象。例如降水、降雪、气温、大风、雷电等水文气象现象与多年情况相比表现异常，即为宏观异常现象。这些宏观异常现象从侧面反映了当年的气候特点，是长期预报的重要前兆。

"看到异常就找相似年"。通过对水文气象现象的研究可以发现，每年都会有宏观异常现象出现。结合历史资料的相似分析，可以找到历时中存在相同宏观异常现象的相似年，根据相似年作出当下年份的来水预报。

宏观异常现象除上文中的水文气象异常以外，还包括天文因子异常、前期高空环流形势异常、海温异常等。根据宏观异常现象可以对流域进行长中短期预报。举例：白山流域一次暴雪相似。

2007 年白山流域春季降水出现了异常。3 月 4 日（正月十五）—5 日，江淮气旋北上与贝加尔湖强冷空气遭遇，白山流域普降大到暴雪，流域平均降水量 38.9mm，为有实测资料以来的 3 月同期最大降水。

水文气象异常现象：2007 年 3 月 4 日（正月十五）—5 日，白山流域普降大到暴雪，流域平均降水量 38.9mm。

历史相似资料：1999 年 3 月 4 日（正月十七）—5 日，白山流域普降大到暴雪，流域平均降水量 14.9mm。

1999 年、2007 年的春汛流量、全年流量分别是 457m³/s、431m³/s 和 183m³/s、190m³/s。

2007 年与 1999 年暴雪在发生时间和天气过程上具有相似性。时间过程相似：1999 年 3 月 4 日（正月十七）—5 日，2007 年 3 月 4 日（正月十五）—5 日。天气过程相似：均为暴雪。

如果用前面 1999 年的数据来预报 2007 年，则春汛流量和全年流量都非常接近。

6.4.4　谚语——柳树下雨与丰满流域大洪水关系

谚语是历史经验的总结，对于当地的生产生活具有一定的指导意义。多年积累的适用于丰满地区，并具有一定水文意义的谚语有：

　　秋后雨水多，来年淹山坡；

　　冬旱夏涝；

　　冬天雪大，夏天雨小；

　　春汛大，夏汛大；

　　春天柳树流水夏季水大[116]；

　　蝴蝶起飞晚，大雨离不远；

　　七月十五定旱涝，八月十五定收成；

　　大旱不过五月十三；

　　五月冷，六月热，七月八月大雨落；

　　涝年春天冷，旱年春天暖；

　　春寒夏涝，春暖夏旱；

　　旱时雨难下，涝时天难晴。

通过对"春天柳树下雨"与大洪水的关系的研究，认为谚语"春天柳树流水夏季水大"是丰满流域夏季特大洪水发生的一条重大的前兆特征。柳树下雨的现象在部分年份也会发生，但呈现淌流儿、成小河、填满水洼的状态，只有大洪水年，才会出现。深入发掘这条民谚，并加以量化，给出洪水预报标准：丰满水库流域春季柳树下雨，形成小溪，夏季必然发生大洪水。

引用该条气象谚语，作者成功预报了 1995 年、2010 年、2013 年特大洪水和 2017 年成灾洪水。

谚语实例 1：1995 年特大洪水预报。

行成大洪水的年份往往伴随着异常现象的出现，如 1995 年的特大洪水：

（1）1994 年秋后的 9—10 月，松花江上游流域雨水明显偏多；1995 年春汛桃花水大。符合当地"秋后雨水多，来年淹山坡""春汛大，夏汛大"的谚语描述。

（2）1995 年春末夏初，桦甸市、白山镇一带出现"柳树下雨"的奇观，符合当地"春天柳树流水夏季水大"的谚语描述。

桦甸日报以《百年奇观龙须柳下雨》为题进行了报道（图 6.4.4）。

（3）1995 年 7 月初，桦甸市白山镇、红石镇一带出现蝴蝶大量在水洼处聚集的现象。这一现象曾在 1957 年大洪水来临前出现过。符合当地"蝴蝶起飞晚，大雨离不远"的谚语描述。

综合谚语及其他预报方法，得到预报结论如下：1995 年白山、丰满水库将发生特大洪水。经实际验证为：1995 年白山、丰满水库地区发生特大洪水，符合谚语的预报。

谚语实例 2：2010 年特大洪水预报。

（1）2010 年 5 月 29 日，桦甸市金华桥南头的大柳树下雨明显。2010 年 6 月 3 日桦

图 6.4.4　桦甸日报：百年奇观　龙须柳下雨报道

甸市金城广场大柳树下雨，行成树上滴水，树下一片湿的现象。

1995 年特大洪水前的 6 月份，桦甸市曾经出现过柳树下雨的现象。2010 年 6 月再次出现，程度与 1995 年相比更加严重。柳树上滴水珠，地下汪水。发生数量多，面积广，时间长。

（2）2010 年 6 月 25 日，冬、春季气温明显偏低，而 6 月气温明显偏高。经过分析可知，自 2009 年立冬（11 月 7 日）开始到 2010 年立夏（5 月 5 日），长达半年的时间内白山流域气温持续偏低，多雨雪天气。立夏过后气温回升仍很缓慢。到 5 月 14 日之后，气温才开始明显回升。但是气温回暖后，又出现了高温天气。6 月气温明显偏高，6 月中旬出现了旱象，夏至（6 月 22 日）前后的炎热程度不亚于盛夏。

上述现象符合《中国气象谚语》[117] 中的"五月冷，六月热，雨水降在七八月（吉林）""涝年春天冷，旱年春天暖（吉林）"的描述。

综合谚语及其他预报方法，可得到以下预报结论：2010 年白山、丰满水库将再次发生特大洪水。实际情况是：2010 年白山、丰满水库在 1995 年之后，再次发生了特大洪水。1995 年、2010 年两次对松花江上游特大洪水做出的准确预报，成为特大洪水长期预报的经典。

（3）2013 年、2017 年桦甸市又出现了"柳树下雨"现象，5 月下旬至 6 月上旬最明显。综合谚语及其他预报方法，对 2013 年特丰水年、2017 年偏丰水年也做出了准确预报。

实践证明，谚语所描述的异常现象与洪水的发生存在着紧密的联系，因此，谚语也是预报特大洪水的方法之一。

谚语实例 3：丰满水库极端来水预报谚语前兆表。

根据多年使用谚语前兆进行极端来水预报的实例，总结归纳成丰满水库极端来水预报谚语前兆表 6.4.1，便于积累资料和经验，指导以后的预报实践工作。

表 6.4.1　　　　　　　　　　　　　丰满水库极端来水预报谚语前兆表

年份	秋季降水 秋后雨水多，来年淹山坡	春季气温 春寒夏涝；五月冷、六月热，七月八月大雨落	春汛 春汛大、夏汛大，没有春汛不用怕	春末夏初柳树 柳树下雨、树下成溪发大水，柳树下雪、柳絮飞扬是大旱	其　他		来水级别、洪水情况
					物象	天象	
1995	1994 年秋后的 9—10 月，白山流域雨水明显偏多	春季气温偏低	1995 年春汛大	春末夏初，桦甸市、白山镇一带出现柳树下雨奇观。桦甸日报以《百年奇观龙须柳下雨》为题进行了报道。	1995 年 7 月，桦甸市白山镇、红石镇一带有一种蓝色带白点的小蝴蝶特别多，人走到跟前都不散。"蝴蝶起飞晚，大雨离不远"	1993 年 10 月 30 日 13 时许，沈阳、桦甸、红石镇、白山镇一带白天变成黑天，街上汽车都得开灯才能行驶。古书上说，出现这一天象的地区，不出两年发大水	特丰水年，历史第二位特大洪水
2010	2009 年秋后雨水多	春寒夏涝；五月冷、六月热，七月八月大雨落（春季气温明显偏低）	2010 年春汛大	柳树下雨、树下成溪（桦甸明显）			特丰水年，历史第一位特大洪水
2013	2012 年秋后雨水多	春寒夏涝；五月冷、六月热，七月八月大雨落（春季气温明显偏低）	2013 年春汛大	柳树下雨、树下成溪（桦甸市、吉林市明显）			特丰水年，历史第五位特大洪水
2017	2016 年秋后雨水多	气温偏高	2017 年春汛大	柳树下雨、树下成溪（桦甸明显、吉林市除北华大学南校区西门南有几棵树少量下雨外，无柳树下雨）			丰满偏丰水年，成灾强降雨
2018	2017 年秋后雨水少	气温高	春汛小	柳絮飞扬、好像下雪			枯水年

6.4.5　谚语的补充和发展

2018 年 5 月 13 日，吉林市江滨公园内柳絮飞扬，地面柳絮和绿草白绿相间，这种现象非常罕见。根据谚语"柳树下雨发大水，柳树下雪是大旱"描述认为是大旱的前兆。经过实际验证，2018 年的确发生汛期大旱，证明该谚语可以用来对水文极端年份进行预报。

谚语是有活力的，应该根据新的信息采集手段及预报技术的提高，进行新的归纳、总结，补充和发展。

第 7 章
流域极端来水超长期预报综合辨识

极端来水影响因子与极端来水是非线性关系，从流域、全球、天文尺度分别对极端来水进行预报，并采用神经网络、机器学习等智能方法对多尺度信息进行融合，综合分析各个角度的预报结果，给出预报的推荐意见是预报的根本目的，同时该预报值如何成为指导实践的决策值是预报结果的升华。

流域极端来水超长期预报涉及天文因子、全球循环因子、流域因子等，为了提高预报精度，需要综合各种尺度及预见期的预报因子。然而由于各个尺度因子对于流域来水的影响具有非线性、复杂性、相关性等特点，需要寻找新技术将多尺度的预报因子及结果综合利用。为了有效处理超长期预报中存在的多源、多尺度信息，研究采用信息融合技术处理。

本章首先基于贝叶斯网络、证据理论，构建了基于天文尺度和全球尺度的数据融合方法，并对方法的不确定性进行分析。介绍了运用两阶段的预报方法对预报值采用综合辨识的方法进行融合，并介绍了东北电网区域决策值形成的基本流程。最后对该理论体系在 2013 年、2015 年和 2017 年的松花江丰满流域预报大洪水中的运用进行了介绍，并对 2013 年极端来水超长期预报的综合效益进行阐述。

7.1 多尺度信息融合技术

7.1.1 信息融合的基本原理

7.1.1.1 信息融合技术介绍

信息融合是一个综合数据和信息用以估计或预测实体状态的过程。

广义上的信息融合是将来自于多个信息源的信息和数据进行综合处理，从而得出更为准确可靠的结论。信息融合是一种形式框架，是用数学方法和技术工具综合不同来源的信息，从而得到质量更高的有用信息。所涉及的信息有不同的种类和等级，如数据、图像、特征、决策等，数据有不同的来源、时间、地点以及精度等。信息融合是一门具有巨大应用前景的科学，能够有效对多源的信息进行融合。信息融合的主要有以下特点。

（1）信息的冗余性。信息来源不同，具有不同的可靠性，通过信息融合能够提取更加准确可靠的信息，增强数据系统的稳定性。

（2）信息的互补性。不同的信息源提供的信息具有不同的性质，彼此之间具有互补性。各个不同的信息源的信息是相互独立的，从不同角度对同一个信息进行多次衡量，能够有效提高准确度，降低不确定性和模糊性。

（3）信息处理的及时性。各个信息源的处理过程相互独立，整个处理过程可以采用并行的处理机制，从而有效提高系统的处理速度。

1. 信息融合的结构

信息融合系统的结构可根据问题的特性确定。信息融合的结构主要有集中式和分布式结构，以及其混合型结构。

（1）集中式结构。集中式结构，是指将所有的数据传输到一个融合中心，由融合中心完成对数据的处理，并给出最终决策。

（2）分布式结构。分布式结构是将各个信息源的数据分别进行预处理，然后把中间结果输送到中心处理器，由最后的中心处理器完成对数据的融合。该结构能够有效利用各信息源的处理结果。

（3）混合式结构。混合式结构是集中式结构和分布式结构的一种综合，输入到融合中心的数据是原始的数据源数据、经过处理后的数据等。

2. 信息融合的模式

信息融合技术的优势在于能够协调多源数据，有效利用各种有用的信息，增强最终决策能力。基于信息融合的超长期预报，就是充分利用各种尺度的预报因子及其预报结果，进行关联规则挖掘、综合预报等，获得更可靠的预报结果。该方法能够有效处理多种数据源数据，同时有利于实现人机交互。

（1）并行融合模式。多源预报结果的并行融合策略，是指将来自不同尺度的预报因子进行预报，然后统一输送到数据融合中心，在融合中心选用适当的方法进行预报并决策。由于全球尺度的因子如地震，流域尺度的因子如前兆"柳树下雨"，该类因子的发生具有一定程度的滞后性，需要随着时间的推移再加进去。

（2）混合融合模式。混合融合模式是先将两个或多个信息源的信息进行融合，将融合所得的值输入融合中心，依次融合下去，直到所有的信息源都融合完毕。

7.1.1.2 在预报中采用多尺度信息融合的原因

（1）基于全局最优的预报。由于超长期极端来水所受影响因子较多，单个尺度因子预报结果不能说明流域全年来水的真实值，而是要综合多种尺度的预报因子，基于多尺度的预报，给出最终的预报结果。

（2）预报因子的预见期及精度不同。天文因子的预见期较长，可长达数年；全球循环因子的预见期为半年到一年；流域尺度的因子的预见期为几个月，如太阳黑子数及其相位、厄尔尼诺和拉尼娜现象的预报具有不确定性，月球赤纬角、二十四节气阴历时间的预报具有确定性，9—10 月的降雨量、4 月温度的距平值、前兆信息等是实时数据，因而需要对不同预见期及精度的预报因子进行研究。

（3）滚动修正预报结果。天文因子、全球循环因子的预报结果预见期较长，具有确定性，由于流域气候变化和人类活动的影响，使得全年来水量的多少发生变化，因而需要考虑短期的预报因子对预报结果进行滚动修正。

7.1.1.3 信息融合技术解决超长期来水预报

信息融合技术能够综合利用各种尺度的时空信息，具有强大的信息综合和提取能力，在多源信息处理领域具有很高的应用价值。

（1）信息融合能够综合各种时间尺度、空间尺度的信息。天文尺度、全球循环尺度信息的预见期长达一年以上，由于台风、强对流天气、副热带高压的强度等会改变流域来水量的情况，因而需要综合考虑流域实时的降雨、径流、积温等的观测数据，进行修正滚动预报得到更加可信、精确的预报结果。

（2）信息融合可以综合定性和定量数据。超长期来水预报有定性的丰平枯预报，也有定量的数值预报，可以利用信息融合中的定性、定量融合方法，综合不同类型的预报信息，以提高预报的精度。

极端来水超长期预报的信息融合模式如图 7.1.1 所示。

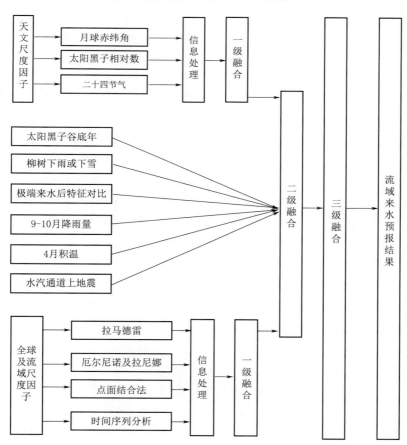

图 7.1.1　极端来水超长期预报的信息融合模式

7.1.2　基于贝叶斯网络的信息融合技术

7.1.2.1　贝叶斯网络理论

贝叶斯网络[117-118]是以概率分析和图论的不确定性为基础的推理模型，由有向无环图和节点的条件概率组成。节点分为父节点与子节点，父节点与子节点以有向箭头相连。没有父节点的节点称为根节点，表示事件诱发的根本原因，父节点的概率为先验概率，父节点指向子节点的概率为条件概率，没有子节点的节点称为叶节点，其他可称为中间节点。

贝叶斯网络[119]具有条件独立性，对于较多变量间的相互作用，如计算：$P(C \mid B, A)$，若条件父节点 A 给定，B 和 C 之间是条件独立的，则 $P(C \mid B, A) = P(C \mid A)$，根据这一特性能够有效减少参数的个数。贝叶斯网络具有双向推理性，贝叶斯网络根据节点的状态，进行双向推理能够计算出某一节点的概率值，既可以用后验概率推导先验概率，也可以用先验概率推导后验概率。贝叶斯网络概率分析主要包括网络图绘制、条件概率表生成与输入、网络学习与推断、结果后处理等功能。

贝叶斯网络能够基于历史统计数据、专家经验以及失效概率，直接计算系统失效的风险率[120-121]。目前可以基于天文尺度和全球尺度的因子，构建能够通过统计试验分析的超长期预报体系，将统计试验计算所得的先验概率和条件概率输入贝叶斯网络中进行推理计算，分析超长期预报结果的不确定性[122-124]。若某单元的先验概率发生变化，则其预报结果的正确概率相应的发生改变。可以自上向下由各个预报结果得到系统预报的不确定性，也可以由系统预报的正确率反推求出各个部分的不确定性。

若某单元的发生记为事件 B，外界能够致使事件 B 发生的事件为 A_1、A_2、A_3、$\cdots$、A_n，则事件 B 发生的概率记为 $P(B)$，事件发生的概率为 $P(A_1)$、$P(A_2)$、$P(A_3)$、$\cdots$、$P(A_n)$，事件为 A_1、A_2、A_3、$\cdots$、A_n 各自导致事件 B 发生的条件概率为 $P(B \mid A_1)$、$P(B \mid A_2)$、$P(B \mid A_3)$、$\cdots$、$P(B \mid A_n)$，而各事件导致事件 B 发生是存在关联的，基于贝叶斯网络的条件独立性假设和分隔定理，可得事件 B 发生的概率为

$$P(B) = P(A_1)P(B \mid A_1) + P(A_2)P(B \mid A_2) + P(A_3)P(B \mid A_3) + \cdots + P(A_n)P(B \mid A_n)$$

$$(7.1.1)$$

可知随着事件先验概率的变化，某单元的发生概率相应的发生变化。

7.1.2.2　超长期预报贝叶斯网络构建

信息融合单元的主要作用是对来自不同尺度因子的预报结果进行综合考虑，并得到对预报结果的综合判断。在预报过程中的因子组合为 $\Theta = \{$因子 x_1，因子 x_2，$\cdots$，因子 $x_n\}$，则预报结果应该包含各预报因子预报结果的概率。将该离散的概率分布作为贝叶斯网络的节点概率输入到信息融合方法中，得到预报结果的概率。

基于前述的丰满流域长超期预报因子，建立丰满流域超长期预报不确定性失效树（图 7.1.2），构建丰满流域超长期预报不确定性的贝叶斯网络，具体图及其代码表示意义见图 7.1.3 与表 7.1.1。

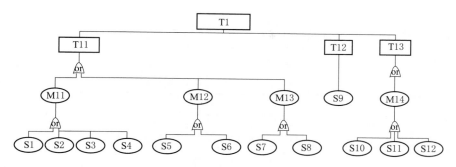

图 7.1.2 丰满流域超长期预报不确定性的失效树

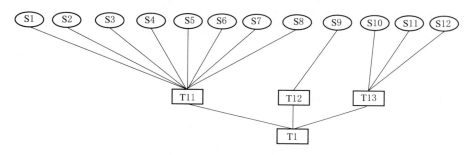

图 7.1.3 丰满流域超长期预报不确定性的贝叶斯网络

表 7.1.1 图中代码对应的变量

代 码	离散变量	代 码	离散变量
S1	太阳黑子相对数	S11	4 月温度距平值
S2	太阳黑子相位	S12	5 月来水量
S3	近日点时间	M11	太阳运动
S4	远日点时间	M12	月球运动
S5	月球赤纬角轨迹	M13	太阳、月球、地球相对运动
S6	月球赤纬角分布图	M14	农谚
S7	二十四节气月相图	T11	天文尺度
S8	天文指标对比法	T12	全球尺度
S9	厄尔尼诺及拉尼娜	T13	流域尺度
S10	9—10 月降雨量	T1	来水预报

7.1.2.3 基于统计试验的正确率分析

为了统计计算方法预报的正确率，选择 2003—2012 年为样本，以 1933—2002 年的数据为基础建立模型，进行统计试验，分别计算出该方法预报结果的正确率。通过分析，共选用基于天文尺度的方法有小寒阴历时间、月球赤纬角轨迹法、月球赤纬角分布图、二十四节气月相图、二十四节气指标对比；基于全球尺度的方法有拉马德雷冷位相下的厄尔尼诺和拉尼娜事件。可将预报结果列于表（表 7.1.2 和表 7.1.3）中，从而得到预报的正确率。

运用 Hugin Lite 软件建立丰满流域超长期预报的贝叶斯网络,如图 7.1.4、图 7.1.5 所示。

表 7.1.2　　　　　　　　　　基于天文尺度方法的预报结果统计表

年　份	S3	S5	S6	S7	S8	T11
2003	无法判断	偏丰	特枯	枯	枯	枯
2004	平	偏枯	特枯	偏丰	偏丰	无法判断
2005	特丰	枯水	无法判断	偏枯	偏枯	枯
2006	无法判断	偏枯	无法判断	枯	枯	枯
2007	枯	丰水	特枯	偏枯	偏枯	枯
2008	特枯	枯水	特枯	特枯	特枯	枯
2009	无法判断	特丰	无法判断	平	平	平
2010	特丰	特丰	特丰	平	偏丰	丰
2011	无法判断	偏枯	枯	丰	丰	无法判断
2012	平	特丰	丰	丰	丰	丰
正确率	0.67	0.5	0.86	0.4	0.5	0.63

表 7.1.3　　　　　　　　　　基于天文尺度和全球尺度方法的融合预报结果

年　份	S9	S9 与单一方法融合	S9 与 T11 融合
2003	无法判断	枯	枯
2004	枯	枯	枯
2005	无法判断	枯	枯
2006	枯	枯	枯
2007	丰	枯	无法判断
2008	无法判断	枯	枯
2009	枯	平	无法判断
2010	丰	丰	丰
2011	丰	丰	丰
2012	无法判断	丰	丰
正确率	0.67	0.6	0.63

针对上述预报方法,采用决策融合和数据融合两种方式,进行基于贝叶斯网络的信息融合,融合结果见图 7.1.4 和图 7.1.5。由图 7.1.4 可知,采用决策融合方法,所得预报结果的正确率为 72.49%,由图 7.1.5 可知,采用数据融合方法,所得预报结果的正确率为 71.78%。从而可知,该预报体系下,决策融合预报的正确率高于数据融合的预报正确率。

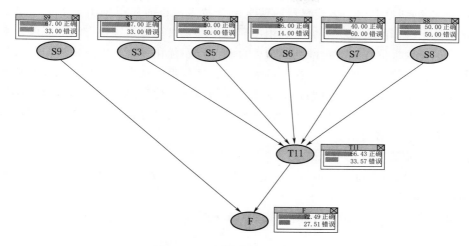

图 7.1.4　决策融合贝叶斯网络

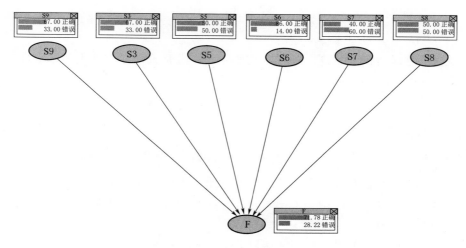

图 7.1.5　数据融合贝叶斯网络

7.1.3　基于证据理论的信息融合技术

7.1.3.1　证据理论

Dempster – Shsfer 证据理论是由 Dempster 于 1967 年首先提出，再由 Shefer 于 1976 年进一步发展起来和完善而形成的结果。证据理论进行信息融合，就是基于不同的信任函数，利用 Dempster 证据组合规则将其融合，再根据一定的规则对组合后的信任函数进行判断，最终实现融合和决策选择[125,126]。

D – S 推理算法能够很好地处理不确定信息。它的优点是不需要任何先验信息，对不确定的信息的描述用"区间估计"代替"点估计"的方法，成功解决了不确定性的表示方法。当不同分类器对结论的支持发生冲突时，D – S 算法可以通过"悬挂"在所有目标集上共有的概率使得发生的冲突获得解决。

D-S 证据理论多用于多传感器的信息融合技术，目前还很少用于水文预报中。本次研究将信息融合的定义扩展为：利用不同的极端来水超长期预报方法对流域来水进行预报，分别对预报信息在一定准则下加以自动分析、优化综合，以完成所需的决策和估计任务而进行的信息处理过程。在极端来水超长期预报中信息融合数据来源的基础是单一预报方法的预报结果，信息融合的基本单元是信息，信息融合的方法是协调优化和综合处理。信息融合的本质是将来多个预报模型的预报信息进行综合处理，从而得出准确度高、可靠性强的结论。

证据理论的基本概念[127,128]：

设 U 表示 X 所有可能取值的一个论域集合，且所有在 U 内的元素之间是互不相容的，则称 U 为 X 的识别框架。

定义 1 设 U 为识别框架，则函数 $f: 2^u \to [0,1]$（2^u 为 U 的所有子集构成的集合），满足系列条件：

(1) $$f(\phi) = 0 \tag{7.1.2}$$

(2) $$\sum_{A \subset U} f(A) = 1 \tag{7.1.3}$$

则称 $f(A)$ 为 A 的基本概率赋值。

定义 2 设 U 为识别框架，则函数 $f: 2^u \to [0,1]$ 是识别框架 U 上的基本概率负值，定义函数 $F: 2^u \to [0,1]$ 为

$$F(A) = \sum_{B \subset A} f(B) \quad (\forall A \subset U) \tag{7.1.4}$$

则该函数为 U 上的信任函数。

$F(A) = \sum_{B \subset A} f(B)$ 表示 A 的所有子集的可能性度量之和，即表示对 A 的总信任，信任函数表示对假设的信任程度估计的下限估计。从而可知 $F(\phi) = 0, F(U) = 1$。

定义 3 若识别框架 U 的一个子集为 A，具有 $f(A) > 0$，则称 A 为信任函数 F 的焦元，所有焦元并称为核。

定义 4 设 U 为识别框架，定义函数 $L: 2^u \to [0,1]$ 为

$$L(A) = 1 - F(\bar{A}) = \sum_{B \cap A \neq \varphi} m(B) \tag{7.1.5}$$

L 称为似真度函数。

$L(A)$ 表示不否认 A 的信任度，使所有与 A 相交的集合的基本概率负值之和，即似真度函数表示假设对信任度估计的上限估计，且有 $F(A) \leqslant L(A)$，并以 $L(A) - F(A)$ 表示对 A 不知道的信息。规定的信任区间 $(F(A), L(A))$ 描述 A 的不确定性。

定义 5 $(F(A), L(A))$ 称为焦元 A 的信任度区间。

信任度区间表示事件发生的下限估计到上限估计的可能范围，$L(A) - F(A)$ 描述了 A 的不确定性，称为焦元 A 的不确定性。

定理 1 设 U 为识别框架，f 为基本概率分配，F 为信任函数，则有

$$f(A) = \sum_{B \subset A} (-1)^{|A-B|} F(B), \forall A \subset U \tag{7.1.6}$$

式中：$|A-B|$ 为两个集合差的基数。

由定理 1 可知，已知基本概率赋值，可得到信任函数和似真度函数；而当已知信任函数时，可以反求出基本概率值。

证据理论的组合规则：D-S 证据理论的基本策略是把证据集合划分为若干个不相关的部分，并分别利用他们对同一识别框架独立进行判断，然后利用规则把他们组合起来。设 f_1 和 f_2 是 2^U 上的两个相互独立的基本概率赋值，设其组合后的基本概率赋值为 $f=f_1 \oplus f_2$。

定义 6　设 F_1 和 F_2 分别是同一识别框架 U 上的两个信任函数，f_1 和 f_2 分别是其对应的基本概率值，焦元分别为 $A_1,\cdots,A_k$ 和 $B_1,\cdots,B_r$，并假设：

$$K = \sum_{\substack{i,j \\ A_i \cap B_j = \phi}} f_1(A_i)f_2(B_j) < 1 \tag{7.1.7}$$

则组合后的基本概率赋值为

$$f(C) = \begin{cases} \dfrac{\sum\limits_{\substack{i,j \\ A_i \cap B_j = C}} f_1(A_i)f_2(B_j)}{1-K} & \forall C \subset U, C \neq \phi \\ 0, C = \phi \end{cases} \tag{7.1.8}$$

其中，若 $K \neq 1$，则 f 确定一个基本概率赋值；若 $K=1$，则认为 f_1,f_2 矛盾，不能对基本概率赋值进行组合。

由定义 6 所给出的证据组合称为 Dempster 组合规则，这种组合规则满足结合律和交换律。式中分母部分的作用是将基本概率赋值范围限定到 [0，1] 上。将上述两两融合规则推广到多个证据组合时，可根据两两组合后得到相对应的基本概率赋值，用公式可以直接表示为

$$f(A) = \frac{\sum\limits_{\substack{i,j \\ A_i \cap A_j = A}} f_1(A_i)\cdots f_n(A_j)}{1 - \sum\limits_{\substack{i,j \\ A_i \cap A_j = \phi}} f_1(A_i)\cdots f_n(A_j)} \tag{7.1.9}$$

7.1.3.2　基于 D-S 证据理论的预报信息融合

数据融合过程中可能获得各种不同特征的信息，实时的和滞后的，模糊的和精准的，瞬时的和平均的，矛盾的和冲突的，将各种不同的信息基于某种准则进行组合，以对外界环境的信息做出准确度更高的解释和描述。D-S 证据理论融合的信息具有不同的层次。

(1) 数据级融合。数据级别的融合是对原始数据进行融合，进一步提取数据的状态特征。数据级融合能够对各种原始数据进行处理，保证数据的基本特性，要求所得的数据类型和数量级相同。

(2) 特征级融合。特征级融合首先对原始数据特征进行处理和提取，再对特征信息进行分析和处理。该特征是原始数据的统计量和表示量，能够减少数据融合处理的数据量，便于实现信息压缩和数据的实时处理。

（3）决策级融合。决策级融合从实际问题出发，充分利用各种信息，将不同的信息源提供的信息分别采用相应的数据融合技术，得到各自的判断结果，最终将各种结果综合考虑整体评价。该类型的数据融合需要在融合前给出决策判断，比特征级融合更进一步。

将来水预报的正确率作为信任度函数，利用基于天文尺度方法，如小寒阴历时间、月球赤纬角轨迹法、月球赤纬角分布图、二十四节气月相图、二十四节气指标对比，以及基于全球尺度方法，如拉马德雷冷位相下的厄尔尼诺和拉尼娜事件，采用基于 D-S 证据理论的数据级和决策级信息融合方法，对预报结果正确性概率进行计算。基于 D-S 证据理论的数据级融合预报结果见表 7.1.4，基于 D-S 证据理论的决策级信息融合预报结果见表 7.1.5。

表 7.1.4　　　　　　　　　基于 D-S 证据理论的数据级信息融合预报结果

结果	m（S3）	m（S5）	m（S6）	m（S7）	m（S8）	m（S9）	m
正确率	0.67	0.5	0.86	0.4	0.5	0.63	0.68
错误率	0.33	0.5	0.14	0.6	0.5	0.37	0.32

表 7.1.5　　　　　　　　　基于 D-S 证据理论的决策级信息融合预报结果

结　果	m（S9）	m（T11）	m
正确率	0.63	0.5	0.78
错误率	0.37	0.5	0.22

采用数据融合方法，预报正确率为 68%；采用决策融合方法，预报正确率为 78%。由此可知，在该预报体系下，决策级融合预报的正确率高于数据级融合的预报正确率。

为了说明数据融合方法的正确性，可将贝叶斯网络的融合结果和证据理论的融合结果进行对比分析，见表 7.1.6。

表 7.1.6　　　　　　　　基于贝叶斯网络和证据理论的信息融合结果对比

方　　法	数据级信息融合		决策级信息融合	
	正确率	错误率	正确率	错误率
贝叶斯网络	0.7178	0.2822	0.7249	0.2751
证据理论	0.68	0.32	0.78	0.22

由表 7.1.7 可知，贝叶斯网络和证据理论的决策级融合均优于数据级融合，说明两个方法的融合结果具有相同的趋势。

由于数据和技术方法的限制，运用统计试验的方法只能对小寒阴历时间、月球赤纬角轨迹法、月球赤纬角分布图、二十四节气月相图、二十四节气指标对比、拉马德雷冷位相下的厄尔尼诺和拉尼娜事件进行处理。由于数据局限性和预报结果自身的特性，对于其他影响因子的分析，未能将定性和定量的因子融合进去，在后续的研究中将进一步提高模型的融合能力，增强预报结果的精度。

7.1.4 人机交互的信息融合技术

7.1.4.1 预报结果的综合辨识

松花江丰满流域的极端来水预报从流域尺度、全球尺度、天文尺度分析影响流域丰、平、枯的相关因素，运用数据挖掘的方法寻找 3 个尺度下流域丰、平、枯的变化及其形成规律，采用机器学习、神经网络对多种影响因素进行数据融合对年均径流量预报，各个方法从不同的角度对极端来水进行预报，需要采用综合辨识的方法对预报结果进行综合辨识。

1. 定性预报与定量预报相结合

在流域尺度能够对丰枯做定性预报的技术为：1. 基于可公度信息预报技术，2. 基于可公度的点面结合的预报技术，3. 可公度信息系预报技术，4. 峰谷定位预报技术，5. 有序结构法预报技术（5.1 年代际变化规律预报技术、5.2 "2-3 结构" 预报技术、5.3 "4 年间隔" 预报技术）。基于全球尺度能够对丰枯做定性预报的技术为：6. 极丰来水后的特征对比预报技术；7. 基于厄尔尼诺事件的预报技术。天文尺度的能够对丰枯做定性预报的技术为：8. 太阳黑子相对数预报技术，9. 太阳运动预报技术（9.1 近日点预报技术、9.2 近日点、远日点综合预报技术），10. 月球赤纬角运行轨迹、相位、角度综合分析预报技术，11. 月球赤纬角分布图预报技术，12. 月球赤纬角最小年预报技术，13. 月相图预报技术，14. 天文指标对比预报技术。在流域尺度能够对丰枯做定量预报的技术为：15.1 投影寻踪法定性预报技术，15.2 投影寻踪法定量预报技术。在天文尺度能够对丰枯做定量预报的技术为：16.1BP 神经网络定性预报技术，16.2BP 神经网络定量预报技术，17.1 支持向量机定性预报技术，17.2 支持向量机定量预报技术。

上述的定性预报方法均能够给出流域丰枯状况的判定，定量预报方法均能够给出流域年均径流量的值。在已知预报结果的情况下，可以通过采用概率统计分析的方法，确定流域丰枯发生的概率，将其作为流域丰枯状况判定的依据。通过列表统计的方法对流域丰枯预报结果进行综合分析。

表 7.1.7　　　　　　　　　**2013—2017 年预报方法成果总结表**

方法 ＼ 年份	2013	2014	2015	2016	2017
1.1	—	—	—	—	—
1.2	特丰	平偏枯	平偏枯	平偏枯	特丰
1.3	—	—	—	—	—
2	丰	枯	枯	枯	丰
3	特丰	平偏丰	平偏丰	—	特丰
4.1	特丰	—	枯	特枯	—

续表

方法＼年份	2013	2014	2015	2016	2017
4.2	特丰	丰水	—	—	特丰
5	特丰	枯水	平	丰	偏丰
6	特丰	特枯	特枯	丰	丰
7	—	—	特枯	—	—
8	丰	丰	枯	平	丰
9	丰	丰	特枯	平	丰
10.1	特丰	特丰	特枯	偏枯	枯
10.2	649m³/s	581 m³/s	264 m³/s	323 m³/s	295 m³/s
11.1	丰	枯	枯	平	偏丰
11.2	531m³/s	207 m³/s	193 m³/s	377 m³/s	430 m³/s
12.1	平偏丰	平水	平水	平	偏丰
12.2	465 m³/s	386 m³/s	391 m³/s	406 m³/s	434 m³/s

基于上述预报结果，可对 2013—2017 年丰枯状况的频率进行统计计算，并得到该年来水的区间值，进而对该年的丰枯状况进行综合分析判断。

对 2013 年，特丰水年的概率为 58.3%，来水区间为 [465，649]，所在区间为特丰水和偏丰水年，则判定 2013 年为特丰水年，最大来水值在 649m³/s。对 2014 年，丰水年和枯水年出现的概率相等，而且来水区间为 [207，581]，则 2014 年的丰枯状况无法判断。对 2015 年，枯水年以下的概率为 66.6%，来水区间为 [193，391]，所在区间为枯水和平水年，则判定 2015 年为枯水年，最小来水值在 193m³/s。对 2016 年，平水年以下的概率为 90%，来水区间为 [323，406]，所在区间为枯水、偏枯、平水年，则判定 2016 年为平偏枯水年，来水值取 406m³/s 和偏枯水年界限 368m³/s 的均值为 368m³/s。对 2017 年，偏丰水年以上的概率均为 91%，而来水区间为 [295，434]，所在区间为枯水-偏丰水年，则判定 2017 年为偏丰水年，最大来水值在 434m³/s。

由表 7.1.8 可知，2013—2017 年的来水定性判别的合格率为 100%，2013—2017 年的来水定量判别的合格率为 100%。可知定性判别和定量判别的合格率比单一采用某种方法的定性预报方法的准确率高，定量预报的合格率为甲级。

表 7.1.8　　　　　　　　　　2013—2017 年预报成果分析表

方法＼年份	2013	2014	2015	2016	2017
特丰/%	58.3	9.1	0.0	0.0	27.3
丰/%	33.3	27.3	0.0	20.0	36.4

续表

方法＼年份	2013	2014	2015	2016	2017
偏丰/%	8.3	9.1	8.3	0.0	27.3
平/%	0.0	9.1	16.7	50.0	0.0
偏枯/%	0.0	9.1	8.3	20.0	0.0
枯/%	0.0	27.3	33.3	10.0	9.1
特枯/%	0.0	9.1	33.3	10.0	0.0
来水区间	[465，649]	[207，581]	[193，391]	[323，406]	[295，434]
定性判别	特丰	—	枯	平偏枯	偏丰
实际状况	特丰	枯	特枯	平	偏丰
定量判别/（m³/s）	649	—	193	387	434
实际来水/（m³/s）	737	277	242	409	444
绝对误差/（m³/s）	−88	—	−49	−22	−10
相对误差/%	−11.9	—	−20.3	−5.4	−2.3

2. 极端洪水及丰水年预报相结合

在流域尺度对流域极端洪水预报的方法：①基于点面结合的预报方法，②可公度信息系预报法，③有序网络结构法。基于大洪水事件作为丰枯状况的判别依据，收集了1933 年、1939 年、1943 年、1951 年、1953 年、1957 年、1960 年、1964 年、1971 年、1975 年、1982 年、1986 年、1991 年、1995 年、2010 年大洪水年，对其丰枯状况进行统计分析。结果见表 7.1.9。

表 7.1.9　　　　　　　　　　　　大洪水年丰枯状况统计表

年　份	年均径流/（m³/s）	丰枯状况	年　份	年均径流/（m³/s）	丰枯状况
1933	393	平水	1971	565	丰水
1939	505	丰水	1975	484	偏丰
1943	421	平水	1982	244	特枯
1951	514	丰水	1986	683	特丰
1953	665	特丰	1991	488	偏丰
1957	559	丰水	1995	664	特丰
1960	629	特丰	2010	757	特丰
1964	649	特丰			

以上 15 年发生大洪水的年份中，有 6 年为特丰水、4 年为丰水年、2 年为偏丰水

年、2 年为平水年、1 年为特枯水年，其特丰水年的概率为 40%，丰水年的概率为 26.7%，偏丰水年 13.3%，平水年的概率为 13.3%，特枯水年的概率为 6.7%。因而可知，在可以预报出该年有大洪水的条件下，该年为平偏丰水年以上的概率达到 93.3%，若该年发生大洪水，从而可以据此评判该年为平偏丰水年，若未发生大洪水，可以基于其他方法重新评判。

　　由表 7.1.10 可知，上述 3 种方法，可分别预报出 2013 年、2017 年会发生大洪水，进而基于大洪水的发生该年份为平偏丰水年的结论，可得该年的丰枯状况，可得 2013 年、2017 年的丰枯状况判别结果与实际相符，说明该方法具有较好的预报能力。

表 7.1.10　　　　　　　　2013—2017 年 3 个大洪水预报方法成果总结表

方法＼年份	2013	2014	2015	2016	2017
1	大洪水	无	无	无	无
2	大洪水	无	无	无	大洪水
3	大洪水	无	无	无	大洪水
丰枯预报	平偏丰水年	—	—	—	平偏丰水年
实际状况	特丰水年	—	—	—	偏丰水年

　　3. 成因分析与预报经验相结合

　　(1) 太阳黑子及月球赤纬角。对 2010 年松花江上游流域特大洪水、特丰来水研究，发现 2010 年与 1954 年天文背景的高度一致性。日、地、月三球运动变化，使到达地球的太阳能量数量发生变化，使地球的潮汐发生变化，从而影响地球的气候。2010 年丰满水库流域第一位特丰水年与 1954 年第二位特丰水年，有相似的天文条件，两年同处太阳黑子特丰水区（太阳黑子相对数范围 4.4～21）、两年月球赤纬角相位、角度值、所在运行轨迹段三者高度一致；相似的天文条件产生相似的灾害，出现了丰满水库第 1 位、第 2 位特丰水年。

　　因此，基于太阳黑子相对数、月球赤纬角运行轨迹、相位、角度等指标，根据相似原则，即基本天文条件一致时，对松花江丰满流域的丰枯状况进行判别。通过对太阳黑子相对数与各水库来水的对应关系研究，得出下述研究结论，可作为当年预报辩识的决策依据：丰满水库特丰水年太阳黑子相对数范围为 4.4～21、140～163。

　　由表 7.1.11 可知，2013—2017 年的太阳黑子数，其中 2017 年在大洪水的范围内，其他年份均不在大洪水的发生范围内，可采用月球赤纬角运行轨迹、相位、角度等都高度与历史年份相似的原则，可得 1957—1961 年的丰枯状况与 2013—2017 年的丰枯状况一致，具体见表 7.1.12。

　　(2) 丰枯交替理论与丰谷定位法。2008—2018 为丰满水库流域第四周期丰水段，2010 年丰满水库出现第 4 周的第 1 峰，年来水丰水，已被证实；预报 2013 年丰满水库出现第 4 周的第 2 峰，年来水丰水；2016 年丰满水库出现第 4 周的第 3 峰，年来水丰水。

表 7.1.11　　　　　　　　　　　　　物理成因法丰枯判别

年份	最大赤纬角/(°)	赤纬角相位	丰满水库年入流	太阳黑子相对数	年份	最大赤纬角/(°)	赤纬角相位	丰满水库年入流	太阳黑子相对数
1951	28.01	m1	514	69.4	2007	27.85	m1	274	6.5
1952	27.12	m2	324	31.4	2008	27.01	m2	251	2.6
1953	25.59	m3	665	13.9	2009	25.46	m3	263	4.1
1954	24.29	m4	733	4.4	2010	24.14	m4	757	15.6
1955	22.5	m5	360	38	2011	22.33	m5	299	55.6
1956	21.11	m6	676	141.7	2012	20.55	m6	363	57.6
1957	19.42	m7	558	189.9	2013	19.3	m7		64.6
1958	18.38	m8	225	184.6	2014	18.31	m8		79.3
1959	18.1	m9	400	158.8	2015	18.08	m9		60.3
1960	18.48	M1	629	112.3	2016	18.56	M1		39
1961	19.5	M2	444	53.9	2017	20	M2		19.6

表 7.1.12　　　　　　　　　　　　物理成因法丰枯判别结果

预 报 值			实 际 值	预报结果评价
序 号	年 份	丰枯状况	丰枯状况	
1	2013	丰	特丰	√
2	2014	枯	枯	√
3	2015	平	特枯	×
4	2016	丰	平	×
5	2017	平偏丰	偏丰	√

　　（3）极丰来水后特征对比法。1954 年、2010 年、2013 年 3 年来水，均为特丰水，1954 年、2010 年后的第二年均出现枯水，类比可得 2014 年为枯水。

　　（4）柳树下雨的民谚。谚语"春天柳树流水夏季水大"是丰满水库流域夏季特大洪水发生的一条重大的前兆特征。课题组发掘这条民谚，并加以量化，给出预报标准：丰满水库流域春季柳树下雨，下自成溪，夏季必然大洪水。柳树下雨的现象在部分年份也会发生，但下到淌流、成小河的状态，只有大洪水年，才会出现。2013 年柳树下雨发生，则断定 2013 年是大洪水年。

7.1.4.2　预报值的生成

　　基于上述的人机交互信息融合技术方法，得到 2013—2017 年松花江丰满流域的丰枯状况见表 7.1.13。

　　由于各种融合方法所得的结果会有差异，则设定以下融合规则，同一年中取判别丰、平、枯出现次数最多的作为该年的丰枯值；若出现次数相同，则选来水偏大的丰枯判别结果。

表 7.1.13   丰满流域中长期预报综合辨识结果

年　份	定性预报与定量预报相结合	极端洪水与丰水年预报相结合	成因分析与预报经验相结合	预报结果	实际来水情况
2013	特丰	平偏丰	丰	丰	特丰
2014	—	—	枯	枯	枯
2015	枯	—	平	平偏枯	特枯
2016	平偏枯	—	丰	平偏丰	平
2017	偏丰	平偏丰	平偏丰	平偏丰	偏丰

由表 7.1.14 可知，2013 年、2014 年和 2017 年丰满流域来水丰枯状况均预报正确。2015、2016 年两年预报结果为平偏枯和平偏丰，实际来水情况为特枯和平水。

7.1.5　预报结果的综合决策

7.1.5.1　预报结果的确定

由于各种方法的预报结果的精度和特性不同，且超长期预报由于预见期较长、影响因子较多，预报结果的精度难以保证，因而在对预报结果进行融合决策时，采用先确定极端来水的高发期，再锁定极端来水的高发年的融合方法。

为了有效清晰地说明该数据融合的操作技术，以 2013 年的预报结果形成为例，说明如何锁定 2013 年是特丰水年的。

1. 判断是否为极端来水年的高发期内

基于丰满水库流域丰水年（峰年）平均 53 年周期网络结构图（图 3.3.2），可知横向 1960 年＋52 年＝2012 年、1960 年＋53 年＝2013 年、1960 年＋54 年＝2014 年、纵向 2010 年＋（4－2）年＝2012 年、2010 年＋（4－1）年＝2013 年、2010 年＋（4－0）年＝2014 年、2010 年＋（4＋1）年＝2015 年、2010 年＋（4＋2）年＝2016 年，二者的交叉确定可知特丰来水的高发期为 2012 年、2013 年、2014 年。

2. 判断是否为极端来水的高发年

（1）流域尺度分析。

1）由于 2013 年为极端来水的高发期内，则 2013 年有可能是极端来水年。则可采用点面结合的预报技术，对 2013 年进行预报，采用书中提供的样本值计算其可公度式的个数，由表 3.2.2 中 2013 年 7 月三元排第一位、五元排第一位、七元排第二位，可公度性好，可知丰满流域所在的东北地区会发生大洪水，由表 3.2.4 实测流量验证分析可知丰满水库流域 2013 年为特丰水年。

2）应用丰满水库来水的结构预报法，可知基于图 3.4.9，"2－3－6－2－3"来水结构，2010 年为第二个"2－3"结构的前导特丰年，则 2013 年可能为特丰水年。

3）运用时间序列分析，投影寻踪的预报技术可知 2013 年特丰水年，来水均值为 649m^3/s。

（2）全球洋流循环和地震。

1）2013年是拉马德雷冷位相下的拉尼娜年，基于上述来水预报规律，可知2013年为丰水年。

2）基于水汽通道上的地震对来水的影响，搜集资料可知日本2011年311地震，则基于此，可初步判断2013年、2014年可为丰水年。

（3）天文尺度因子。

1）基于太阳黑子数，2013年太阳黑子数为65，处于图5.1.2入库流量与太阳黑子数变化图的丰水区一，可判断2013年为丰水年。

2）基于太阳黑子数的相位，2013年有可能位于峰前一年，且2013年为双周年，则2013年可能为特丰水年。

3）基于小寒阴历时间，2013年小寒阴历时间为十一月二十四，位于图5.3.1小寒阴历时间和来水点聚图的特丰水区，则2013年为特丰水年。

4）基于月球赤纬角的相位，图5.4.1，可知2013年与1957年为相似年，1957年为丰水年，2013年为丰水年。

5）基于月球赤纬角与丰满水库来水的分布图5.5.1，2013年位于月球赤纬角与丰满水库来水分布图的特丰区一，可知2013年为特丰水年。

6）基于二十四节气月相图，图5.7.1～图5.7.24，可知2013年丰水年以上的年份占到64%，可知2013年为丰水年。

7）运用天文指标对比法，可知2013年的相似年为1937年、1956年、1975年、1994年，来水情况分别为丰水、特丰、偏丰、丰水，则可知2013年为丰水年。

（4）多因子综合预测。基于神经网络可预测2013年为丰水年，基于支持向量机可预测2013年为偏丰水年。

因而，在判断2013年位于特丰水年的高发期的基础上，分别基于流域尺度、全球洋流循环尺度、天文尺度因子分别进行预报，一共14个方法，可知2013年在特丰水年的概率为42.9%，丰水年的概率为50%，偏丰水年的概率为7.1%，因而可判断丰满水库为丰水年的概率为92.9%。

若与数据融合的体系相对应，可知在以小寒阴历时间（特丰水年）、月球赤纬角轨迹法（丰水年）、月球赤纬角分布图（特丰水年）、二十四节气月相图（丰水年）、二十四节气指标对比（丰水年）、拉马德雷冷位相下的厄尔尼诺和拉尼娜事件（丰水年）指标数据融合下，可知2013年为丰水年的概率为100%，预报正确的概率为0.68～0.78，则可2013年为丰水年的概率最大为0.78。在该体系之外有7个预报结果也同时指向丰水年以上，则2013年为丰水年的概率大于0.78。

（5）流域尺度多因子的滚动融合预报。以2013年的4月气温距平值和2012年9—10月丰满流域来水量，查找图6.4.1，可知2013年位于丰水区；以2013年1—5月累计来水量和5月流量，查找图6.4.2，可知2013年仅次于2010年位于第二位；以2013年1—6月累计来水量和6月流量，查找图6.4.3，可知2013年和2010年都位于丰水区。则可进一步判定2013年为特丰水年的概率较大，相似于2010年。

7.1.5.2 决策值的生成

预报值成为决策值，用以指导水库的防洪调度实践，需要融合理论预报结果、专家经验、领导决策，最终生成确定的预报结果。以丰满水电厂所在的东北电网为例，对预报值的生成决策值作一说明。

（1）每年 3 月春汛前，东北电网水调处组织召开东北电网直调的各大水库水文长期预报人员预报会商会，会上大家分别提出自己的预报依据及意见，汇总综合讨论，得到当年的预报结论。结合当年工程施工、机组检修等实际情况，制定水位控制运行计划，由东北电网水调处组织实施。

（2）6 月初在主汛期前，再召开一次预报会商会，结合已经发生的春汛情况及其他新的指标，对 3 月预报进行修正，得出新的预报结论，再对计划进行调整，由东北电网水调处组织实施。

（3）多方法共振，多专家共振。根据多年参加预报会商会的经验，当某位专家的多种方法结论一致的时候，或多位专家预报结果一致的时候，则预报结果的概率更大，反之某位专家多种方法结论不一致的时候，或者多位专家结论不一致的时候，那么特丰、特枯的概率变小，平水年概率变大。

7.2 松花江丰满流域极端来水超长期预报案例分析

将 2013 年、2017 年、2015 年来水预报准确并成功决策的案例进行分析，并对丰满流域 2013 年水文预报的决策流程加以展示，作为超长期径流预报的典型案例向社会进行推广。

7.2.1 2013 年特大洪水年预报及调度应用实践

7.2.1.1 2013 年预报结论

2013 年预报成果从天文尺度、全球、流域尺度进行总结，见表 7.2.1。

1. 天文尺度的方法：主要依据日地月的相对运动关系预报

（1）太阳黑子相对数预报法：2013 年位于"丰满水库年入库流量与太阳黑子关系分布图"的丰水区，历史相似年为 1971 年、1951 年，1971 年、1951 年均为丰水年。

（2）太阳黑子相位与分期：2013 年太阳黑子相位是峰前 1 年，峰前 1 年是丰水年高发期。

（3）近日点小寒阴历时间预报法：2013 年位于"小寒阴历时间与丰满水库年平均来水散点图"的特丰水区，历史相似年为 1956 年、1994 年、1937 年、1975 年，以上 4 年均为偏丰水以上年份。

（4）近日点远日点综合预报法：2013 年位于"近日点-远日点-丰满水库特丰、丰水年来水点聚图"特丰水区，历史相似年为 1937 年、1956 年、1975 年、1994 年。

（5）月球赤纬角运动轨迹相似法：2013 年处于 2007—2020 年月球赤纬角轨迹段，历史最相似 1951—1964 年月球赤纬角轨迹段，在 1951—1964 年轨迹线上，找到相同相位、年最大赤纬角接近的 1957 年为相似年；1957 年为特大洪水、丰水年。

（6）月球赤纬角分布图预报法：2013 年位于"月球赤纬角与丰满水库来水分布图"特丰水区，历史相似年为 1957 年、1938 年。

（7）月球赤纬角最小年法：该方法无法判断。

（8）月相图法：统计"水库来水节气月相分布图"，2013 年的月相丰水出现的概率为 64%，平水以上出现的概率为 100%。

（9）天文指标对比预报法：统计天文指标，历史相似年为 1956 年、1937 年、1975 年、1994 年，预报该年为大洪水、丰水年。

2. 全球尺度的方法：根据海洋、地震与流域来水的对应关系进行预报

（1）厄尔尼诺事件极端来水预报技术：依据国家气候中心预报 2013 年拉尼娜事件出现，由于 2013 年为强拉尼娜年，按照统计规律在拉马德雷冷相位期发生拉尼娜事件的年份，丰满水库一般为丰水、大洪水；历史相似年为 2010 年。

（2）水汽通道上的大地震：2011 年 3 月 11 日日本 9 级大地震/位于东南方向水汽通道上，按照统计规律 2 年后丰满流域特丰水、大洪水；历史相似年为 2010 年。

3. 流域尺度的方法

（1）点面结合洪灾预报技术：面预报 2013 年辽河、松花江上游洪水会发生大洪水，样本指向 1957 年、1960 年、1985 年、1909 年；特丰水年点预报年来水最相似 2010 年，定性年来水特丰，丰水 8 成；大洪水点预报法 2013 年特大洪水，预报最大日入库在 10500m³/s，排历史第 7 位，样本指向 1995 年、1960 年、1954 年、2010 年；综合预报该年是大洪水、特丰水年，相似年为 1960 年、1909 年、1957 年、1995 年、2010 年。

（2）峰年定位法：运用可公度理论，可在 2012 年对 2013 年进行预报，该年是大洪水、特丰水年，相似年为 1960 年。

（3）谷年定位法：该方法无法判断。

（4）有序结构法（2-3 结构）：2010 年为特丰水，2011 年为枯水、2012 年为特枯水，按照"2-3 结构"，2013 年具备特大洪水、特丰水年重演的可能，相似年为 1956 年、1960 年。

（5）有序结构法（2-3-6-2-3 复合结构）、有序结构法（间隔 4 结构）、极丰来水后的特征对比法，该方法无法判断。

（6）投影寻踪预报技术：运用回归分析、多项式回归方法，可预报该年为特丰水年。

（7）秋后降水与春季气温：基于前兆理论-秋后雨水多，来年淹山坡，可在 2013 年 5 月 1 日对 2013 年进行预报，2013 年位于丰水区，相似年为 2010 年。2012 年秋后 9—10 月丰满流域降水量 122.2mm，为同期多年平均值的 124.4%，明显偏多。春季气温距平值为-4.0℃，比同期均值 0.01℃明显偏低。

（8）春汛预报夏汛（5 月）：基于前兆理论，在 2013 年 6 月 1 日可知，2013 年位于特丰水区，相似年为 2010 年。2013 年 1 月至 5 月丰满水库来水量 73.6 亿 m³，为同期多年均值的 193%，明显偏多。

（9）春汛预报夏汛（6 月）：基于前兆理论-春汛大、夏汛大，可在 2013 年 7 月 1 日对 2013 年进行预报，2013 年位于特丰水区，相似年为 1956 年。2013 年 1—6 月丰满水库来水量 91.4 亿 m³，为同期多年均值的 171%，明显偏多。

（10）宏观异常现象：该方法无法判断。

（11）谚语：基于前兆理论-柳树下雨发大水，可在 2013 年 6 月对 2013 年进行预报，2013 年为特丰水年，相似年为 1995 年、2010 年。1995 年、2010 年均出现了柳树下雨现象。

4. 基于深度挖掘技术

（1）神经网络法：基于智能模拟，可得该年为丰水年。

（2）支持向量机法：基于机器学习，可得该年为平水偏丰水年。

对 2013 年的多种方法进行预测的结果总结见表 7.2.1。

7.2.1.2　2013 年预报决策

丰满发电厂利用各种可能的机会，将 2013 年特丰水，大洪水预报结论，向各有关单位进行汇报，争取在水库发电调度、防洪调度中获得支持。

（1）针对丰满流域梯级水库蓄水多、春汛来水预报多、夏汛来水预报多的结论，1 月 15 日，厂向国家电网东北调控分中心水库调度、国网新源公司生产技术部提出"丰满水库 2013 年汛前调度预控建议"。

（2）1 月 28 日，参加公司水电管理部组织召开的丰满重建工程建设对丰满发电厂 2013 年度生产运行的影响分析会，提出《关于 2013 年丰满流域来水丰水的预报》。

（3）2 月 4 日，会同丰满大坝重建工程建设局向东北电力调控分中心就 2013 年上半年丰满水库调度运行计划等相关情况进行了汇报请示，提出 2013 年水库流域来水特丰。

（4）2 月 26 日，参加公司基建部召开的丰满水电站全面治理（重建）工程建设对丰满发电厂 2013 年度生产运行的影响分析协调会，提出 2013 年水库流域来水特丰。

（5）3 月 14 日，参加国家电网东北调控分中心召开的东北电网水库调度工作会议，进行了"丰满水库 2013 年水情分析、大坝重建工程影响及水库运行策略"汇报，用 7 种方法对 2013 年东北地区大洪水预报结论，进行了详细汇报。

（6）电话与松花江防汛抗旱指挥部办公室、吉林省防汛抗旱指挥部办公室、吉林市防汛指挥部成员沟通，汇报 2013 年预报成果。并在地方气象部门预报 2013 年偏旱的情况下，坚持预报意见，并争取在 2013 年防洪调度中给予支持。

正是科学的预报、多方的阐述、可贵的坚持，使丰满发电厂在 2013 年调度预控中，获得了各方充分的信任与支持，使发电调度、防洪调度意见得到了支持和落实，获得调度风险预控的成功。

7.2.1.3　2013 年预报结论验证

丰满水库 2013 年春汛来水突破历史，夏汛来水特丰，夏汛先后遭遇 6 年 1 遇中小洪水、70 年 1 遇特大洪水，两次均达到泄洪标准。

表 7.2.1　2013 年预报成果总结

序号	尺度	方法	原理	定性预报	相似年样本/年	预报时间	备注
1	天文尺度	太阳黑子太相对数预报法		位于丰水区	1971、1951	2012年	
2		太阳黑子相位与分期		峰前，丰水年高发期	—	2012年	
3		近日点小寒阴历时间预报法		位于特丰水区	1956、1994、1937、1975	2012年	
4		近日点远日点综合预报法	日月地三球关系	位于特丰水区	1937、1956、1975、1994	2012年	
5		月球赤纬角运动轨迹相似法		特大洪水、丰水	1957	2012年	
6		月球赤纬角分布图预报法		位于特丰水区	1957、1938	2012年	
7		月球赤纬角最小年法		—	—	—	
8	全球尺度	月相图法		丰水年	—	2012年	丰水概率64%，平水以上100%
9		天文指标对比预报法		大洪水、丰水年	1956、1937、1975、1994	2012年	
10		厄尔尼诺事件极端来水预报技术	海洋、地震影响	强拉尼娜事件、大洪水	2010	2013年1月	国家气候中心预报2013年拉尼娜事件出现
11		震洪灾害链法		大洪水、特丰水年	2010	2011年3月	2011年3月11日日本9级大地震/位于东南方向水汽通道上
12	流域尺度	点面结合洪灾预报技术	可公度理论	大洪水、特丰水年	1960,1909,1957,1995,2010	2011年	
13		峰年定位		大洪水、特丰水年	1960	2012年	2013、2014年2年高发期
14		谷年定位		特大洪水、特丰水年	—	—	
15		有序结构法（2-3结构）	历史演变结构	特大洪水、特丰水年	1956、1960	2012年	
16		有序结构法（2-3-6-2-3复合结构）		—	—	—	2-3结构
17		有序结构法（同隔4结构）		—	—	—	

续表

序号	尺度	方法	原理	定性预报	相似年样本/年	预报时间	备注
18		极丰来水后的特征对比法	物极必反思想	—	—	—	
19		投影寻踪预报技术	回归分析、多项式拟合	特丰水年	—	—	秋后雨水多、来年淹山坡
20		秋后降水与春季气温		丰水区	2010	2013 年 5 月 1 日	2013 年历史最大春汛
21		春汛预报夏汛（5 月）		特丰水区	2010	2013 年 6 月 1 日	春汛大、夏汛大
22		春汛预报夏汛（6 月）	前兆理论	特丰水区	1956	2013 年 7 月 1 日	
23		苔观异常现象		—		—	柳树下雨发大水
24		谚语	智能模拟	特丰水	1995、2010	2013 年 6 月	
25	深度挖掘技术	神经网络法		丰水年			
26		支持向量机法	机器学习	平水偏丰年			
27	综合预报	1. 从年来水看：预报偏丰水年的方法有 5 种、丰水的方法有 2 种，特丰水的方法有 12 种，特丰水出现的概率大。 2. 从洪水的角度看：预报特大洪水的方法有 2 种，预报大洪水的方法有 5 种，大洪水出现的概率大。 3. 从洪水预报相似年的样本看：2010 年出现 6 次、1956 年 5 次、1957 年、1960 年、1994 年各出现 3 次，按频次和量级融合处理：计算 2010 年、1956 年的加权值，可得 2013 年的年平均来水量为 724m³/s，2010 年最大 12 小时来水量 20600 m³/s、1956 年最大 12 小时洪峰 6000 m³/s，可得 2013 年的最大 12 小时洪峰为 14000 m³/s。 4. 综合辨识后预报 2013 年丰满水库流域为大洪水年、特丰水年。					

1. 水库来水特丰验证

2013年1—12月，水库来水221亿m³，为多年同期来水量115.6亿m³的191%。

春汛来水列历史第一。2013年1—5月，丰满水库来水达73.5亿m³，为多年同期入库水量37.0亿m³的198%，在历史资料中排第1位。

夏汛来水特丰，经历70年1遇特大洪水。2013年6—9月，丰满水库来水达147.5亿m³，为多年同期入库水量78.6亿m³的188%，来水特丰。

按照来水比多年平均来水多4成以上为特丰评定：2013年为特丰水年。

2. 特大洪水验证

8月14—17日，丰满流域又遭遇了罕见的强降雨袭击，流域降雨152mm，单站最大降雨量281mm，局地达到特大暴雨，最大12h洪峰为17300 m³/s，达到70年一遇洪水标准。

按照洪水频率50年一遇及以上为特大洪水评定：2013年为特大洪水年。

同时，按照预报，2013年特大洪水，最大日入库在10500 m³/s；实际：丰满水库12h入库为9450 m³/s，比预报少1050 m³/s，少10%，从超长期预报角度，洪峰流量仅偏差10%，精度惊人。

3. 样本相似性验证——1960年主体特征

2013年与1960年相比，具有四点相似性：

（1）年来水均为特丰水年。1960年全年来水量为198.9 m³，为多年平均年入库水量127.1的156%，为特丰水年，为1933年以来第7位；2013年预计全年来水量为230 m³，为多年平均年入库水量127.1的181%，为特丰水年，为1933年以来第2~3位。

（2）大洪水量级相近。1960年丰满流域（还原白山水库）12h入库为15600m³/s，为1856年以来第7位洪水；2013年丰满流域（还原白山水库）12h入库为17300m³/s，为1856年以来第4位洪水。

（3）大洪水发生时间相近，均为后汛期。一般丰满水库大洪水发生在7月下旬、8月上旬，所以汛期分期以8月15日为界。8月16日以后，为后汛期，汛限水位提高。

1960年大洪水发生在8月24日，2013年发生在8月17日，大洪水发生在8月15日后，是典型的20世纪50—60年代特征。

（4）年发电量相近，为丰满发电厂有记录前2位。1960年全年发电量为27.5亿kW·h，为多年平均发电量16.1亿kW·h的171%。2013年全年发电34.6亿kW·h，为多年平均发电量16.1亿kW·h的215%，超原历史记录1960年7.1亿kW·h。

4. 样本相似性验证——2010年特征

2013年与2010年相比，具有三点相似性。

（1）年来水均为特丰水年，为有记录前3位。2010年全年来水量为239亿m³，为多年平均年入库水量127.1的188%，为特丰水年，为1933年以来第1位；2013年预计全年来水量为230亿m³，为多年平均年入库水量127.1的181%，为特丰水年，为1933年以来第2~3位。

（2）大洪水量级相近，均为特大洪水，为有记录前4位。2010年丰满流域（还原白山水库）12h 入库为 20600m³/s，为 1856 年以来第 1 位洪水；2013 年丰满流域（还原白山水库）12h 入库为 17300m³/s，为 1856 年以来第 4 位洪水。

（3）有效验证了时空前兆法，吉林地区，柳树下雨有大水。

5. 样本相似性验证——1953 年特征——可见天文周期对大洪水的决定因素

2013 年与 1953 年相比，在大洪水特征上，最具相似性。

（1）大洪水洪峰基本一致。1953 年丰满流域（还原白山水库）12h 入库为 17700m³/s，为 1856 年以来第 3 位洪水；2013 年丰满流域（还原白山水库）12h 入库为 17300m³/s，为 1856 年以来第 4 位洪水。

（2）大洪水 3 天洪量基本一致。1953 年丰满流域（还原白山水库）最大 3d 洪量为 28.8 亿 m³，为 1856 年以来第 3 位；2013 年丰满流域（还原白山水库）最大 3d 洪量为 28.45 亿 m³，为 1856 年以来第 4 位。丰满特大洪水排位表见表 7.2.2。

表 7.2.2　　　　　　　　　　　　丰满特大洪水排位表

排位	年份	Q_{12} /(m³/s)	$Q_日$ /(m³/s)	年份	W_3 /亿 m³	年份	W_7 /亿 m³	W_{11} /亿 m³	W_{15} /亿 m³
1	2010	20600	16795	1995	38.2	1995	55.5	75.0	84.7
2	1995	20400	16700	1953	32.0	1953	48.3		
3	1953	17700	15600	2010	28.8	2010	47.3		
4	2013	17300	15950	2013	28.45	2013	41.78		
5	1957	16500	14400	1957	25.7	1856	—		
6	1856	—		1856		1909	—		
7	1960	15600	12800	1960	24.5	1923	—		
8	1909			1909					
9	1991	13700	12800	1951	24.0				
10	1951	13400	10400	1923	—				
11	1923		—	1991	23.4				

6. 东北区域性大洪水验证

2013 年汛期，东北地区多条主要江河发生了大洪水或特大洪水。黑龙江干流呼玛站以下段、嫩江干流、松花江干流、辽河干流发生全线超警洪水，其中，黑龙江干流同江至抚远段发生超 100 年一遇特大洪水；嫩江干流尼尔基水库以上、浑河上游发生超 50 年一遇特大洪水；第二松花江上游发生 60 年一遇特大洪水。

黑龙江干流上马厂至同江段、嫩江干流尼尔基水库以下、松花江干流发生 10～20 年中等洪水。松辽流域共有 58 条河流、116 处测站，其中有 44 处干流站和 14 处一级支流把口站发生超警戒以上洪水，20 条河流发生超历史洪水、松花江上游 2 条、松花江干流 6 条、乌苏里江 2 条、辽河干流 2 条、浑太河 1 条。

7. 灾情情况

国家防汛抗旱总指挥部：受冷空气影响，8 月 14—16 日，松花江支流松花江上游流域降大到暴雨，局部降大暴雨，流域面平均雨量 104mm，最大点雨量吉林桦甸白山达 279mm，松花江上游上游发生大洪水，有 10 条支流发生超警戒水位洪水，其中二道松花江及辉发河上游发生超历史实测记录洪水。据初步统计，此次强降雨共造成吉林省吉林、延边、辽源等 6 个市州的 23 个县（市、区）、115 个乡镇受灾，受灾人口 75 万人，死亡 11 人，失踪 7 人，倒塌房屋 1131 间，农作物受灾 $1.35 \times 10^5 \text{hm}^3$。

7.2.2　2017 年成灾洪水预报

7.2.2.1　2017 年预报结论

2017 年预报成果从天文尺度、全球、流域尺度进行总结，相关成果见表 7.2.3。

1. 天文尺度的方法：主要依据日地月的相对运动关系预报

（1）太阳黑子相对数预报法：2017 年位于"丰满水库年入库流量与太阳黑子关系分布图"的丰水区，历史相似年为 1995 年。

（2）太阳黑子相位与分期：2017 年太阳黑子相位是双峰谷期丰水年高发期，历史相似年是 1994 年，为太阳黑子峰后第 3 年。

（3）近日点小寒阴历时间预报法：该方法无法判断。

（4）近日点远日点综合预报法：2017 年位于"近日点-远日点-丰满水库特丰、丰水年来水点聚图"特丰水区，历史相似年为 1960 年。

（5）月球赤纬角运动轨迹相似法：2017 年处于 2007—2020 年月球赤纬角轨迹段，历史最相似 1951—1964 年月球赤纬角轨迹段，在 1951—1964 年轨迹线上，找到相同相位、年最大赤纬角接近的 1961 年为相似年；1961 年为偏丰水年。

（6）月球赤纬角分布图预报法：2017 年位于"月球赤纬角与丰满水库来水分布图"特丰水区，历史相似年为 1938 年、1960 年、1994 年、1995 年。

（7）月球赤纬角最小年法：该方法无法判断。

（8）月相图法：统计"水库来水节气月相分布图"，2017 年的月相丰水出现的概率为 40%，预报该年为丰水年。

（9）天文指标对比预报法：统计天文指标，历史相似年为 1960 年，预报该年为大洪水，是特丰水年。

2. 全球尺度的方法：根据海洋、地震与流域来水的对应关系进行预报

（1）厄尔尼诺事件极端来水预报技术：依据国家气候中心预报 2017 年为弱拉尼娜事件，按照统计规律在拉马德雷冷相位期发生拉尼娜事件的年份，丰满水库一般为丰水、大洪水；与 2013 年相似，因而该年是大洪水、丰水年。

（2）水汽通道上的大地震：2015 年 4 月 25 日尼泊尔 8.1 级地震/位于西南方向水汽通道上，按照统计规律 2 年后丰满流域特丰水、大洪水，则可在 2015 年 5 月对 2017 年进行预报，2017 年是大洪水、特丰水年，历史相似年是 2010 年、2013 年。

3. 流域尺度的方法

（1）点面结合洪灾预报技术：面预报 2017 年辽河、松花江上游洪水会发生大洪水，样本指向 1985 年、1962 年、1953 年、1930 年、1911 年。

表 7.2.3　　　　　　　　　　　　　　　2017 年预报成果总结

序号	尺度	方法	原理	定性预报	相似年样本/年	作预报年份	备注
1	天文尺度	太阳黑子太相对数预报法		位于丰水区	1995	2016 年预报	
2		太阳黑子相位与分期		丰水年	1994	2016 年预报	双峰谷期丰水年高发期，相似 1994 年，为太阳黑子峰后第 3 年
3		近日点小寒阴历时间预报法		—			
4		近日点近日点综合预报法	日月地三球关系	位于特丰水区	1960	2016 年预报	
5		月球赤纬角运动轨迹相似法		偏丰水年	1961	2016 年预报	
6		月球赤纬角分布图预报法		位于特丰水区	1938, 1960, 1994, 1995	2016 年预报	
7		月球赤纬角最小年法					
8		月相图法		丰水年	—	2016 年预报	丰水概率 40%，出现的概率最大
9		天文档标对比预报法		大洪水、特丰水年	1960	2016 年预报	
10	全球尺度	厄尔尼诺事件对极端来水预报技术	海洋、地震影响	弱拉尼娜事件、大洪水、丰水年	2013	2017 年 1 月预报	国家气候中心预报 2017 年弱拉尼娜事件出现
11		震洪灾害链法		大洪水、特丰水年	2010, 2013	2015 年 5 月预报	2015 年 4 月 25 日尼泊尔 8.1 级地震/位于西南方向水汽通道上
12	流域尺度	点面结合洪水预报技术	可公度理论	大洪水、偏丰水年	1985, 1962, 1953, 1930, 1911	2016 年	面预报报东北地区出现大洪水，点预报未出现
13		峰位定位		大洪水、特丰水年	1964	2016 年	2017、2018 年 2 年高发期
14		谷位定位		—			
15		有序结构法（2 - 3 结构）		丰水年	1960, 1964	2016 年预报	2 - 3 结构

续表

序号	尺度		方法	原理	定性预报	相似年样本/年	作预报年份	备注
16			有序结构法 （2-3-6-2-3复合结构）	历史演变	—			
17			有序结构法（同隔4结构）	结构	—			
18			极丰来水后特征对比法	物极必反思想	—			
19	流域尺度		投影寻踪预报技术	回归分析、多项式拟合	枯水年			
20			秋后降水与春季气温		丰水年	1981	2017年5月1日	谚语：秋后雨水多，来年准山坡
21			春汛预报夏汛（5月）	前兆理论	丰水年	2013、1941	2017年6月1日	2017年第四位春汛，相似于2013年、1941年
22			春汛预报夏汛（6月）		偏丰水年（3年平均值447m³/s）	1948、1981、1973	2017年7月1日	相邻点子1948年（偏枯）、1981年（丰水）、1973年（丰水）
23			谚语		特丰水年	1995、2010、2013	2017年6月	桦甸市柳树下雨，吉林市无柳树下雨现象
24		深度挖掘技术	神经网络法	智能模拟	平水年			
25			支持向量机法	机器学习	平水年			
26	综合预报		1. 从年来水预报看：预报丰水年的方法有6种，预报特丰水年的方法有7种，预报枯水年的方法有2种，预报偏枯水的方法有1种，预报方法聚类较分散。 2. 从洪水角度看：有预报特大洪水的19个方案，有5种预报特大洪水，因此东北地区流域出现特大洪水可能性低，但东北地区出现洪灾概率大。 3. 从预报相似年样本出现频次看：相似年过于分散，19种预报方法相似年样本出现15年之多，且出现频次均较少，较分散；相对集中的样本为1960年、丰满流域大洪水。 4. 综合预报结论：2017年丰满流域来水为丰水年，大洪水年，东北地区洪灾可能性较高				

（2）峰年定位法：运用可公度理论，可在 2016 年对 2017 年进行预报，该年是大洪水、特丰水年，相似年为 1964 年。

（3）谷年定位法：该方法无法判断。

（4）有序结构法（2-3 结构）：2010 年为特丰水，2011 年为枯水、2012 年为特枯水，按照"2-3 结构"，2017 年具备特大洪水、特丰水年重演的可能，相似年为 1964 年、1960 年。

（5）有序结构法（2-3-6-2-3 复合结构）、有序结构法（间隔 4 结构）、极丰来水后的特征对比法，该方法无法判断。

（6）投影寻踪预报技术：运用回归分析、多项式回归方法，可预报该年为枯水年。

（7）秋后降水与春季气温：基于前兆理论-谚语：秋后雨水多，来年淹山坡，可知 2017 年位于丰水区，相似年为 1981 年。2016 年秋后 9～10 月丰满流域降水量 153.2mm，为同期多年平均值的 156%，明显偏多；2017 年 4 月气温距平为 1.3℃，偏高，两者综合预报为丰水年。

（8）春汛预报夏汛（5 月）：基于前兆理论，可知 2017 年春汛排在第四位，2017 年相似于 2013 年、1941 年。2017 年 1 月至 5 月来水量 66.8 亿 m^3，为同期多年均值的 175%，明显偏多。

（9）春汛预报夏汛（6 月）：基于前兆理论-春汛大、夏汛大，相邻点子 1948 年（偏枯）、1981 年（丰水）、1973 年（丰水），可知 2017 年相似年为 1948 年、1981 年、1973 年，2017 年为偏丰水年（3 年平均值 447m^3/s）。2017 年 1—6 月来水量 81.9 亿 m^3，为同期多年均值的 154%，明显偏多。

（10）谚语：基于前兆理论-柳树下雨发大水，桦甸市柳树下雨，吉林市无柳树下雨现象，可知 2017 年相似年为 1995 年、2010 年、2013 年，这三年均为特丰水年。

4．基于深度挖掘技术

（1）神经网络法：基于智能模拟，可得该年为丰水年。

（2）支持向量机法：基于机器学习，可得该年为平偏丰水年。

7.2.2.2　2017 年东北地区成灾洪水预报验证

1．东北地区 2017 年第一次洪灾

7 月 13—14 日，吉林省中部地区特别是吉林市普降大暴雨，局部出现特大暴雨。全省出现特大暴雨（超过 250mm）7 站，大暴雨（100～250mm）298 站。最大点降雨量发生在永吉县春登站 295.7mm，最大 1h 降雨强度达 107.1mm，永吉县日降雨量突破历史极值。

松花江上游支流温德河口前站，出现洪峰 3350m^3/s，比 2010 年洪峰流量 3120m^3/s 多 230m^3/s，超堤顶 2.05m，发生了有实测记录以来的特大洪水，吉林市永吉县城 2017 年第一次进水。历史相似年 2010 年永吉县城进水。

吉林省防汛抗旱指挥部办公室：7 月 13 日特大暴雨洪水造成全省 15 个县 82 个乡镇 51.3 万人受灾，紧急转移人口 12.69 万人，因灾死亡 19 人、失踪 18 人，其中，吉林市死亡 18 人、失踪 18 人，敦化市死亡 1 人；倒塌和严重损坏房屋 10497 间；农作物

受灾面积 $12.4×10^4 hm^2$，其中绝收面积 $1.4×10^4 hm^2$；停产工矿企业 36 个，铁路中断 2 条次，公路中断 140 条次，供电中断 69 条次，通讯中断 66 条次；损坏小型水库 4 座、堤防 151 处、护岸 57 处、水闸 147 座、塘坝 65 座、灌溉设施 390 处、水文测站 31 个、机电泵站 25 座，水利设施直接经济损失 11.4 亿元，全省直接经济总损失 212.3 亿元。

2. 东北地区 2017 年第二次洪灾

7 月 19—21 日，我省出现明显降雨天气，过程降雨量大于 250mm 的有 19 站，100～250mm 的有 404 站。其中，永吉和吉林市区是降雨中心，最大小时雨强 107mm，永吉县火石山村降雨量 409.4mm，再次突破该县历史极值。

松花江上游支流温德河口前站，出现洪峰 $2480m^3/s$，超堤顶 0.8m，吉林市永吉县城 2017 年第二次进水。2010 年永吉县城进水。

成灾区域重演 2010 年松花江上游流域成灾洪水路径。

吉林省防汛抗旱指挥部办公室：此次强降雨造成全省 16 个县（市、区）114 个乡镇受灾，受灾人口 55.64 万人，转移人口 25.19 万人，倒塌房屋 1.91 万间，农作物受灾面积 $2.58×10^4 hm^2$，铁路中断 1 条次，公路中断 9 条次，损坏水利设施 53 处。全省直接经济总损失约 127.38 亿元。

3. 东北地区 2017 年第三次洪灾

受第 10 号台风"海棠"残余系统和高空槽的共同影响，8 月 2—4 日，辽宁多地持续暴雨。强降雨引发辽西沿渤海岸及辽东沿黄海岸大型河流发生中小洪水，中小河流发生大洪水或特大洪水。其中，英那河冰峪沟水文站洪峰流量 $1800m^3/s$，为当地有实测资料以来首位。

造成辽宁大连、鞍山、丹东、营口、阜新、朝阳、葫芦岛等市受灾。受灾民众 71.38 万人，倒塌房屋 770 间，农作物受灾面积 $9.45×10^4 hm^2$，公路中断 335 条次，直接经济损失 55.91 亿元人民币。在受灾最严重的鞍山市岫岩县，受灾民众 26 万人，死亡 3 人，直接经济损失 43.5 亿元人民币。

7.2.3　2015 年特枯水年预报

2015 年预报成果从天文尺度、全球、流域尺度进行总结，相关成果见表 7.2.4。

1. 天文尺度的方法：主要依据日地月的相对运动关系预报

（1）太阳黑子相对数预报法：预报 2015 年太阳黑子相对数 60，太阳黑子数相似年为 1993 年（59.1）、2003 年（63.4）、2012 年（57.6）；太阳黑子相位相似于 1993 年，均为峰后第 2 年。

（2）太阳黑子相位与分期：2015 年位于双周衰减期枯水年高发期，该年相似于 2003 年。

（3）近日点小寒阴历时间预报法：2015 年位于"小寒阴历时间与丰满水库年平均来水散点图"的枯水区，历史相似年为 1977 年、1996 年。

（4）近日点远日点综合预报法：该方法无法判断。

表 7.2.4　2015 年预报成果总结

序号	尺度	方法	原理	定性预报	相似年样本/年	作预报年份	备注
1	天文尺度	太阳黑子太相对数预报法		枯水年	1993、2003、2012	2014 年预报	预报 2015 年太阳黑子相对数 60，太阳黑子数接近年份 1993 年（59.1）、2003 年（63.4）、2012 年（57.6）；3 年中太阳黑子相位，相似 1993 年，峰后第 2 年
2		太阳黑子相位与分期		特枯水年	2003	2014 年预报	相位一致、黑子数接近 2003 年。双周衰减期枯水年高发期
3		近日点小寒阴历时间预报法	日月地三球关系	枯水年	1977、1996	2014 年预报	位于枯水区
4		近日点远日点点综合预报法		—		2014 年预报	
5		月球赤纬角运动轨迹相似法		平水年	1959	2014 年预报	
6		月球赤纬角分布图预报法		特枯水年	1958	2014 年预报	与 1958 年太阳黑子、月球赤纬角最接近
7		月球赤纬角最小年法		特枯水年	1997、1978、1958	2014 年预报	均为最小年
8		月相图法		枯水年	—	2014 年预报	枯水概率 46%
9		天文指标对比预报法		枯水年	1958、1977、1996、1939	2014 年预报	最相似于 1958 年
10	全球尺度	厄尔尼诺事件极端来水预报技术	海洋、地震影响	强厄尔尼诺值年、特枯水年	1997、1982、2012	2014 年预报	国家气候中心预报 2015 年强厄尔尼诺事件出现
11		震洪灾害链法		—			
12	流域尺度	点面结合洪灾预报技术	可公度理论	—			
13		峰年定位		—			
14		各年定位		特枯水年	1982	2014 年预报	2015 年、2016 年各年高发期

续表

序号	尺度	方法	原理	定性预报	相似年样本/年	作预报年份	备注
15		有序结构法（2-3结构）	可公度理论	—			
16		有序结构法（2-3-6-2-3复合结构）		—			
17		有序结构法（同隔4结构）		—			
18		极丰来水后的特征对比法	物极必反思想	偏枯水年	2012	2014年预报	
19	流域尺度	投影寻踪预报技术	回归分析、多项式拟合	特枯水年			
20		秋后降水与春季气温		平水年	2014、2005、1994	2015年5月1日	相似于2014年
21		春汛预报夏汛（5月）	前兆理论	特枯水年	2012	2015年6月1日	相似于2012年
22		春汛预报夏汛（6月）		枯水年	1985、2000	2015年7月1日	相似于1985年、2000年
23	多尺度融合	谚语	—	特枯水年			
24		神经网络法	智能模拟				
25		支持向量机法	机器学习	平水年			
26	综合预报						

1. 从来水角度看：预报特枯水的方法有8种，预报偏枯的方法有5种，预报平水的方法有3种，预报偏枯的方法有1种，年度出现大洪水概率低。

2. 从洪水角度看：有预报结论的17个方案，均无预报大洪水，年度未出现大洪水。

3. 从预报相似年样本出现频次看，相似年过于分散，17种预报方法相似年样本出现16年之多，且出现频次均较少、较分散；相对集中的样本为2012年4次、1958年3次，丰满流域来水均特枯。

4. 综合预报结论：2015年丰满流域来水为特枯水。

（5）月球赤纬角运动轨迹相似法：2015 年处于 2007—2020 年月球赤纬角轨迹段，历史最相似 1951—1964 年月球赤纬角轨迹段，在 1951—1964 年轨迹线上，找到相同相位、年最大赤纬角接近的为 1959 年，则预报该年为平水年。

（6）月球赤纬角分布图预报法：2015 年位于"月球赤纬角与丰满水库来水分布图"特枯区，历史相似年为 1958 年。

（7）月球赤纬角最小年法：1997 年、1978 年、1958 年的月球赤纬角均为最小值，且为特枯水年，2015 年相似于 1997 年、1978 年、1958 年。

（8）月相图法：统计"水库来水节气月相分布图"，2015 年的月相枯水出现的概率为 46%。

（9）天文指标对比预报法：统计天文指标，历史相似年为 1958 年、1977 年、1996 年、1939 年，预报该年为枯水年。

2．全球尺度的方法：根据海洋、地震与流域来水的对应关系进行预报

（1）厄尔尼诺事件极端来水预报技术：依据国家气候中心预报 2015 年强厄尔尼诺事件出现，2015 年是强厄尔尼诺峰值年，则预报 2015 年为特枯水年，相似年为 1997 年、1982 年、2012 年。

（2）震洪灾害链法：该方法无法判断。

3．流域尺度的方法

（1）点面结合洪灾预报技术：该方法无法判断。

（2）峰年定位法：该方法无法判断。

（3）谷年定位法：运用可公度理论，该方法可在 2014 年对 2015 年进行预报，该年相似于 1982 年，为特枯水年。

（4）有序结构法（2-3 结构）、有序结构法（2-3-6-2-3 复合结构）、有序结构法（间隔 4 结构）无法判断。

（5）极丰来水后的特征对比法，该方法可在 2014 年对 2015 年进行预报，该年相似于 2012 年，则预报 2015 年为偏枯水年。

（6）投影寻踪预报技术：运用回归分析、多项式回归方法，预报该年为特枯水年。

（7）秋后降水与春季气温：可在 2015 年 5 月 1 日对 2015 年进行预报，2015 年相似于 2014 年、2005 年、1994 年，预报 2015 年为平水年。2014 年秋后 9—10 月丰满流域降水量 91.5mm，为同期多年平均值的 93.1%，正常年份；2015 年 4 月气温距平为 1.6℃，偏高，两者综合预报为平水年。

（8）春汛预报夏汛（5 月）：基于前兆理论，可在 2015 年 6 月 1 日对 2015 年进行预报，2015 年相似于 2012 年，预报 2015 年特枯水年。2015 年 1 月至 5 月来水量 29.0 亿 m³，为同期多年均值的 76.0%，明显偏少，预报为特枯水年。

（9）春汛预报夏汛（6 月）：可在 2015 年 7 月 1 日对 2015 年进行预报，2015 年相似年为 1985 年、2000 年，预报 2015 年为枯水年。2015 年 1—6 月来水量 37.3 亿 m³，为同期多年均值的 70.0%，明显偏少，预报为枯水年。

（10）谚语：该方法无法判断。

4. 基于深度挖掘技术

（1）神经网络法：基于智能模拟，可得该年为特枯水年。

（2）支持向量机法：基于机器学习，可得该年为平水年。

7.3 松花江丰满流域极端来水超长期预报的综合效益

由于预报准确、成功决策，使得丰满水库洪水预报工作获得了巨大的社会、经济效益，说明极端来水超长期预报具有巨大的价值。

丰满水库2013年春汛来水突破历史，夏汛来水特丰，夏汛先后遭遇6年一遇中小洪水、70年一遇特大洪水，两次均达到泄洪标准；同时，丰满大坝重建工程施工对水库调度产生较大影响，调度形势严峻。丰满发电厂采取了调度风险预控措施，取得了发电超多年平均发电量1倍以上的历史新纪录；面临70年一遇特大洪水，顶住压力，为嫩江与松花江洪水错峰135小时，仅泄洪1.6亿 m^3，创造了巨大防洪减灾效益。

7.3.1 年发电量创造历史

2013年丰满发电厂1—9月全口径机组累计发电31.7亿 kW·h。为去年同期发电量8.7亿 kW·h的364.4%，为多年同期发电量12.41亿 kW·h的255.4%，创造了发电量历史新纪录，超历史第二位1960年7.1亿 kW·h。

2013年1—9月，水库来水221亿 m^3，为多年同期来水量115.6亿 m^3的191%。

春汛来水列历史第一。2013年1—5月，丰满水库来水达73.5亿 m^3，为多年同期入库水量37.0亿 m^3的198%，在历史资料中排第1位。

夏汛来水特丰，经历70年一遇特大洪水。2013年6—9月，丰满水库来水达147.5亿 m^3，为多年同期入库水量78.6亿 m^3的188%，来水特丰。

8月14—17日，丰满流域又遭遇了罕见的强降雨袭击，流域降雨152mm，单站最大降雨量281mm，局地达到特大暴雨，最大12h洪峰为17300 m^3/s，达到70年一遇洪水标准。

7.3.2 保住了施工围堰

坝下交通桥施工距丰满电站近，围堰填筑过程中和合拢后将束窄河道；围堰设计填筑高程为195.5m，按照设计核算，束窄后的河床下泄流量应控制不超过500 m^3/s。在2013年3月1日至6月30日期间，坝下交通桥施工围堰设防流量500 m^3/s，将推高汛期防洪风险。

1月28日，提出《关于丰满坝下交通桥施工围堰设防流量的建议》，建议围堰设防流量1500 m^3/s。

1月31日，提出的10个保证工程施工出流控制发电调度方案。

2月4日，会同丰满大坝重建工程建设局向东北电力调控分中心就2013年上半年丰满水库调度运行计划等相关情况进行了汇报请示。

2月26日，参加公司基建部召开的丰满水电站全面治理（重建）工程建设对丰满发电厂 2013 年度生产运行的影响分析协调会。针对围堰标准过低问题，坚持提高围堰标准 1000m³/s 以上，减轻施工对防汛的影响。

3 月 7 日，参加国家电网公司东北分部召开的"2013 年松花江上游流域白山、丰满、双沟水库工程施工协调会"。会议确定丰满坝下交通桥改建工程施工围堰设防流量 1000m³/s。

3 月 15 日，针对建设局围堰施工设防流量要求，向国家电网东北电力调控分中心提出《丰满发电厂关于上报 2013 年上半年丰满水库调度运行计划的请示》。

经计算：由于提高施工围堰设防标准，自 3 月 15 日工程施工围堰设防至 5 月 31 日，水库多出库水量累计达 19.0 亿 m³，如不提高设防标准，水库水位 6 月 1 日将达 261.09m（实际 255.72m）。坝下交通桥改建工程施工围堰设防流量 1000m³/s，保证了防汛安全，避免了春汛期泄洪水淹围堰问题。

7.3.3　避免了历史第一春汛期泄洪

针对工程影响的不利因素，结合水库来水预报丰水的结论，自 1 月中旬，即开展了水库调度预控工作。

1 月 15 日，提出"丰满水库 2013 年汛前调度预控建议"，并从 1 月中旬开始在国网东北调控分中心的支持下，加大发电出力。

2013 年 3 月 1 日到 5 月 31 日入库水量 61.1 亿 m³，较多年均值 33.6 m³ 多 27.5 亿 m³ 为多年均值的 181.8%，在历史资料中排第 1 位；1—5 月，丰满水库来水达 73.5 亿 m³，为多年同期入库水量 37.04 亿 m³ 的 198%。

自 1 月中旬开展调度预控工作至 5 月 31 日，丰满水库发电出库水量 81.0 亿 m³，多出库水量累计达 37.6 亿 m³，有效地控制了水库水位，避免了进入汛期水库水位即超汛限水位的问题，避免了春汛期泄洪。

7.3.4　取得了巨大的效益

1. 拦蓄洪水——社会效益

在防洪方面，丰满水库是松花江上游干流上最重要的控制性工程，也是松花江流域防洪工程体系的重要组成部分。丰满水库下游有吉林和哈尔滨两市，均为全国重点防洪城市，沿江有 11 个县，土地 1360 万亩，村庄 2340 多个，1000 多万人口。丰满水库可以有效地调节出流，削减洪峰和洪量，在减少下游松花江洪水灾害上发挥一定作用。

在 2013 年 8 月 22 日 11 时至 2013 年 8 月 26 日 11 时泄洪期间，闸门泄洪总量 1.6 亿 m³，折算电能 0.23 亿 kW·h。水库水位最高达 262.91m，水位上涨近 6m，拦蓄洪水 23 亿 m³；关键时刻为嫩江错峰 135h，将入库流量为 17300m³/s 的洪峰削减为 2100m³/s，削峰率达 88%。在保证自身安全的前提下，为下游抢险救灾赢得了时间，避免了洪水叠加形成更大灾害。

吉林省政府防汛抗旱指挥部对 2010 年丰满、白山水库防洪效益进行了评价：由于白山、丰满水库拦洪错峰作用（分别削峰 47% 和 78.6%），使松花江上游丰满以下削减为 20 年一遇洪水。使水库下游吉林省 150 万人，110 万亩耕地和京哈公路、铁路等免遭洪水侵害，减免经济损失 684 亿元。

2013 年丰满水库流域发生 70 年一遇洪水，白山、丰满水库拦洪错峰作用，合计削峰 88%，使松花江上游丰满以下削减为不足 3 年一遇洪水。

2010 年泄洪最大 4500m³/s，2013 年泄洪最大为 2100m³/s。2013 年丰满梯级水库发挥的作用超越了 2010 年。

2013 年，嫩江流域超 50 年一遇特大洪水，丰满流域 70 年一遇洪水，在发生时间上，考虑河道传播，两流域洪水会叠加在松花江干流上（研究报告已有相关论述），哈尔滨等城市会遭受超百年一遇洪水。

2013 年，丰满水库为嫩江洪水错峰 135h，避免了松花江干流特大洪水的发生、发展。

其作用，远超 2010 年，腾出的库容，又为嫩江洪水错峰打下了物质基础，是防洪调度成败的关键因素。

该预报在成果在 2013 年的实施，从防洪效益上，创造的减免灾情损失价值应在 100 亿元以上。

2. 超发电量——经济效益

预报 2013 年松花江上游流域大洪水，丰满水库来水丰水，采取提前大发、控制水位，丰满水库创造的直接效益为增发电量 7.5 亿 kW·h。

7.4　巨大的推广应用价值

目前，国内水电站、水库长期来水预报、成灾大洪水的超长期预报，还仅限于使用传统的数理统计方法，传统方法无法预报出极端事件——成灾大洪水、特丰水年。本研究摆脱传统思维模式，不做常规的来水预报，以水库的靠前的历史年最大入库洪峰、区域的历史成灾洪水等为特殊样本研究对象；以信息预报理论，重点是翁文波院士提出的可公度预报方法为基础；以"基于可公度预报方法洪灾预报技术实用化研究成果"为核心，建立大洪水、特丰水超长期预报研究理论、方法体系。提出未来 10 年，东北电网各水库流域特大洪水发生的时间、地点、量级，就可以发挥梯级水库的联合调度功能，在大洪水发生之前，提前通过大发水电来消落水库水位，腾出一定的防洪库容；大洪水来临时，拦蓄洪水；大洪水结束前，拦蓄洪尾。通过这些措施，避免或减少了洪灾的危害，同时将洪灾变成"红利"，将洪水变成电能及灌溉、供水的水资源。

东北电网有限公司下辖 5 个直属水电厂，正是东北电网水电经济运行的核心电厂，成果在其应用，对水电经济运行工作，必将产生推动作用；同时，成果对于东北电网所在流域的防洪调度工作，产生积极的影响。

因此，研究成果不但能应用在东北电网水库水库经济运行上，对于大江、大河、水库流域的洪灾、大洪水超长期预报上，都是可行的解决方案，具有较强的推广价值。对于缓解水库蓄水与弃水之间矛盾，及早采取措施进行统筹安排，充分发挥水电站在电网中的作用具有十分重要的理论意义和实用价值。

7.5　极端来水预报的发展方向

　　在现有的极端来水预报理论和方法的基础上，结合天气系统转折点的研究，从经验预报向物理预报方向发展。随着测量、信息处理等新技术的不断发展，极端来水预报将从现在的半理论、半经验的经验预报时代向着以水循环为基础的物理预报方向发展。

参 考 文 献

[1] 刘彤，闫天池. 气象灾害损失与区域差异的实证分析 [J]. 自然灾害学报，2011，20（1）：84-91.

[2] 邓云特. 中国救荒史 [M]. 北京：商务印书馆，2010.

[3] 张驰. 数据挖掘技术在水文预报与水库调度中的应用研究 [D]. 大连：大连理工大学，2005.

[4] Han Jiawei, Kamber Michline. Data Mining Concepts and Techniques [M]. 北京：机械工业出版社，2001.

[5] 李文龙，金朝辉. 厄尔尼诺事件与丰满水库来水规律研究 [J]. 东北水利水电，2016，34（12）：30-32.

[6] 彭卓越，张丽丽，殷峻暹，等. 基于天文指标法的大渡河流域长期径流预测研究 [J]. 中国农村水利水电，2016（11）：97-100.

[7] 金朝辉，李文龙，李秀斌，等. 月球赤纬角与丰满水库来水规律研究 [J]. 东北水利水电，2016，34（4）：41-42.

[8] 刘清仁. 松花江流域水旱灾害发生规律及长期预报研究. 水科学进展 [J]. 1994，5（3）：319-326.

[9] 李秀斌，刘双林. 太阳黑子活动与白山水库来水的关系 [J]. 长春科技大学学报，2000，30：88-94.

[10] 李文龙，彭卓越，张丽丽，等. 基于厄尔尼诺现象研究的丰满水库径流预测 [J]. 人民黄河，2016，38（11）：13-15，22.

[11] 李秀斌. 水文中长期综合预报理论和方法 [A]. 中国地球物理学会，中国地球物理学会第二十届年会论文集 [C]. 中国地球物理学会，2004：2.

[12] 李超. 厄尔尼诺对我国汛期降水的影响. 海洋学报 [J]. 1992，14（5）：45-51.

[13] 孙力，安刚. 北太平洋海温异常对中国东北地区旱涝的影响. 气象学报 [J]. 2003，61（3）：346-347.

[14] 黄荣辉. 引起我国夏季旱涝的东亚大气环流异常遥相关及其物理机制的研究 [C] //旱涝气候预测研究进展 [M]. 北京：气象出版社，1990.

[15] 李永康，陈方维，马开玉，等. 长江中下游夏季特大旱涝预测研究 [J]. 水科学进展，2000，11（3）：266-271.

[16] 李文龙. 水文科技探索与引用 [M]. 长春：吉林大学出版社，2010.

[17] 李文龙，李秀斌，王胜民. 关于2013年辽河、松花江上游特大洪水的预测 [J]. 水电厂自动化，2012，33（4）：48-53.

[18] 李文龙，等. 灾害预测方法集成 [M]. 北京：气象出版社，2010.

[19] 黄炽元. 关于玛纳斯河5—6月径流超长期预报的探讨 [J]. 石河子农学院学报，1993，（2）：17-20.

[20] 范垂仁. 中国天灾信息预测研究进展 [M]. 北京：石油工业出版社，2004.

[21] 李秀斌. 中国地球物理2005 [M]. 北京：中国科学技术大学出版社，2005.

[22] 孙英广，程春田. 神经网络在径流预测模型研究中的应用及软件实现 [D]. 大连：大连理工大学，2005.

[23] S. K. Jain，A. Das，D. K. Srivastava. Application of ANN for reservoir inflow prediction and operation [J]. Water Res Plann Manage，1999，125 (5)：263 - 271.

[24] Huang W，Xu B Chan - Hihon. A Forecasting Flows in Apalachicola River Using Neural Networks [J]. Hydrological Processes，2004 18 (13)：2545 - 2564.

[25] B. Sivakumar，AW. Jayawardena，T. M. K. G. Fernando. River flow forecasting：use of phase - space reconstruction and artificial neural networks approaches [J]. Journal of Hydrology 265 (2002)：225 - 245.

[26] Ozgur KISI. Daily River Flow Forecasting Using Artificial Neural Networks and anto - Regressive Models [J]. Turkish J. Eng. Env. Sci. 29 (2005)：9 - 20.

[27] 周惠成，张杨，唐国磊，等. 二滩水电站中长期径流预报研究 [J]. 水电能源科学，2009，27 (1)：5 - 9.

[28] 金菊良，杨晓华，丁晶. 基于神经网络的年径流预测模型 [J]. 人民长江，1991 (S1)：58，59 - 62.

[29] 张素琼，张艳军，宋星原，等. 基于神经网络的中长期径流预报时间尺度研究 [J]. 中国农村水利水电，2014，38 (8)：110 - 114.

[30] 杨荣富，丁晶，刘国东. 具有水文基础的人工神经网络初探 [J]. 水利学报，1998，8，23 - 27.

[31] M. P Rajurkara，U. C. Kothyarib，U. C. Chaubec. Modeling of the daily rainfall - runoff relationship with artificial neural network [J]. Journal of Hydrology，285 (2004)：96 - 113.

[32] Francois，Anctil，Doha Guy TaPe. An exploration of artificial neural network rainfall - runoff foreeasting combined with wavelet decomposition [J]. Environ. Eng. Soi. 2004 Vol. 3 (supply)：121 - 128.

[33] P. C. Nayak，K. P. Sudheer，D. M. Rangan，K. S. Ramasastri. A neural - fuzzy computing technique for Modeling hydrological time series [J]. Journal of Hydrology，291 (2004)：52 - 66.

[34] Sudheer K. P.，Gosain A. K.，Ramasastri K. S.. A data - driven algorithm for constructing artificial neural network rainfall - runoff models [J]. Hydrological Processes，2002，16 (6)：1325 - 1330.

[35] Cheng C. T.，Xie J. X.，Chau K. W.，et al. A new indirect multi - step - ahead prediction model for a long - term hydrologic prediction [J]. Journal of Hydrology，2008，361 (1 - 2)：118 - 130.

[36] 王胜刚，张宝，徐应涛. 基于打洞函数法的 BP 神经网络水文预报方法 [J]. 运筹学学报，2011，15 (4)：45 - 54.

[37] 赵庆绪，马光文，黄巧斌，等. 基于洪水地区组成的门限-人工神经网络洪水预报模型 [J]. 水力发电，2012，38 (8)：10 - 13.

[38] Vapnik V. The Nature of Statistical Learning Theory [M]. New York，USA：Springer Verlag，1995.

[39] 石月珍，徐冬梅. 基于支持向量机模型的湘江枯水预报研究 [J]. 水利水电技术，2011，42 (4)：71 - 73，76.

[40] 胡彩虹，高晶，朱业玉，等. 支持向量机在半干旱半湿润地区水文预报中的应用研究 [J]. 气象与环境科学，2010，33 (2)：1 - 6.

[41] 李彦彬，黄强，徐建新，等. 河川径流中长期预测的支持向量机模型 [J]. 水力发电学报，2008，27 (5)：28 - 32.

[42] 邵骏，袁鹏，张文江，等. 基于贝叶斯框架的 LS－SVM 中长期径流预报模型研究 [J]. 水力发电学报，2010，29（5）：178－182，189.

[43] 王峰，黄春雷，张金华，等. NNBR 与 SVM 耦合模型在径流中长期预报中的应用 [J]. 水电能源科学，2008（5）：13－15，77.

[44] 李彦彬，尤凤，黄强，等. 多元变量径流预测的最小二乘支持向量机模型 [J]. 水力发电学报，2010，v.29；No.12203：28－33.

[45] 林剑艺，程春田. 支持向量机在中长期径流预报中的应用 [J]. 水利学报，2006（6）：681－686.

[46] 赵红标，吴义斌. 基于支持向量机的中长期入库径流预报 [J]. 黑龙江水专学报，2009，v.3603：1－4.

[47] 郭俊，周建中，张勇传，等. 基于改进支持向量机回归的日径流预测模型 [J]. 水力发电，2010，36（3）：12－15.

[48] 高雷阜，赵世杰，商晶. 人工鱼群算法在 SVM 参数优化选择中的应用 [J]. 计算机工程与应用，2013（23）：86－90.

[49] 张俊，程春田，申建建，等. 基于蚁群算法的支持向量机中长期水文预报模型 [J]. 水力发电学报，2010，29（6）：34－40.

[50] 魏光辉. 基于 FPSTWD 算法与时间序列支持向量机的河流径流量预报 [J]. 黑龙江大学工程学报，2015，6（1）：32－37.

[51] 张卫，钟平安，张玉兰，等. 季节性支持向量机中长期径流预报模型 [J]. 水力发电，2014，40（4）：17－21.

[52] 李继伟，纪昌明，张新明，等. 基于支持向量机的水电站中长期径流组合预报 [J]. 水电能源科学，2013，31（11）：13－16.

[53] 李晓丽，周小健，沈钢纲，等. 不确定支持向量机在洪水预测模型中的应用 [J]. 兰州理工大学学报，2012，38（3）：107－110.

[54] 张兰影，庞博，徐宗学，等. 基于支持向量机的石羊河流域径流模拟适用性评价 [J]. 干旱区资源与环境，2013，27（7）：113－118.

[55] 朱双，周建中，孟长青，等. 基于灰色关联分析的模糊支持向量机方法在径流预报中的应用研究 [J]. 水力发电学报，2015，34（6）：1－6.

[56] 王涌泉. 特大洪水日地水文学长期预测 [J]. 地学前缘，2001，8（1）：123－132.

[57] 孙成海，范垂仁. 云峰水电站长期水文预报方法的研究 [J]. 吉林水利，1994（10）：17－20.

[58] 王富强，许士国. 基于关联规则挖掘的径流长期预报模型研究 [J]. 南水北调与水利科技，2007，5（1）：70－73.

[59] 许士国，王富强，李红霞，等. 洮儿河镇西站径流长期预报 [J]. 水文，2007，27（5）：86－89.

[60] 王富强，许仕国. 水库来水量长期综合预报方法研究 [J]. 水力发电学报，2008，27（6）：37－41，162.

[61] 李红霞，许士国，范垂仁. 基于贝叶斯正则化神经网络的径流长期预报 [J]. 大连理工大学学报，2006，46：174－177.

[62] 范垂仁，郑金陵，林镜榆. 长江流域各站 2007 年最大流量的长期预测 [J]. 中国防汛抗旱，2007（3）：16－17.

[63] 范垂仁，谢武贤，关志成，等. 松花江上游流域水电厂综合中长期水文预报的分析研究，水文，2004，24（2）：31－34，54.

[64] 郑金陵，林镜榆. 水库水情的长期预报方法研究 [J]. 水科学进展，2004，15（5）：665－668.

[65] 范垂仁，夏军，张利平，等. 中国水旱灾害长期预报理论、方法、实践［M］. 北京：中国水利水电出版社，2008.

[66] 李杰友，熊学农，罗清标. 新丰江水库月径流预报模型［J］. 河海大学学报，1998，26（5）：104－106.

[67] 李杰友，许钦，丛黎明，等. 潘家口水库枯水期月径流预报［J］. 南水北调与水利科技，2003，1（4）：37－39.

[68] 李杰友，熊学农，刘秀玉. 基于 EOF 迭代的月径流长期预报［J］. 河海大学学报，2001，29（2）：43－46.

[69] 李杰友，熊学农，林镜榆，等. 水口水电厂年内首末两场洪水的长期预报［J］. 河海大学学报，2000，28（5）：85－87.

[70] 欧剑，李杰友，陈绍群，等. 新丰江水库月径流长期预报方法研究［J］. 人民珠江，2003（5）：27－29.

[71] 翁文波. 翁文波学术论文选集［M］. 北京：石油工业出版社，1994.

[72] 中华人民共和国国家质量监督检验检疫总局，中国国家标准化管理委员会. 水文情报预报规范（GB/T 22482—2008）［S］. 北京：中国水利水电出版社，2008.

[73] 栾巨庆. 星体运动与长期天气地震预［M］. 北京：北京师范大学出版社，1988.

[74] 王志明. 创新在于重新认识——与翁文波院士的对话［J］. 石油科技论坛，2006（4）：6－12.

[75] 徐道一. 翁文波院士的信息预测理论及其意义［A］//见：王明太、耿庆国主编. 翁文波院士与天灾预测［C］. 北京：石油工业出版社，2001.

[76] 门可佩. 信息预测理论与新疆地区 7 级强震趋势研究［J］. 地球物理学进展，2002，17（3）：418－423.

[77] 许绍燮. 地震应可预测［M］. 北京：地震出版社，2011.

[78] 郭增建，秦保燕. 灾害物理学简论［J］. 灾害学，1987（2）：25－33.

[79] 李文龙，金朝辉. 水汽通道上的大地震与东北地区大洪水统计分析［J］. 东北水利水电，2016，34（9）：34－35.

[80] 徐道一. 大地震发生的网络性质-简论有关地震预测的争论［J］. 地学前缘，2001，9（2）：211－216.

[81] 门可佩. 江苏-南黄海地区强震有序网络结构与地震活动分期研究［J］. 地球物理学进展，2006，21（3）：1028－1032.

[82] 江苏省农业科学院等. 农业辞典［M］. 南京：江苏科学出版社，1979.

[83] 孙轶轩. 基于数据挖掘的道路交通事故分析研究［D］. 北京：北京交通大学，2014.

[84] Li H，Wu Y，Li X. Mountain effect and differences in storm floods between northern and southern sources of the Songhua River Basin［J］. Journal of Mountain Science，2012，9（3）：431－440.

[85] 杨清书，罗章人，沈焕庭，等. 珠江三角洲网河区顶点分水分沙变化及神经网络模型预测［J］. 水利学报，2003，6（6）：56－60.

[86] Diaconis P，Friedman D. Asymptotics of graphical projection pursuit［J］. Ann Statis，1984，12（3）：793－815.

[87] 陈曜，丁晶，赵永红. 基于投影寻踪原理的四川省洪灾评估［J］. 水利学报，2010，41（2）：220－226.

[88] 金菊良，洪天求，魏一鸣. 流域非点源污染源解析的投影寻踪对应分析方法［J］. 水利学报，2007，38（9）：1032－1038.

[89] 张欣莉，丁晶，金菊良. 基于遗传算法的参数投影寻踪回归及其在洪水预报中的应用［J］. 水利学报，2000，（6）：45－49.

[90] 付强，赵小勇．投影寻踪模型原理及其应用 [M]．北京：科学出版社，2006．

[91] Friedman J H，Stuetzle W．Projection pursuit regression [J]．Journal of the American Statistical Association，1981，76（376）：817－8231．

[92] Hwang Jeng－Neng，Lay S R，Maechler M，et al．Regression modeling in back－propagation and projection pursuit learning [J]．Neural Networks，IEEE Transactions on．1994，5（3）：342－353．

[93] 邴其春，龚勃文，林赐云，等．基于粒子群优化投影寻踪回归模型的短时交通流预测 [J]．中南大学学报（自然科学版），2016，47（12）：4277－4282．

[94] 徐飞，徐卫亚．岩爆预测的粒子群优化投影寻踪模型 [J]．岩土工程学报，2010，5：718－723．

[95] 方崇，代志宏，张信贵．人工鱼群投影寻踪回归在洞室岩爆预测中的应用 [J]．地下空间与工程学报，2010，5：932－937，951．

[96] 迟道才，曲霞，崔磊，等．基于遗传算法的投影寻踪回归模型在参考作物滕发量预测中的应用 [J]．节水灌溉，2011，（2）：5－7．

[97] 张灵，陈晓宏，刘丙军，等．免疫进化算法和投影寻踪耦合的水资源需求预测 [J]．自然资源学报，2009，（2）：328－334．

[98] 于国荣，叶辉，夏自强，等．投影寻踪自回归模型在长江径流量预测中的应用 [J]．河海大学学报（自然科学版），2009，3：263－266．

[99] Liu C G，Yan X H，Liu C Y，et al．The wolf colony algorithm and its application [J]．Chinese Journal of Electronics，2011，20（2）：210－216．

[100] 李红霞，许士国，范垂仁．基于主成分分析和贝叶斯正则化方法的神经网络年最大洪峰流量预测模型探讨 [J]．水文，2006，26（6）：30－32．

[101] 杨学祥．拉马德雷冷位相时期的强拉尼娜事件导致冰雪灾害 [EB/OL]．光明网-光明观察，2008，2．http：//guancha．gmw．cn/content/2008－02/04/content_732105．html．

[102] 杨学祥，杨冬红．拉马德雷冷位相能给世界带来什么 [EB/OL]？科学网，2008，4．http：//www．sciencenet．cn/blog/user_content．aspx？id=23024．

[103] 李晓燕，翟盘茂．ENSO 事件指数与指标研究 [J]．气象学报，2000，58（1）：102－109．

[104] 赵佩章，赵文桐，赵得秀．厄尔尼诺现象和日食的关系 [J]．河南气象，1998（3）：25－26．

[105] 林振山，赵佩章，赵文桐．日食-厄尔尼诺系数及其应用 [J]．地球物理学报，1999（6）：732－738．

[106] 李文龙，金朝辉．水汽通道上的大地震与东北地区大洪水统计分析 [J]．东北水利水电，2016，34（9）：34－35．

[107] 冯利华，陈立人．20 世纪长江的 3 次巨洪 [J]．自然灾害学报，2001（1）：8－11．

[108] 郑威，吕素琴．超长期洪水预报方法研究 [J]．吉林水利，2008（4）：9－10．

[109] 杨学祥．未来旱灾：2014 年至 2016 年月亮赤纬角最小值时期 [EB/OL]．上海环境热线-绿色论坛：2008，9．http：//www．envir．gov．cn/forum/2008/200812812．html．

[110] Werbos P J．The roots of backpropagation：From Ordered Derivatives to Neural Networks and Political Forecasting [M]．New York：John Wiley，1994．

[111] Werbos P J．Backpropagation through time：What it does and how to do it．Proceedings of the IEEE，1990，78（10）：1550－1560．

[112] Rumelhart D E，Hinton G E，Williams R J．Learning internal representations by error propagation．California University，San Digeo，USA：Technical Report ICS－8506，1985．

[113] Rumelhart D E，Hinton G E，Williams R J．Learning representations by back－propagating er-

rors. Nature, 1986, 323: 533 - 536.

[114] Cuevas E, Cienfuegos M, Zaldivar D, et al. A swarm optimization algorithm inspired in the behavior of the social - spider [J]. Expert Systems with Applications. 2013, 40 (16): 6374 - 6384.

[115] 李晓磊，邵之江，钱积新. 一种基于动物自治体的寻优模式：鱼群算法 [J]. 系统工程理论与实践，2002，22 (11): 32 - 38.

[116] 熊弟恕. 中国气象谚语 [M]. 北京：气象出版社，1991.

[117] O'CONNELL D R H. Nonparametric Bayesian flood frequency estimation [J]. Journal of Hydrology, 2005, 313 (s 1/2): 79 - 96.

[118] VAN DE VYVER H. Bayesain estimation of rainfall intensity - duration - frequency relationships [J]. Journal of Hydrology, 2015, 529: 1451 - 1463.

[119] LEE E, PARK Y, SHIN J G. Large engineering project risk management using a Bayesian belief network [J]. Expert Systems with Applications, 2009, 36 (3): 5880 - 5887.

[120] 吕振豫，穆建新，王富强，等. 基于贝叶斯网络的流域内水文事件丰枯遭遇研究 [J]. 南水北调与水利科技，2016，14 (5): 18 - 25.

[121] 郑永良. 调水工程经济风险及对策 [J]. 水利水电技术，2017，48 (10): 37 - 39，68.

[122] 何小聪，康玲，程晓君，等. 基于贝叶斯网络的南水北调中线工程暴雨洪水风险分析 [J]. 南水北调与水利科技，2012，10 (4): 10 - 13.

[123] 康玲，何小聪，熊其玲. 基于贝叶斯网络理论的南水北调中线工程水源区与受水区降水丰枯遭遇风险分析 [J]. 水利学报，2010，41 (8): 908 - 913.

[124] 蒋望东，林士敏. 基于贝叶斯网络工具箱的贝叶斯学习和推理 [J]. 信息技术，2007 (2): 5 - 8，31.

[125] 何友，王国宏，等. 多传感器信息融合及应用 [M]. 北京：电子工业出版社，2000，29 - 30.

[126] 康耀红. 数据融合理论与应用 [M]. 西安：西安电子科技大学出版社，1997.

[127] 刘同明，夏祖勋，解洪成. 数据融合技术及其应用 [M]. 北京：国防工业出版社，1998.

[128] 杨万海. 多传感器数据融合及其应用 [M]. 西安：西安电子科技大学出版社，2004.